德州地热

DEZHOU DIRE

韩建江　张平平　赵季初　冯守涛
杨询昌　刘志涛　杨亚宾　白　通　等著

图书在版编目(CIP)数据

德州地热/韩建江等著. —武汉:中国地质大学出版社,2024.5
ISBN 978-7-5625-5817-0

Ⅰ.①德… Ⅱ.①韩… Ⅲ.①地热能-地质特征-研究-德州 Ⅳ.①TK52

中国国家版本馆 CIP 数据核字(2024)第 061176 号

德州地热	韩建江 张平平 赵季初 冯守涛	等著
	杨询昌 刘志涛 杨亚宾 白　通	

责任编辑:周　旭		责任校对:何澍语
出版发行:中国地质大学出版社(武汉市洪山区鲁磨路 388 号)		邮编:430074
电　　话:(027)67883511	传　　真:(027)67883580	E-mail:cbb@cug.edu.cn
经　　销:全国新华书店		http://cugp.cug.edu.cn
开本:880 毫米×1 230 毫米　1/16		字数:436 千字　印张:13.75
版次:2024 年 5 月第 1 版		印次:2024 年 5 月第 1 次印刷
印刷:武汉中远印务有限公司		
ISBN 978-7-5625-5817-0		定价:128.00 元

如有印装质量问题请与印刷厂联系调换

《德州地热》编委会

指导委员会

主　任：杨洪利　吴晓华
委　员：郝　兵　闫　燕　张永林　赵季初　张保国

编辑委员会

主　编：韩建江　张平平　赵季初
副主编：冯守涛　杨询昌　刘志涛　杨亚宾　白　通
编　委：朱　猛　代　娜　黄　星　刘　帅　刘　欢
　　　　王立东　王学鹏　王秀芹　啜云香　冯　颖
　　　　段晓飞　谭志容　梁　伟　张明德　郑宇轩
　　　　王勇军　周海龙　战静华　康凤新　孙晓晓
　　　　贾　超　朱恒华　冯克印　张东生　吴立进

编著单位

山东省地质矿产勘查开发局第二水文地质工程地质大队
（山东省鲁北地质工程勘察院）
德州市自然资源局

序 一

地球核心温度最高达6800℃，内部蕴藏丰富的热能。地球内部的热量，通过传导、辐射、对流等方式源源不断地传递至地球表面。地热资源是与太阳能、风能、水能等同样重要的绿色清洁能源，其开发利用最早可追溯至人类历史初期。地热资源的规模化利用始于1904年意大利的拉德瑞罗地热发电试验的成功。此后，新西兰、菲律宾、美国、日本等国都先后投入到地热发电的大潮中，其中美国地热发电的装机容量居世界首位。我国自20世纪70年代初开展了多项地热发电试验，目前还在运行的高温地热田发电站有羊八井地热电站和羊易地热电站，中低温地热发电站有广东丰顺地热电站。

世界高温地热资源主要分布在板块交界处，包括环太平洋地热带、大西洋中脊地热带、地中海-喜马拉雅地热带、红海-亚丁湾-东非裂谷地热带，及中亚地热带。受大地构造条件、地层岩性、岩浆岩活动等因素控制，我国地热资源分布具有明显的地带性和规律性。高温地热资源主要分布于西藏南部、四川西部、云南西部及台湾地区；中低温地热资源主要分布于我国中东部的华北平原、松辽平原、四川盆地等12个大中型沉积盆地，以及东南沿海、胶辽半岛、郯庐断裂带等隆起山地区。地热资源开发利用方式以供暖为主，地热资源直接利用总量居世界首位。

山东省地热资源丰富，在鲁东及鲁中南地区出露天然温泉17处，其中临沂汤头温泉开发利用历史距今已有2800年之久，秦始皇、孔子、王羲之、诸葛亮、王勃、刘墉等中国古代帝王和历史文化名人多次在此观赏、游览、沐浴，并留有墨迹。鲁西北平原区鲜有地热的记录，直至20世纪下半叶胜利油田大会战时，伴随着油气探测，发现区内蕴藏有丰富的地热资源，但当时以开发油气资源为主，地热并未引起人们的重视。1996—1998年山东省地质矿产勘查开发局第二水文地质工程地质大队（山东省鲁北地质工程勘查院）在总结前人工作的基础上，立项开展德州市城区地热资源普查工作，成功施工了2眼深度1500m左右的地热井，发现了鲁西北平原区最具开发利用前景的新近系馆陶组砂岩热储，并以此为基础建设了地热供暖示范工程，为当时供暖基础设施不健全的新建城镇住宅冬季供暖提供了替代能源，由此拉开了鲁西北平原区地热资源大规模开发利用的序幕，为地方经济高质量发展注入了新的动力。

本书在总结分析以往地质勘探成果，尤其是在地热资源勘查开发利用成果的基础上，系统阐述了德州市地热资源形成的地质背景条件，热储埋藏分布规律，地热流体补、径、排特征及地热流体水化学特征等。在科学划分地热田基础上，应用热突破法、热均衡法对回灌条件下地热流体可采资源量及可采热量进行了评价，总结了砂岩热储地热尾水回灌的关键技术，介绍了典型地热资源开发利用示范工程。

本书内容丰富，系统性强，理论与实践并重，对地热资源勘查评价及开发利用具有较高的借鉴价值和现实意义，可为德州市地热资源开发利用规划与管理提供可靠的地质依据。

2024年4月

序 二

甲辰龙年一个春光明媚的日子里，有幸读到《德州地热》书稿，心情十分愉悦，感受亦颇多。1982年8月我大学毕业就踏进德州这片热土，在山东省地质矿产勘查开发局第二水文地质工程地质大队（简称"二水"）工作了近10年。十载德州人，一生二水情。虽然1991年3月调到山东省地质矿产勘查开发局机关工作，但我与德州一直延续着不解之缘，与二水的同事们并肩前行，见证了德州这座鲁北名城40多年翻天覆地的变化，亲身经历了二水走过的高质量发展之路。这本专著的选题内容为地热资源及其开发利用，这是德州市走在全省乃至全国前列的一个方面，也是二水名扬中外的专精技术领域，体现着二水几十年为德州市经济社会发展所做出的贡献，也让我情不自禁回想起二水及其技术团队创新服务地热产业发展的一幕幕场景。

1996年，山东省第一眼供暖地热探采钻孔由二水在其办公院内成功完成，由此拉开了全省地热资源大规模开发利用的序幕。此后，二水及其技术团队围绕砂岩热储地热开发利用面临的多项技术难题，勇于创新攻关，敢于"第一个吃螃蟹"，创造了多项全省第一和全国第一，成为名副其实的地热"王牌军"。二水完成了山东省第一个砂岩热储地热地质调查报告，提交了山东省内首个区域地热资源区划成果，勘查利用热储由馆陶组拓展到东营组、沙河街组和孔店组；创建了山东省第一个砂岩热储地热采灌示范工程和国内首个大型地热热储模拟试验场，取得了系列回灌试验成果，形成了系列可推广应用的地热回灌技术体系方法，建立了"采灌均衡、以灌定采"的地热资源可持续开发利用"德州模式"；首次完成了地热开发与深层地下水和地面沉降相关性研究项目，建有山东省内最早的砂岩热储地热动态监测点网，国内首个地热开发地面沉降分层标已运行数年；其大口径深部地热钻探技术处于全国领先水平，在青海共和、河北雄安、福建漳州等成功实施多眼超4000m地热孔，是国内施工深部地热钻孔最多的地勘单位；创新地热理论技术和实践应用，取得多项技术发明专利，编制完成了《砂岩热储地热尾水回灌技术规程》等众多行业和省、市标准，多项地热科研成果获省部级科学技术进步奖和其他奖项。二水在地热领域的辉煌业绩不仅助力德州成为全省地热产业发展水平最高的城市，而且极大推动了地热地质科技进步，为新时期山东省绿色低碳高质量发展做出了重要贡献。

难能可贵的是，二水在长期服务德州和山东省地热产业发展中形成了一支过硬的技术创新团队，他们扎根德州，足迹踏遍鲁西北平原，以地质报国为己任，勤学苦干、大胆创新、勇于实践、作风硬朗，个个都是地热技术领域里的行家里手。《德州地热》是这支技术创新团队新近取得的系列成果之一，作者均是专业理论扎实、技术水平高、创新意识强、实践经验丰富的地热地质专家，对德州市地热地质和开发利用条件等有着深入研究与认识。该书在详细论述德州市地质、水文地质、地温场等地热地质条件的基础上，对地热热储类型进行了划分，阐述了热储特征和水化学、流体动态变化规律，探讨了地热形成机理，建立了热储概念模型，计算评价了地热资源量。针对德州市地热资源开发利用和保护涉及的采灌孔间距、地热开发与深层地下水和地面沉降的相关性、地热尾水回灌等技术难题，进行了较细致深入的试验研究，给出了较确切的成果结论。对地热开发利用效益进行了分析，列举了清洁供暖、洗浴理疗、种植养殖等地热利用示范项目，提出了地热资源可持续开发利用与保护措施建议。本专著是系统总结德州市近30年地热资源勘查与开发利用的集成成果,内容全面,创新性强,既有理论与学术意义,又有实践应用价值,不仅对德州市建设山东省地热资源开发利用示范城市具有重要指导作用,而且对山东省地热资源勘查和开发利用有着极强的借鉴意义。作为一名老地质工作者和老二水人,祝贺《德州地热》的出版问世,钦佩专著作者付出的辛勤努力及取得的高质量成果。虽然有些作者因工作需要调离了二水,但他们所做出的贡献将会被铭记。借此机会,向几十年为地热事业默默耕耘、无私奉献的二水技术创新团队致敬!

山东省人民政府出台的《关于支持地热能开发利用的若干措施》(鲁政办字〔2023〕95号)、《关于加快推进地热能开发利用的指导意见》(鲁政字〔2023〕173号)和在德州召开的全省地热能开发利用现场会议,标志着山东省地热事业一个灿烂春天的来临。与此同时,随着地热资源大规模开发利用,诸多"瓶颈"和"卡脖子"难题摆在地热地质工作者面前,可谓机遇与挑战并存。衷心祝愿二水和技术创新团队不断取得一个又一个新突破,谱写新时期地热理论技术创新与应用新篇章,为德州和山东省绿色低碳高质量发展做出更大贡献。

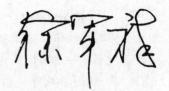

2024年4月

前　言

自古就有"九达天衢""神京门户"之称的德州市，位于山东省西北部，地热资源丰富，是山东省地热资源富集区之一。德州市地热资源勘查开发利用始于20世纪90年代，1997年3月，山东省地质矿产勘查开发局第二水文地质工程地质大队（山东省鲁北地质工程勘察院）在其院内成功钻凿了鲁北地区第一眼供暖用地热井，揭开了德州市地热资源开发利用的序幕。其后，山东省地矿系统在德州市典型县（市、区）开展了不同精度的勘查工作，进一步查明德州市地热资源类型、埋藏分布条件及热储特征，为后续地热资源的开发奠定了良好的勘查基础。

地热资源显著的开发利用效益，使其勘查开发规模随着房地产市场行业的不断发展而逐年加大，至2017年，德州市地热开采井达400余眼，年开采量6143万 m^3，一度成为鲁北地区开发利用程度最高的地市。但多年来只采不灌、尾水直排的粗放开发，导致地热水位持续下降。最初，是在2006年德州市地热水水位出现显著下降，同年山东省地质矿产勘查开发局第二水文地质工程地质大队在省内首次开展了地热回灌工作，并在此后的10余年间，反复试验，不断尝试攻克砂岩热储回灌难题，致力于提高地热供暖尾水回灌率，并于2016年建立了山东省首个集供暖、洗浴、换热、热泵应用、回灌展示、自动化监测展示为一体的"砂岩热储地热回灌示范工程"，连续5年实现了供暖尾水的全部回灌，成为国内地热采灌标准化示范样板工程，为"以灌定采、采灌结合"的地热清洁供暖"德州模式"的建立提供了技术支撑和经验借鉴。截至2022年底，德州市在省、市主管部门规范下，保留地热开采井303眼，配套建设回灌井303眼，德州市地热资源年开采量4000万 m^3，供暖面积1330万 m^2，为节能减排与环境污染治理作出积极贡献。

《德州地热》是山东省地质矿产勘查开发局第二水文地质工程地质大队有关人员历经1年时间，在充分搜集已有资料和现场调研的基础上，对德州市20余年地热资源勘查、开发、试验、监测和研究成果的集成与凝练。本书详细介绍了德州市区域地质概况、水文地质特征、区域地球物理场特征，系统阐述了德州市地温场特征、地热资源类型、热储的空间展布特征、地热资源水化学和动态特征等，划分了10个地热田并分析了各地热田成因机理；采用热储法计算了德州市地热资源总量，并以多种方法计算了自然条件和回灌条件下的地热流体可采量，按各类标准评价了地热水的利用价值。同时，本书回顾了德州市地热资源勘查、开发利用和回灌研究历程，总结了回灌关键技术经验，剖析了地热资源开发利用典型示范案例，展望了德州市地热资源开发利用前景，提出了德州市地热资源开发利用建议和保护措施。

《德州地热》的出版，得到了山东省地质矿产勘查开发局、德州市自然资源局等相关单位的大力支持，得到了王贵玲、徐军祥等专家学者的悉心指导，在此表示衷心感谢。本书引用了部分公开出版的书刊、未公开出版的地质勘查及科研报告的有关内容，特向诸位作者致以崇高的敬意。

目　录

第一章　德州市概况 …………………………………………………………………… (1)
　　第一节　自然地理与社会经济概况 ………………………………………………… (1)
　　第二节　区域地质概况 ……………………………………………………………… (7)
　　第三节　区域水文地质特征 ………………………………………………………… (15)
　　第四节　区域地球物理场特征 ……………………………………………………… (19)
　　第五节　大地热流及区域地温场特征 ……………………………………………… (25)
第二章　地热地质条件 ………………………………………………………………… (33)
　　第一节　地热资源类型及热储划分 ………………………………………………… (33)
　　第二节　热储特征 …………………………………………………………………… (35)
　　第三节　水化学特征 ………………………………………………………………… (39)
　　第四节　地热水动态特征 …………………………………………………………… (43)
第三章　地热田及地热水形成机理 …………………………………………………… (49)
　　第一节　地热田划分 ………………………………………………………………… (49)
　　第二节　地热水形成机理 …………………………………………………………… (53)
第四章　地热资源评价 ………………………………………………………………… (64)
　　第一节　地热资源量计算 …………………………………………………………… (64)
　　第二节　地热资源评价 ……………………………………………………………… (102)
　　第三节　地热流体质量评价 ………………………………………………………… (103)
第五章　地热资源开发利用与保护 …………………………………………………… (115)
　　第一节　地热资源勘查与开发利用现状 …………………………………………… (115)
　　第二节　地热开发的环境影响 ……………………………………………………… (120)
　　第三节　开发利用保护 ……………………………………………………………… (148)
　　第四节　地热资源开发利用效益分析 ……………………………………………… (150)
第六章　地热回灌关键技术 …………………………………………………………… (154)
　　第一节　地热回灌研究历程 ………………………………………………………… (154)
　　第二节　回灌关键技术 ……………………………………………………………… (158)
第七章　地热资源开发利用示范 ……………………………………………………… (177)
　　第一节　清洁供暖示范工程 ………………………………………………………… (177)
　　第二节　洗浴理疗典型工程 ………………………………………………………… (189)
　　第三节　种植、养殖典型工程 ……………………………………………………… (193)
结束语 …………………………………………………………………………………… (201)
主要参考文献 …………………………………………………………………………… (203)

第一章 德州市概况

第一节 自然地理与社会经济概况

一、自然地理概况

(一)地理位置与交通

德州市位于山东省西北部,黄河下游北侧。北以漳卫新河为界,与河北省沧州市为邻;西以卫运河为界,与河北省衡水市毗连;西南与聊城市接壤;南隔黄河,与济南市相望;东邻滨州市。东西宽200km,南北长175km。地理坐标:东经115°45′—117°36′,北纬36°24′—38°1′。总面积10 356km²。

德州市地处环渤海经济圈、京津冀经济圈、山东半岛蓝色经济区以及黄河三角洲高效生态经济区交会区域。自古就有"神京门户""九达天衢"之称,区内交通发达,市府驻地德城区是全国重要的铁路中转站之一。京沪、石德、石济、德龙等5条铁路交会,5条国道、14条省道在境内纵横交错,京福高速公路贯穿南北,济聊、青银高速公路穿境而过(图1-1),实现了0.5h入济南、1h进北京、4h抵上海,可直达13个省会城市和38个地级市。

(二)地形地貌

德州市为黄河冲积平原的一部分,地势平坦,总的趋势为西南向东北缓缓倾斜,地面标高自34m(齐河西南隅及夏津西南部)降至7m(庆云东北角),地面坡降为1/10 000~1/3000。

古黄河频繁决口泛滥、改道淤积,是形成区内地貌的主要原因。德州市地貌按成因类型可分为泛滥冲积平原和冲积海积平原(图1-2),冲积海积平原仅小面积分布在庆云县崔口镇和徐园子乡一带,其他大部分地区均为泛滥冲积平原。在徒骇河以南,为近代黄河决口淤积;在徒骇河与马颊河之间,为古黄河摆动时间最长的地区,地形复杂、高洼相间;在马颊河以西、以北地区,为古黄河影响最早地区。依据平原地貌的形态、成因类型等特征,区内可分为河滩高地、决口扇形地、缓平坡地、河间浅平洼地、背河槽状洼地5种微地貌类型。

1. 河滩高地

河滩高地为故(古)河道河漫滩沉积而成,在区内呈南西-北东向带状分布,主要分布于马颊河左岸恩城—宁津—乐陵—庆云县严务乡和徒骇河、马颊河间的禹城市张庄—临邑县太平寺一带。地表岩性主要为粉砂、粉土,透水性较好,地势高,排水条件良好,一般不易受涝、碱的威胁,但易受旱。

2. 决口扇形地

决口扇形地主要为黄河决口滞流沉积而成,由砂岗、砂丘、砂洼组成,分布面积较小。主要沿黄河北侧齐河县赵官—焦庙乡贾市及李家岸一带呈北北东向分布。地表岩性为粉土、粉砂,保水能力弱。

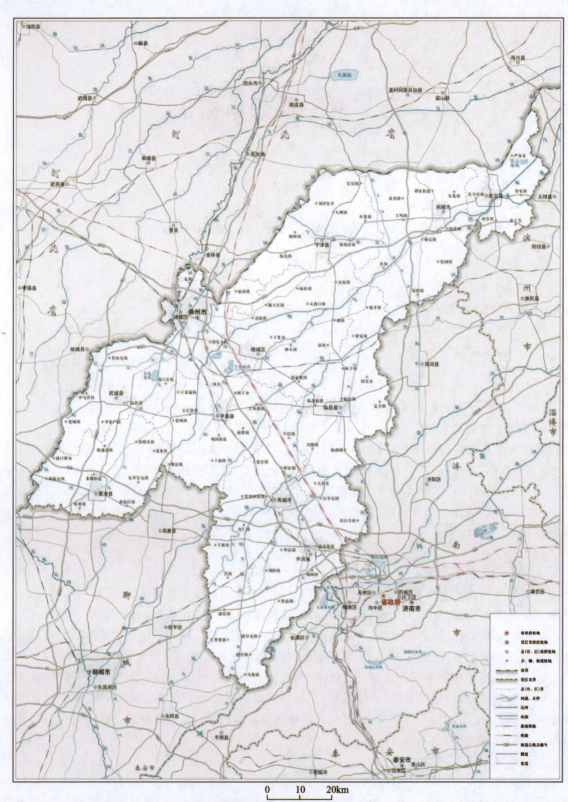

图 1-1 德州市交通位置图

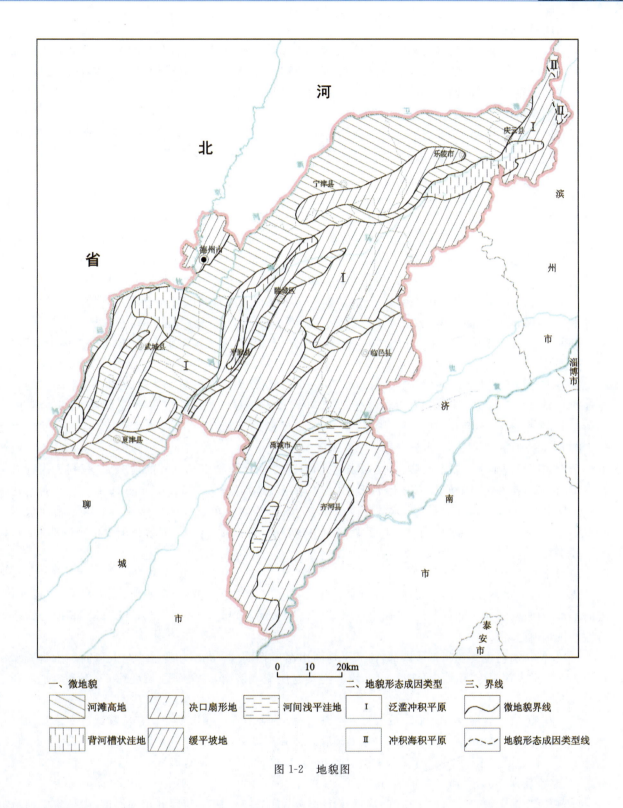

图 1-2 地貌图

3. 缓平坡地

缓平坡地处于古代和现代河流的河间地带，为黄河泛滥漫流沉积所成，是区内分布最广的微地貌形态，地形上近黄河、卫运河高而远河低。按其所处部位可分为高、平、低 3 种坡地，高坡地近河（或河滩高地）分布，地面坡降较大，在 1/4000～1/3000 之间；平坡地坡降为 1/5000 左右；低坡地处于平坡地的下端，常有零星洼地分布。地表岩性以粉土为主，排水不畅，易碱易涝。

4. 河间浅平洼地

河间浅平洼地属于高地之间的相对洼地,主要为静水所沉积。地表岩性黏性较大,以粉质黏土或黏土为主。地形封闭平缓,向中部微倾,坡降一般小于 1/10 000,雨季常积水成涝,洼地边缘盐渍化较重。在河间零星分布,其轴向和排列方向均为南西-北东向,如徒骇河南侧的大黄洼。

5. 背河槽状洼地

背河槽状洼地为人工护堤、挖土修坝后所形成的人工地形,大多沿古今黄河泛道和卫运河堤下呈带状分布,地势低洼,地下水水位浅,有的常年积水不干,涝灾和土壤盐渍化较重。

(三)气象与水文

1. 气象

德州市属暖温带半湿润季风气候。四季分明、冷热干湿界限明显,春季干旱多风回暖快,夏季炎热多雨,秋季凉爽多晴天,冬季寒冷少雪多干燥,具有显著的大陆性气候特征。全市年平均气温 12.9℃。极端最高气温 43.4℃(1955 年 7 月 23 日德城区),极端最低气温 −27℃(1958 年 1 月 15 日德城区)。

年平均降水量为 547.5mm,东部多于西部,南部多于北部。降水量的时间分配以 7 月最多,全市平均降水量 190mm,1 月最少,只有 3.5mm。按季节分,春季占 12.8%,夏季高达 67.7%,秋季占 16.9%,冬季只占 2.6%,且有明显的"春季雨少多干旱,秋季雨少多晴天,夏季雨多常有涝,冬季少雪多干燥"的季节分配特点。

区内蒸发强度较大,多年平均蒸发量 1 794.66mm,约是年均降水量的 3.3 倍,在时间、空间上的分布规律与降水基本相反。年际间蒸发量变化不大,年内以春末夏初(4~7 月)蒸发强度最大,占全年的 50% 以上,冬季最小,不到全年的 10%;空间分布上,以宁津、武城等地的蒸发强度最大,年均蒸发量大于 1800mm,齐河一带最小,年均蒸发量小于 1500mm。

全市光照资源丰富。日照时数长,光照强度大,且多集中在作物生长发育的前中期,有利于作物光合作用的进行,年平均日照时数 2592h,日照率 60%,太阳总辐射量 124.8kcal/cm² (1cal=4.185J)。在时间分配上,以 5、6 月最高,月光照时数 280h,日均 9h,光辐射量可达 15kcal/cm²。平均无霜期长达 208 天,一般为 3 月 29 日到 10 月 24 日,各县之间相差较大,武城县最长为 225 天,东西相差近月余。

2. 水文

1)河流

德州市地表水系较发育,主要河流自南而北有黄河、徒骇河、德惠新河、马颊河、漳卫新河、卫运河,流向基本为西南-东北。除黄河外,皆属海河水系,其中,黄河和卫运河为常年流水的河道,其他均为季节性的排水河道(图 1-3)。

(1)黄河。黄河位于德州市最南部,河床平均高出两岸地面 3~5m,为典型的地上悬河。由聊城市东阿县李营进入德州市,呈西南-东北流向,由齐河县赵庄流入济南,过境河段长度约 63.4km。平均径流量 3.89 亿 m³。

(2)徒骇河。徒骇河是鲁北平原最大排洪河系,发源于河南省丰县永顺沟。它从聊城市莘县文明寨进入山东省境内,于滨州市沾化县套儿河口注入渤海。徒骇河自禹城市各户屯入德州市,流经禹城、齐河、临邑 3 县(市)11 个乡镇,向东北至临邑县夏口镇出境,境内河长 60.6km,流域面积 1954km²,主要支流有苇河、赵牛新河、老赵牛河。多年平均径流量 3.86 亿 m³。

(3)德惠新河。德惠新河位于徒骇河与马颊河之间,为 1968—1970 年新开挖的河道,山东省海河流域骨干排水河道之一。德惠新河干流发源于聊城市高唐县固河镇崔堂村,于滨州市无棣县埕口镇与马颊河汇合后入渤海。德惠新河自平原县王凤楼入境,流经平原、陵城、临邑、乐陵、庆云 5 县(市、区)21 个乡镇,于庆云县解家村入滨州市无棣县。河道过境长 121.59km,流域面积 2140km²,主要支流有禹临河、临商河。多年平均径流量 2.21 亿 m³。

第一章 德州市概况

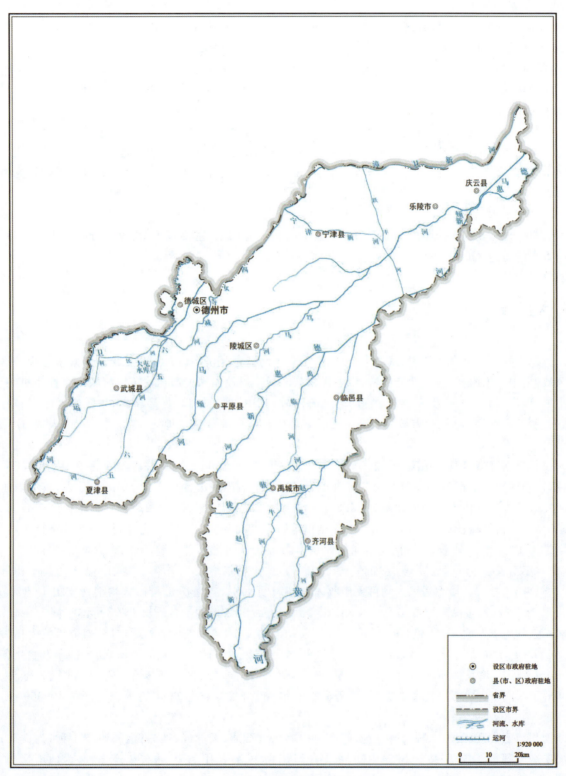

图1-3 德州市水系图

（4）马颊河。马颊河是鲁北地区的主要行洪排涝河道之一，发源于河南省濮阳县城关镇南堤村，自莘县沙王庄入山东省，向东北流至无棣县入渤海。马颊河自夏津县周哈庄入德州市，流经夏津、平原、德城、天衢新区、陵城、临邑、乐陵、庆云8个县（市、区）37个乡镇，于庆云县大淀村出境。区内河长206km，南以徒骇河、德惠新河为界，北邻漳卫河、漳卫新河，流域面积3704km²。区内主要支流有笃马河、朱家河、宁津新河、跃马河、跃丰河等。多年平均径流量2.54亿m³。

（5）漳卫新河。漳卫新河是卫运河的分洪排涝河道，为山东省与河北省的界河。自平原县西北部四女寺流向东北，至庆云县大齐周条附近出境入无棣县，在无棣县大口河入海。河道全长257km，流域面积3144km²。流经德州市长度为166km，多年平均径流量2.58亿m³。

（6）卫运河。发源于河北省的漳河和发源于河南省的卫河在馆陶县徐万仓汇流后至四女寺的一段河道称为卫运河。它是山东、河北两省边界河，为常年有水的河道，卫运河经临清，自夏津县的百庄入境德州市，至四女寺枢纽后，一分为二。向北为南运河，在第三店流入河北吴桥。向东、向东北为漳卫新河。

2）平原水库

德州市现有建成平原水库18座，用于城镇生活和工业供水，主要有丁东、大屯、严务、丁庄水库等。水库蓄水能力达3.08亿m³。

二、社会经济概况

德州市处于环渤海经济圈、京津冀经济圈、山东半岛蓝色经济区以及黄河三角洲高效生态经济区交会区域，是中国太阳城、中国功能糖城、中国优秀旅游城市以及国家交通运输主枢纽城市。德州扒鸡、金丝小枣、保店驴肉、德州黑陶等地方特产驰名海内外，其中，德州扒鸡、保店驴肉、乐陵金丝小枣被称为"德州三宝"。2014年，德州市被列为第一批国家新型城镇化综合试点地区；2016年9月，入选"中国地级市民生发展100强"。

德州市辖德城、陵城、乐陵、禹城、宁津、庆云、齐河、夏津、武城、平原、临邑等2区9县（市），134个乡（镇、办事处）。根据第七次全国人口普查结果，2022年末德州市常住人口557.49万人，其中城镇人口308.07万人。常住人口城镇化率为55.26%，比上年末提高0.86%。2022年人口出生率5.17‰，死亡率5.94‰，自然增长率-0.77‰。2022年全市地区生产总值为3633.1亿元，按不变价格计算，比上年增长4.4%。分产业看，第一产业增加值370.4亿元，比上年增长2.5%；第二产业增加值1509.2亿元，比上年增长4.3%；第三产业增加值1753.5亿元，比上年增长4.8%。三次产业结构调整比例为10.2∶41.5∶48.3。城乡居民人均可支配收入27321元，比上年增长5.8%；人均消费支出17130元，增长0.2%。城镇居民人均可支配收入33495元，增长4.9%；人均消费支出18730元，下降1.9%。农村居民人均可支配收入20413元，增长7.3%；人均消费支出15338元，增长3.1%。全年粮食播种面积1603.84万亩（1亩≈666.67m²），总产量768.25万t，粮食单产达到479.01kg/亩。蔬菜及食用菌产量663.07万t，增长1.6%；园林水果产量27.28万t，下降10.1%。年末存栏生猪282.43万头、牛37.05万头、羊82.06万只、家禽5723.8万只。全年猪牛羊禽肉产量66.6万t，禽蛋产量40.66万t，牛奶产量27.38万t。

德州市已发现矿种12种，其中能源矿产4种，为煤、石油、天然气、地热；金属矿产1种，为铁矿；非金属矿产4种，为陶粒用黏土、建筑用砂、水泥配料用黏土、砖瓦用黏土；水气矿产3种，为地下水、矿泉水、二氧化碳气。

第二节 区域地质概况

一、地层

德州市地层受差异性升降运动的影响,具有明显的分区性,在凸起区一般缺失古近系,新近系直接覆盖于太古宇、古生界或中生界之上;凹陷区新生界发育较齐全,厚度大于3000m。根据地震和钻探资料综合分析,区内新生界(图1-4)及其基底地层由老至新分述如下。

(一)太古宇

泰山群变质岩系主要分布在无棣潜凸起东部、宁津潜凸起以及寨子潜凸起,隐伏于新近系馆陶组之下,顶界面埋深1000~1500m,岩性为闪长片麻岩、片岩夹大理岩及混合片麻岩等变质岩系,与上覆地层呈不整合接触,已揭露厚度大于40m。

(二)古生界

区内古生界发育有下古生界的寒武系—奥陶系及上古生界的石炭系—二叠系,上、下古生界之间为一很长的沉积间断期,缺失志留系与泥盆系。

1. 寒武系—奥陶系

寒武系—奥陶系主要分布在无棣潜凸起西部、高唐潜凸起,隐伏于新近系之下;在齐河潜凸起、武城潜凸起隐伏于上古生界石炭系—二叠系之下。顶板埋深800~1500m。奥陶系主要岩性为白云质灰岩、厚层灰岩、豹皮状灰岩、泥质灰岩等;寒武系主要岩性为鲕状灰岩、厚层砂岩、竹叶状灰岩及页岩等。

2. 石炭系—二叠系

石炭系—二叠系主要分布在齐河潜凸起,隐伏于新生界之下。顶板埋深1000~1200m。石炭系主要岩性为泥岩、砂岩夹薄层灰岩及煤层;二叠系主要岩性为砂岩、页岩及杂色黏土岩夹薄煤层。

(三)中生界

区内中生界发育有白垩系、侏罗系,缺失三叠系,主要分布在长官潜凹陷、柴胡庄潜凹陷和武城凸起,隐伏于新生界之下。顶板埋深1200~1600m。侏罗系主要岩性为灰色、灰绿色、紫红色泥岩、页岩夹含砾砂岩;白垩系主要岩性为红色泥岩、砂岩、砾岩及火山碎屑岩等。

(四)新生界

1. 古近系(E)

古近系广泛分布于凹陷区,在凸起区缺失。

孔店组($E_{1-2}k$):厚度在1500m以上,为区内新生代早期沉积,自下而上分3段。孔三段:主要岩性为红色泥岩、砂岩、砾岩,下部为砾岩层。属湖相沉积,厚度960m,与下伏的白垩系呈不整合接触。孔二段:岩性为灰色泥岩,中上部夹砂岩,局部夹碳质页岩和薄层煤、油页岩,为远景石油层系。属湖沼相沉积,厚度540m。孔一段:岩性为红色泥岩夹砂岩,砂岩为泥质、铁质、碳质和白云质胶结,含石膏;下部有绿色、灰色泥岩夹层。属湖相沉积,厚度108m。

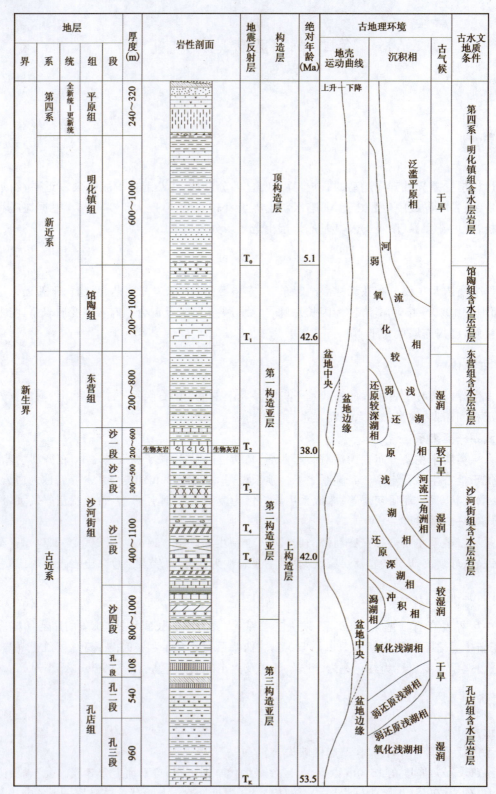

图 1-4 新生界综合柱状图

沙河街组（$E_{2-3}s$）：厚度大于 1500m，该组自下而上分 4 段。沙四段：下部为红色泥岩夹砂岩，局部夹盐岩和石膏层，为产油层；上部为灰色、灰绿色泥岩夹油页岩，块状生物灰岩、白云岩和薄层砂岩。属湖相沉积，沉积厚度 800～1000m。沙三段：下部为深灰色、褐灰色夹油页岩；中部为灰色、褐灰色泥岩夹不规则砂岩透镜体；上部为灰色泥岩夹粉砂岩，底部有灰质砂岩和白云岩。本段是主要的储油层和含油层。属深湖相沉积，厚度 400～1100m，与下伏沙四段为角度不整合接触。沙二段：下部为灰绿色、杂色泥岩与中细砂岩互层夹碳质页岩，是主要含油层之一；上部为棕红色泥岩与中粗砂岩、含砾砂岩互层，含有大量盐岩与石膏。属湖沼相沉积，厚度 300～500m，与下伏沙三段呈不整合接触。沙一段：下部为灰色泥岩夹白云岩、油页岩；中部为灰色泥岩夹生物灰岩、碎屑灰岩、针孔状灰岩和薄层灰质砂岩；上部为灰绿色泥页岩夹砂岩。属湖相沉积，厚度 200～600m。

东营组（E_3d）：总厚度 200～800m，自下而上分 3 段。三段：浅灰色细砂岩、粉砂岩与灰绿色、紫红色泥岩互层，底部为含砾砂岩。二段：紫红色、灰绿色泥岩与灰白色细砂岩互层。一段：灰白色含砾砂岩，浅灰色细砂岩夹绿色泥岩，底部为灰绿色厚层块状含砾细砂岩。

2. 新近系（N）

新近系在区内广泛分布，自下而上分为馆陶组和明化镇组。

馆陶组（N_1g）：岩性上部为灰白色、浅灰色细—中砂岩及棕红色、灰绿色泥岩与细砂岩互层夹粉砂岩；下部为灰白色、灰色厚层状块状砾岩、含砾砂岩、砂岩、细砂岩夹灰绿色粉砂岩、棕红色泥岩及砂质泥岩；底部普遍发育含石英、燧石的砂砾岩。属河流相沉积，厚度 200～1000m，与基底呈不整合接触。底板埋深在华北坳陷内为 1000～1700m，且在凹陷区埋藏深，在凸起区埋藏浅；在鲁中隆起区为 300～1000m，且自西南向东北埋深变深。

明化镇组（N_2m）：岩性上部以土黄色、棕红色、棕黄色等杂色砂质黏土、砂质泥岩、泥岩和灰白色、浅灰色粉砂岩、细砂岩为主，局部夹灰绿色泥岩及钙质结核，压性结构面发育。泥岩成岩性较差，遇水膨胀，砂岩多为松散状，为泥质或钙质胶结。下部以棕红色、灰绿色砂质泥岩、泥岩及浅灰色、灰白色细砂、中细砂岩为主，局部含石膏晶片。泥岩成岩性较好，较脆；砂岩胶结（固性）较差，砂岩颗粒分选性及磨圆度中等，成分以石英为主，长石次之。厚度 600～1000m。

3. 第四系（Qp）

区内第四系主要受黄河冲洪积作用影响，由一套松散的河湖相及山前冲洪积相物质组成。岩性上部以浅黄色、灰黄色粉质黏土、粉土为主，夹粉砂；下部为浅灰色、棕红色、灰绿色粉质黏土、黏土与粉砂、细砂互层，钙质结核发育，黏性土结构致密。厚度一般为 240～320m，与下伏的新近系明化镇组呈假整合接触。

二、区域地质构造

本区是在华北地台基础上发展起来的中—新生代断陷盆地。以太古宇变质岩为基底，其上发育一套地台型的中、新元古界和以海相碳酸盐岩为主的下古生界以及海陆交互相的上古生界盖层。自太古宙以来，本区经历了多次构造运动，对其前期的构造格局和盖层都有不同程度的改造，尤其是燕山运动对区内现今构造格局的形成起了决定性作用。燕山运动不仅使其前期地层产生褶皱，发育了一系列北北东向、北东东向、北西西向继承性深大断裂，并伴随有岩浆活动，而且使华北坳陷与鲁西隆起区发生了脱节解体，出现以侏罗系和白垩系为主的盆地碎屑岩沉积，从而奠定了本区地质结构的雏形。自古近纪以来，受喜马拉雅运动的强烈影响，断裂活动继续加强；新近纪受华北运动的影响，断陷活动基本停止，盆地逐渐进入热沉降阶段；第四纪阶段，晚喜马拉雅运动使华北坳陷整体上升，进一步夷平，形成近代冲积平原和陆架盆地。

(一)大地构造单元

本区在大地构造单元上属于华北板块（Ⅰ级）。聊城-兰考断裂、齐河-广饶断裂将其划分为两个Ⅱ级构造单元，断裂以北为华北坳陷区（Ⅰ），断裂以南为鲁西隆起区（Ⅱ）。中新生代以来，受喜马拉雅运动与燕山运动的影响，断裂构造发育，形成凸凹相间的Ⅲ级构造单元——济阳坳陷（I_a）、临清坳陷（I_b）及鲁中隆起（II_a）（图1-5）。在坳陷与隆起区内受断裂活动的影响与控制，形成了众多的次级构造单元——潜断陷和潜断隆（表1-1）。

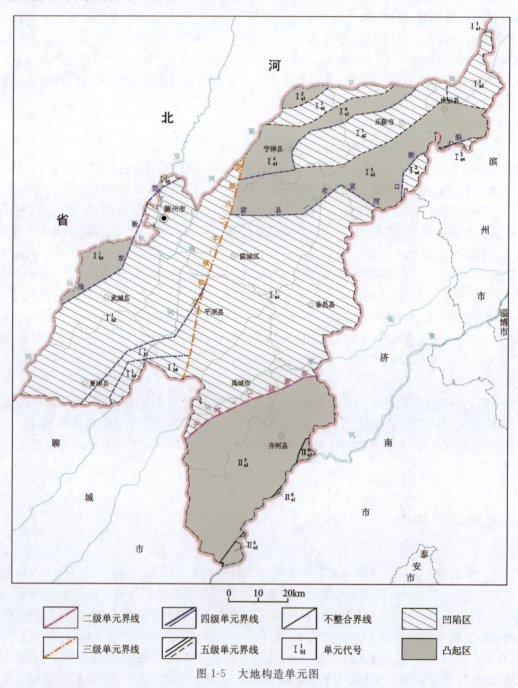

图 1-5 大地构造单元图

第一章　德州市概况

表1-1　区域构造单元划分一览表

Ⅱ级	Ⅲ级	Ⅳ级	Ⅴ级
华北坳陷区（Ⅰ）	济阳坳陷（Ⅰ$_a$）	埕子口-宁津潜断隆（Ⅰ$_{a1}$）	埕子口潜凸起（Ⅰ$_{a1}^1$）、寨子潜凸起（Ⅰ$_{a1}^2$）、长官潜凹陷（Ⅰ$_{a1}^3$）、宁津潜凸起（Ⅰ$_{a1}^4$）
		无棣潜断隆（Ⅰ$_{a2}$）	柴胡庄潜凹陷（Ⅰ$_{a2}^1$）、大山潜凹陷（Ⅰ$_{a2}^2$）、无棣潜凸起（Ⅰ$_{a2}^3$）
		惠民潜断陷（Ⅰ$_{a4}$）	临邑潜凹陷（Ⅰ$_{a4}^1$）、惠民潜凹陷（Ⅰ$_{a4}^2$）
	临清坳陷（Ⅰ$_b$）	故城-馆陶潜断隆（Ⅰ$_{b1}$）	老城潜凸起（Ⅰ$_{b1}^1$）
		德州潜断陷（Ⅰ$_{b2}$）	德州潜凹陷（Ⅰ$_{b2}^1$）
		高唐潜断隆（Ⅰ$_{b3}$）	高唐潜凸起（Ⅰ$_{b3}^1$）
		东明-莘县潜断陷（Ⅰ$_{b4}$）	莘县潜凹陷（Ⅰ$_{b4}^1$）
鲁西隆起区（Ⅱ）	鲁中隆起（Ⅱ$_a$）	泰山-济南断隆（Ⅱ$_{a1}$）	齐河潜凸起（Ⅱ$_{a1}^5$）、泰山凸起（Ⅱ$_{a1}^6$）

1. 济阳坳陷

该区南以齐河-广饶断裂为界，西以边临镇-羊二庄断裂为界，向东北撒开后与渤中坳陷相通，向西南收敛后与临清坳陷相接，东以沂沭断裂带的北延部分为边界。坳陷总体走向为北东，沉降幅度各地有差异，其特征是由西向东沉降幅度由小变大、深度由浅变深。沉降中心走向多数为北东东向，个别为近东西向。在坳陷内由于基底断裂的构造活动，形成了埕子口-宁津潜断隆、无棣潜断隆、惠民潜断陷3个Ⅳ级构造单元。

2. 临清坳陷

该坳陷东南隔聊城-兰考断裂带与鲁西隆起区相邻，东北以边临镇-羊二庄断裂为界与济阳坳陷相靠。该坳陷沉降幅度自西向东逐渐加深，西部一般深度为2000～3000m，东部最大可达6000m，其中以临清一带沉降幅度最大。次级构造单元主要有故城-馆陶潜断隆、德州潜断陷、高唐潜断隆、东明-莘县潜断陷。这些次级构造单元走向多呈北东-南西向延伸。

3. 鲁中隆起

该区位于鲁西隆起区的北缘，东以沂沭断裂带与胶北隆起相接，北以齐河-广饶断裂与济阳坳陷毗邻，西以聊城-兰考断裂带与临清坳陷相邻。基底构造以紧密褶皱为主要形式，盖层广泛发育。地层构造以平缓的单斜为主。区内普遍缺失新生界古近系，第四系和新近系发育较完整，底界埋深为500～1000m。下伏地层以古生界石炭系—二叠系为主，在靠近聊城-兰考断裂带附近为奥陶系。区内的次级构造单元主要有齐河潜凸起和泰山凸起。

（二）断裂构造

受新华夏系构造体系影响，区内基岩断裂构造发育，活动强度大，断裂发育的主要方向为北北东向、北东向、近东西向，其次为北西向，断裂构造均为隐伏型。区内对控热有意义的断裂主要有齐河-广饶断裂、边临镇-羊二庄断裂、沧东断裂、陵县-老黄河口断裂。

1. 齐河-广饶断裂

齐河-广饶断裂位于德州市南部，是华北坳陷区与鲁西隆起区Ⅱ级构造单元和济阳坳陷与鲁中隆起Ⅲ级构造单元的分界断裂。其分布方向西起聊城-兰考断裂交会处，沿北东东向经禹城南向济阳北至广饶南，向东延伸与益都断裂相交，呈弧形分布。该断裂被第四系覆盖，东西长约300km，宽5～10km，由2～3条断裂组成，为阶梯状断裂组合带。断裂带总体走向80°左右，倾向北，倾角60°～80°。断裂带两侧新生代地层分布和厚度差异较大，断裂总断距达1200～2000m。

2. 边临镇-羊二庄断裂

边临镇-羊二庄断裂位于德州市西部,由平原刘屯、陵城区土桥经边临镇到宁津县的保店折转北东向延伸到河北省黄骅县的羊二庄至渤海。断裂带走向北东,倾向北西,形成于中生代,深度切割到古生界寒武系—奥陶系及太古宇变质岩系,为临清坳陷与济阳坳陷Ⅲ级构造单元的分界断裂。属南盘上升、北盘下降的张性正断裂。在南盘上升的隆起区缺失古近系,第四系和新近系沉积厚度1000～2000m。北盘下降的坳陷区内沉积了巨厚且发育齐全的新生界,沉积厚度大于3000m。

3. 沧东断裂

沧东断裂位于德州市西北部,该断裂属超壳断裂,断裂厚度已切割到上地幔,属新生代以来的活动断裂。其延伸方向北起天津宁河地区,向南经沧州、德州至河北省大名县与北西西向断裂相交,全长约400km。走向北北东,倾向南东,形成于中生代。断裂由一系列阶梯状西侧上升、东侧下降的张性正断层组成。在西侧隆起区缺失古近系,第四系和新近系沉积厚度1000～2000m;东侧坳陷区内新生界发育完整,沉积厚度大于3000m。据人工地震勘探资料,断裂带在深层落差大、浅层落差小,属边断边沉积的长期活动性断裂带。其活动特征是始新世南强北弱,有多期基性喷发岩,渐新世以后,为南弱北强。

4. 陵县-老黄河口断裂

陵县-老黄河口断裂位于德州市北部,该断裂可分为西部陵县-无棣断裂、中部的义南断裂及东部的埕东断裂,西起平原县刘屯经陵县南、乐陵市的孔集折向东南至郑店南又折转为北东经庆云县的尚堂、无棣南、义和庄至老黄河口,长220km,断裂呈弯曲状。自陵县—无棣东为宁津凸起、无棣凸起与临邑凹陷、惠民凹陷的分界断裂;在无棣—老黄河口为义和庄凸起与沾化凹陷的分界断裂。该断裂走向北东,倾向南西。北盘上升,缺失古近系,第四系和新近系沉积厚度1000～1500m;南盘下降,新生界沉积发育齐全,沉积厚度大于3500m。沿断裂带有新生代玄武岩分布。

三、岩浆活动

区内岩浆活动较频繁,自古生代以来,根据构造运动可分为加里东期、海西期、印支期、燕山期及喜马拉雅期等多期岩浆活动期。岩浆岩主要分布在临清坳陷的高唐潜凸起、济阳坳陷的宁津潜凸起、无棣潜凸起东部、临邑潜凹陷东部(图1-6)。燕山期火山岩岩浆侵入活动强烈,喜马拉雅期岩浆活动以玄武岩喷发为主要特征,侵入岩很少发育。钻孔资料揭露,新生代以来,区内大体有4期岩浆活动。第一期在始新世早期(相当于孔店组二段),见有近百米厚的基性玄武岩、安山质凝灰岩及凝灰质砂岩;第二期在始新世末期(相当于孔店组三段),火成岩有10层,累计厚度100m以上,岩性为中—基性安山岩—玄武岩;第三期在渐新世(相当于沙河街组中段),有厚7.5m的玄武岩;第四期在渐新世后期(相当于沙河街组一段),岩性为玄武岩与生物灰岩互层。

四、区域结晶基底顶界面埋深

结晶基底顶界面埋深是指区域元古宙以来诸多岩系的总厚度。依据人工地震、石油构造等资料,区内隆起区结晶基底顶界面埋深小于坳陷区。埕子口-宁津潜断隆区是中—晚古生代以来的长期隆起区,结晶基底顶面埋深在1～2km。鲁西隆起区在区内为其北部斜坡地带,结晶基底顶面埋深为3～5km。济阳、临清坳陷结晶基底顶界面埋深等值线大致以北北东向展布,临清坳陷结晶基底顶界面埋深多为7～8km,在凸起区为5～6km;济阳坳陷在凹陷区结晶基底顶面埋深为6～10km。

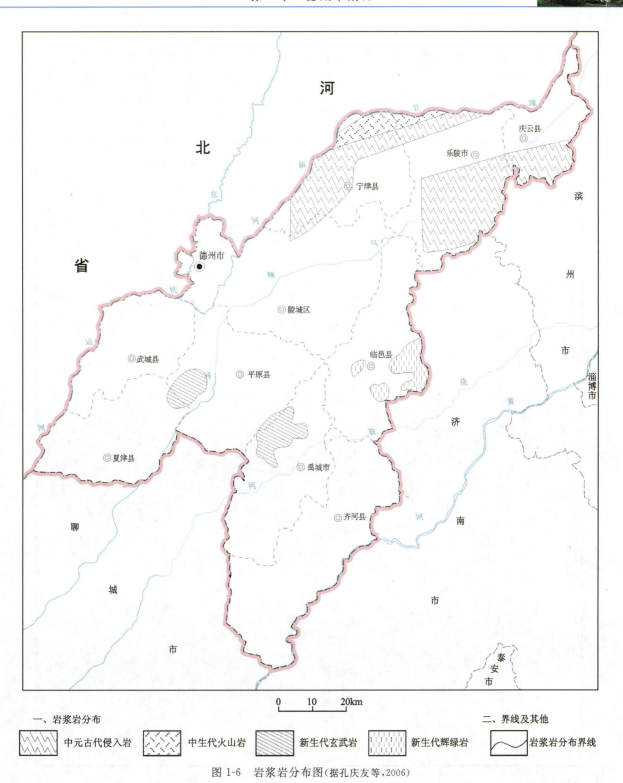

图 1-6 岩浆岩分布图(据孔庆友等,2006)

五、莫霍面(地壳底界面)埋深

莫霍面是地壳与上地幔的分界面,即为地壳的底界面。莫霍面的形态变化反映了地壳的厚度变化。

德州市位于华北平原上地幔隆起区,莫霍面形态变化总体规律是,在结晶基底隆起的地区,如埕子口-宁津潜断隆、鲁西隆起区,莫霍面下凹,地壳厚度大;在结晶基底坳陷(凹陷)的地区,如济阳坳陷、临清坳陷等地区,莫霍面隆起,地壳厚度小。德州市地壳结构呈中间薄、南北厚形态。最薄区分布在武城—平原—临邑—庆云一线区域,厚度小于35km。最厚区域分布在齐河县以南河宁津县以北地区,厚度均大于37km(图1-7)。

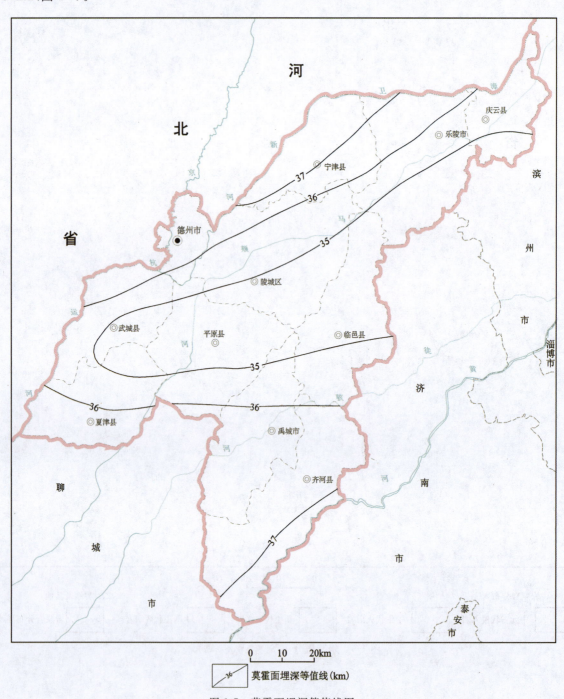

图1-7 莫霍面埋深等值线图

第三节 区域水文地质特征

一、水文地质分区

按照《山东省地下水资源可持续开发利用研究》(徐军祥,康凤新,2001)水文地质区划分方案,德州市位于鲁西北平原松散岩类水文地质区(Ⅰ),根据区内水文地质条件的差异,可进一步细分为4个水文地质亚区、10个水文地质小区(图1-8,表1-2)。受分布位置及构造、地形、埋藏条件的影响,分区界线与地貌单元的界线基本一致。

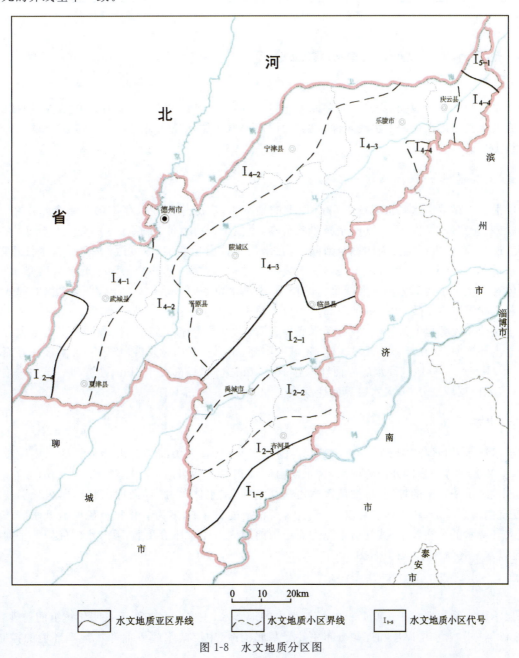

图1-8 水文地质分区图

表 1-2　德州市水文地质分区表

水文地质区	水文地质亚区	水文地质小区
鲁西北平原松散岩类水文地质区（Ⅰ）	冲积洪积平原淡水水文地质亚区（Ⅰ$_1$）	玉符河冲击洪积扇孔隙水系统（Ⅰ$_{1-5}$）
	冲积平原淡水水文地质亚区（Ⅰ$_2$）	旧城-辛店古河道带、间带孔隙水水文地质小区（Ⅰ$_{2-1}$）
		聊城-禹城古河道带孔隙水水文地质小区（Ⅰ$_{2-2}$）
		阳谷-齐河古河道带、间带孔隙水水文地质小区（Ⅰ$_{2-3}$）
		冠县-莘县古河道带孔隙水水文地质小区（Ⅰ$_{2-4}$）
	冲积、海积、冲积平原咸淡水水文地质亚区（Ⅰ$_4$）	武城-夏津岛状咸水，孔隙水水文地质小区（Ⅰ$_{4-1}$）
		高唐-德州岛状咸水，孔隙水水文地质小区（Ⅰ$_{4-2}$）
		陵县-乐陵岛状咸水，孔隙水水文地质小区（Ⅰ$_{4-3}$）
		惠民-博兴岛状咸水，孔隙水水文地质小区（Ⅰ$_{4-4}$）
	海积冲积、冲积海积平原咸淡水水文地质亚区（Ⅰ$_5$）	埕口-羊口"上咸下淡"孔隙水水文地质小区（Ⅰ$_{5-1}$）

二、地下水赋存特征及含水岩组分布

地下水广泛存在于地壳的表层，赋存深度超过 3000m。800m 以浅，按其补径排条件、埋藏深度、水化学组成及水力性质在垂向上由浅至深，可分为浅层潜水—微承压水、中层承压水、深层承压水 3 个含水层（组）类型。

（一）浅层潜水—微承压水

浅层潜水—微承压水系指埋藏于 60m 以上的地下水，广泛分布并赋存于第四系含水层中，含水层岩性为粉砂、粉细砂，厚度 10～30m，呈条带状分布，受控于古河道带、中层咸水的埋藏与分布，在古河道主流带砂层最厚，由古河道带向两侧至河间带，含水层颗粒由粗变细，厚度逐渐变薄，富水性逐渐减弱。单井出水量 40～60m³/h。该含水层（组）受大气降水的影响较大，其补给来源主要是大气降水，其次为地表水体等。地下水运动方向主要受重力的作用，由高水位处向低水位处径流，自由水面的起伏状况与地面的起伏状况基本一致，山脊等地面高点构成了该类含水层（组）的天然分水岭。

受中层咸水发育程度的影响，浅层淡水底界面（咸水顶界面）波状起伏，埋藏深度变化很大。根据以往物探电测深资料，除在夏津—武城大洼、陵城区南部、平原县三唐和乐陵、庆云一带淡水底界面埋深小于 10m 外，其他大部分地区淡水底界面埋深在 10～40m 之间，局部大于 40m，在齐河—禹城—临南的全淡水区，因无中层咸水分布，淡水底界面埋深大于 60m（图 1-9，图 1-10）。

（二）中层承压水

中层承压水系指埋藏于 60～200m 深度内的地下水，具有水头高于含水层顶板的承压性质。除在临邑、禹城和齐河等全淡区外均为咸水，含水层由河湖相粉细砂组成，累计厚度 20～50m，分布较稳定。由于受古地理沉积环境的控制，常被咸水体占据其空间，咸水体顶、底界面埋深自西向东分别变浅和加深，厚度自西向东增加，咸水体矿化度 2～5g/L，高者超过 10g/L，多为氯化物及硫酸盐型水。该含水层（组）受大气降水的影响较小，其补给来源主要受山前的侧向径流补给及上、下含水层（组）的垂向越流补给，径流以水平径流为主（图 1-9，图 1-10）。

（三）深层承压水

深层承压水系指埋藏于 200m～800m 深度内的地下水，主要赋存在新近系明化镇组的粉砂岩、细砂岩、中细砂岩中。含水层厚度和埋藏分布主要受基底构造、中层咸水底界面和古地理环境的控制；由于咸水底界面起伏变化,深层地下水埋藏深度不尽相同,在区内总体上表现为中间浅、两边深;在平原县—陵城区—宁津县一线以西和乐陵市以东深层地下水含水层埋藏深度大于 200m,中间地带深层地下水埋藏深度多小于 200m。含水层累积厚度 20~45m,单井出水量为 30~60m³/h。在 20 世纪 70 年代初期,水位大部分高出地面,自 70 年代中期以来,该层地下水作为区内的主要供水开采层,由于大量开采使其水位逐年下降,目前已形成了大面积的地下水降落漏斗。该含水层(组)基本不受大气降水的影响,补给来源主要受同层含水层水平方向的径流补给及上、下含水层的垂向越流补给,补给条件差,属消耗型水源(图 1-9,图 1-10)。

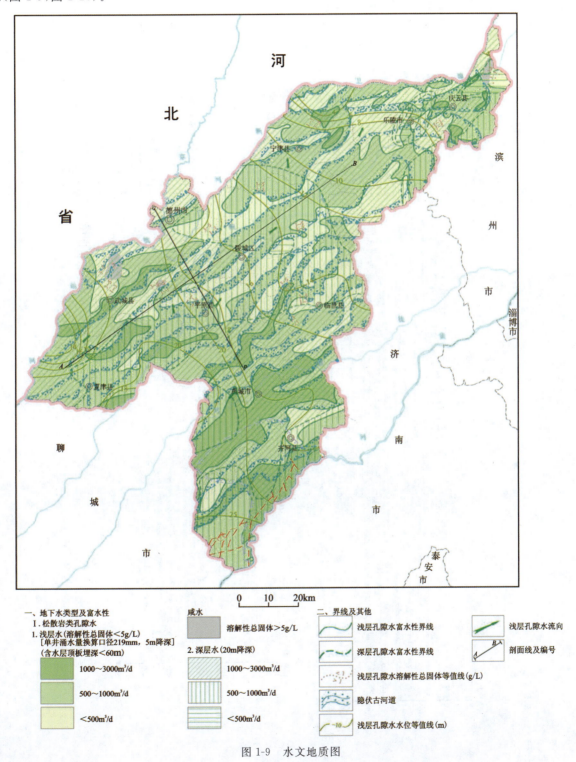

图 1-9　水文地质图

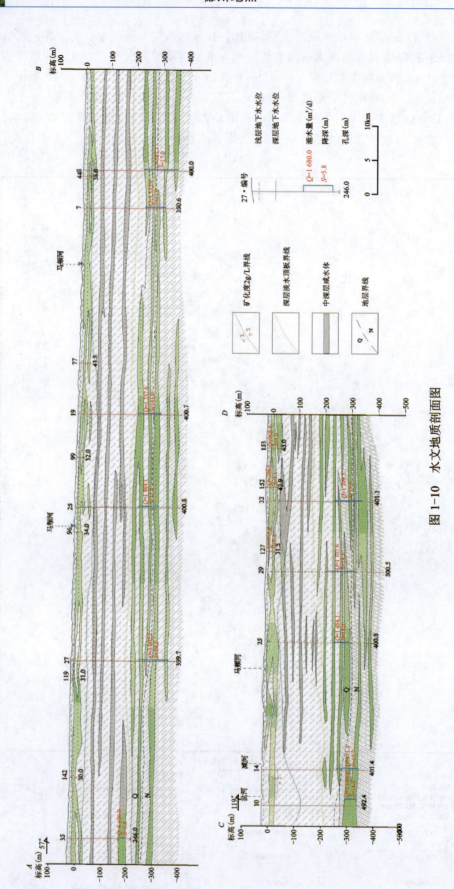

图 1-10 水文地质剖面图

第四节 区域地球物理场特征

地球物理场特征是深部地层岩性差异在物理场上的综合反映,为地热田深部地质构造的推测提供依据。目前常用的地球物理勘探方法中区域性的有重力勘探、磁力勘探等。

一、区域重力场特征

利用重力场的空间变化可以研究或探测由区域埋藏较深、分布范围广的区域地质因素(断裂、基底起伏等)引起的重力异常。在相同区域重力背景下,采用不同岩层平均密度与中间层密度对比得到布格重力异常中布格改正值,根据地球内部明显重力值次级变化——重力正负异常带、重力梯度可大致划分凸起和凹陷,并推测断裂的存在。

德州潜凹陷、临邑潜凹陷属重力低值带;在陵城区附近、乐陵市郑店—花园—庆云县尚堂一线、乐陵市三间堂附近布格重力异常为正值;而埕子口-宁津潜断隆以及武城县滕庄—杨庄一线以西,夏津县郭寨—平原县腰站、王庙一线以南,禹城市以南为布格重力高异常值,其余地区为低异常值。沧东断裂、边临镇-羊二庄断裂等断裂带附近呈现高重力密集的重力异常梯度。由此可见,布格重力高异常区的分布范围与区域地质构造中的凸起具有较好的相关关系,而重力低异常区与凹陷区对应较好。同时,根据布格重力异常等值线图可以推测工作区北部太古宇结晶基底的埋藏深度远小于其在南部的埋藏深度,南部的古近系、新近系及第四系的厚度明显大于北部。

二、区域磁力场特征

磁力勘探是根据地层中岩石在现状地球磁场的作用下在地表反映出来的磁场强度的变化情况,解译深部地质构造条件的方法。航磁异常在平面分布上表现为呈北东向条带分布,南部、北部的航磁异常值小于中部航磁异常值。

区内新生界、中生界及上古生界的石炭系—二叠系岩性主要为砂泥岩,地层中铁性矿物含量较高,在现状地球磁场作用下产生正磁异常;下古生界的寒武系—奥陶系岩性主要为灰岩,磁化率低,在现状地球磁场作用下产生负磁异常;太古宇变质岩结晶基底主要岩性为片麻岩,磁化率高,在现状地球磁场作用下产生高正磁异常。因此,在航磁异常图中,可以根据磁正异常值的大小判断太古宇结晶基底的埋深及厚度;根据负异常值的大小判断寒武系—奥陶系的埋深及厚度。陵城区附近及武城县以西航磁异常为正异常值,说明在该地区太古宇结晶基底埋深浅;南部磁异常以负异常为主要特征,表明该区寒武系—奥陶系埋深浅,厚度大。

三、区域人工地震波特征

地震勘探利用人工激发的地震波在弹性不同的地层内的传播速率来研究或探测区内埋藏较深的地质因素,从而达到查明地质构造和划分地层的目的。区内常用的人工地震方法是反射波法,其原理为地震波在传播过程中遇到不同介质的分界面时,一部分按照光学原理发生反射,在地表通过测量反射波到达的时间与地震波输入时间之间的差值,并通过常规扫描速度及该地区的综合速度曲线量板进行时深转换,计算出弹性波反射面的埋深。

本书参考已有的油田地震解译成果及区域地质资料,依据各项波的识别标志,在全面对比区内时间剖面整体特征的基础上,将德州凹陷某区域两条高分辨率垂直地震勘探剖面线在时深 2000ms 范围内划分为 6 个可以连续追踪或断续追踪的波组(图 1-11,图 1-12)。

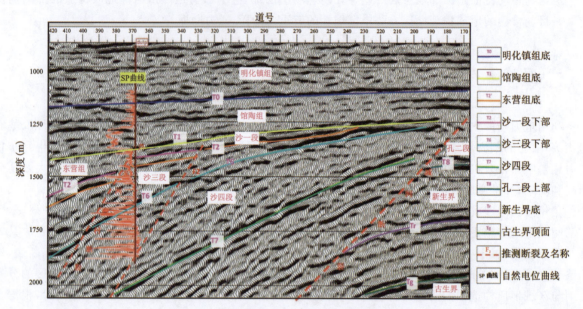

图 1-11　德州城区 A—A′人工地震勘探剖面图

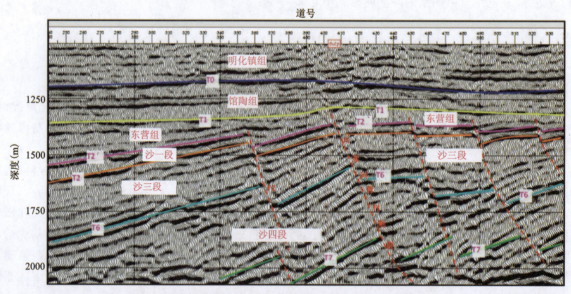

图 1-12　德州城区 B—B′人工地震勘探剖面图(图例同图 1-11)

根据常速扫描速度分析,确定各反射波组的动校正速度,工作区内主要反射波组地质解释结果如下。

T0 反射层:相当于新近系明化镇组底板界面反射。该层反射波界面清晰,可连续追踪,连续展布产状平缓,横向变化不大。记录时间 1000～1200ms,平均波速 2200m/s。

T1 反射层:相当于新近系馆陶组底,为一套中频强振幅连续性好的水平层状反射面,有 2 个强相位,连续性好,反射品质较好,全区完全可以追踪,与下伏地层呈角度不整合接触,厚度 400m 左右,记录时间1200～1420ms，平均波速2300m/s。

T_2'反射层：相当于古近系东营组底界面反射。该反射波层强度较弱，到盆地边缘受剥蚀，产状由西北向东南上倾，横向变化较大，在盆地边缘区遭受剥蚀，局部缺失。在区内地震勘探剖面上，受F_2断裂影响，上升盘缺失，记录时间1300～1560ms，平均波速2400m/s。

T_2反射层：相当于古近系沙一段下部界面反射。该反射层为沙一段特殊岩性反射，一般为2～3个相位，在洼陷、缓坡上能量较强，能连续追踪，不及T_1反射层分布广泛，到盆地边缘构造高部遭受剥蚀，反射特征稍差。在时间剖面减河断裂东，凸起上不存在此组反射波层。记录时间1300～1620ms，平均波速2400m/s。

T_6反射层：相当于古近系沙三段下部界面反射，2～3个相位，为一套中频的较强反射，反射品质较好，与下伏地层多呈不整合接触，此层受断层切割很厉害，波组中断现象明显，盆地边缘受剥蚀现象也较明显。记录时间1330～1860ms，平均波速2500m/s。

T_7反射层：相当于古近系沙四段内部特殊岩性界面。此层受断层切割很厉害，波组中断现象明显，盆地边缘受剥蚀。记录时间1420～2300ms，平均波速2600m/s。

剖面图反映出了构造图上的3条断裂，分别是减河断裂、芦家河-曹村断裂和F_2断裂。

减河断裂：位于工作区东部边界，顶部反射时间约1.23s，底部延伸至孔店组以下。在剖面上，断层表现为向西倾。受该断裂影响，在其东部缺失东营组、沙河街组，且馆陶组埋深相对较浅。

芦家河-曹村断裂：其顶部位于勘探孔西北处，反射时间约1.4s，底部延伸至孔店组以下，反射时间超过2.25s。在剖面上，断层表现为向西北倾。该断裂主要控制区内古近系地层的沉积厚度及埋藏深度。

F_2断裂：顶部位于勘探孔东南处，反射时间约1.4s，底部延伸至孔店组以下，反射时间超过2.25s。在剖面上，断层表现为向西北倾。受该断裂影响，其上升盘东营组缺失。

由图1-11、图1-12可以看出，$A-A'$、$B-B'$两条人工地震勘探剖面图反射波组界面基本反映了相应的地质界面，受减河断裂影响，凸起构造地层由西南向盆地中心倾没，古近纪与新近纪地层呈明显角度不整合接触。剖面内断裂主要发育于始新世，主要活动期为渐新世，受其影响凸起、凹陷区内古近系沙一段与东营组厚度变化大，剥蚀明显。

四、垂向视电阻率

地层的电阻率主要受其岩性的影响，由于各种岩性成分不同，其电阻率也不同。此外，地层岩体的含水率、孔隙度、地下水的矿化度等对电阻率也具有较大的影响。一般规律，泥岩电阻率比砂岩低，孔隙度小、含水率大及地下水矿化度高的岩体电阻率也呈低值。以平原地区大极电测深勘探工作为例（图1-13），区内第四系上部岩性主要为黏土、砂土，结构松散，地下水矿化度低，在电测深曲线上表现为高阻；受中—晚更新世海侵的影响，区内埋深100～200m内广泛分布有咸水，地下水矿化度高，导电率高，在电深曲线上呈现低阻；新近系明化镇组主要为黏土岩、细砂岩及泥灰岩夹层，岩性较稳定，该组砂岩中分布有矿化度较低的淡水，地层的电阻率高；馆陶组中砂岩在地层中所占的百分比大，但砂岩孔隙中充满了矿化度高的地下水，在电测深曲线表现为电阻率向低值偏移；古近系东营组、沙河街组泥岩在地层的比例高，且地下水的矿化度高，电阻率呈现低值。

根据地层岩性及其在电阻率曲线的体现，采用切线法确定各地层在垂向上的埋深，解译结果如表1-3所示。

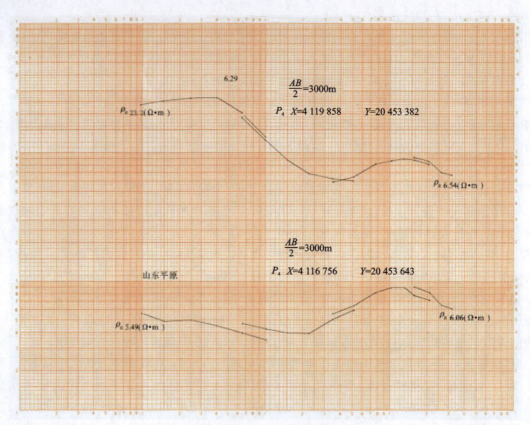

图 1-13　平原城区大极距电测深曲线图

表 1-3　电阻率测深曲线解译成果表

编号	第四系厚度(m)	新近系厚度(m)		古近系顶板埋深(m)
		明化镇组	馆陶组	
P_3	220	905	275	1400
P_4	225	945	325	1495

五、大地电场

大地电场特征主要采用大地电场岩性探测方法揭露，该方法利用岩石和矿物（包括其中的流体）的电阻率不同，在地面测量地下不同深度地层介质电性差异，用以研究各层地质构造。它用不接地探头感测地下的上行电场，换算成电导率与磁导率乘积的物性参数，来提取地下地层的岩性信息。

岩性测深曲线可区分电性层的电性相对高低，即区分相对的高阻层与低阻层，解译方法与视电阻率测深曲线的解译方法类似。以禹城市大地电场岩性测深曲线为例（图1-14），第四系平原组（0～270m）电场强度上部呈高低阻交错分布，且高阻段明显比低阻段宽，表明该段岩性以砂性土为主，间夹黏性土层；下部呈均匀的高阻，但高阻幅度较小，表明该段岩性的电性差异较小。新近系明化镇组（270～1000m）呈高低阻交错分布，变幅大，表明明化镇组中砂性岩与黏土岩呈交错互层分布。新近系馆陶组（1000～1520m）上部电阻率低于下部电阻率，表明其岩性上部泥岩含量高于下部泥岩的含量；高低阻变化不明显表明砂泥岩电性差异不是很大，砂岩中地下水矿化度高。古近系东营组（1520～2050m）电场强度较均匀，高低阻变化不明显，表明古近系东营组砂泥岩电性差异小，地下水矿化度高。

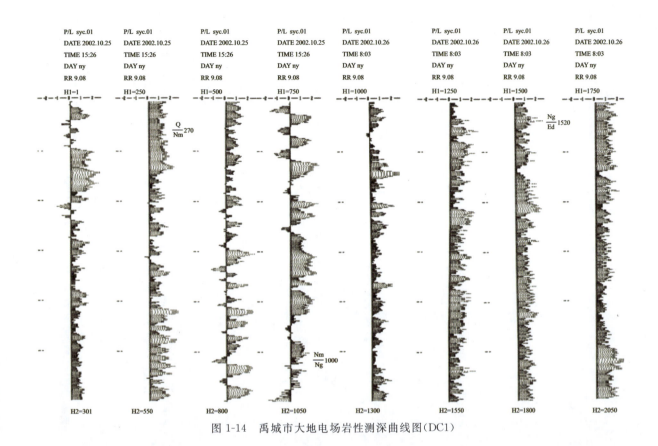

图1-14 禹城市大地电场岩性测深曲线图(DC1)

六、大地电磁场

大地电磁场特征可通过大地电磁测深等方法获得,可利用人工向地下供入音频谐变电流建立电磁场(GSAMT 可控音源大地电磁测深)或直接利用天然场源(MT 大地电磁法),通过仪器在地面接收从地下反馈来的带有地层特征的信息。MT 与 GSAMT 方法同属频率电磁测深范畴,工作中通过采集各观测点不同频率下不同方位的电、磁场振幅及相位数据,通过频率—深度换算、电阻率推算等数据处理、反演计算,最终反映出地下电阻率三维分布特征,从而达到测深的目的。地下水资源在 CSAMT(MT)断面图中主要表现为以下特点:

(1)层间水。电阻率拟断面图中出现明显的横向低阻圈闭区,呈连续或断续分布,具可分辨的空间延展规律。

(2)断裂破碎带赋水。电阻率拟断面图中出现明显的垂向低阻圈闭区或低阻条带,邻近断面图中具有可分辨的延续性或相似特征。

(3)灰岩溶洞水。电阻率拟断面图中出现明显的局部低阻圈闭区,延展性或连续性较差。

MT、ASMT 勘探成果表明,鲁西隆起区在胡官屯-焦斌屯断裂以南寒武系—奥陶系埋深小于 1300m,在该断裂以北埋深大于 2200m。断裂南、北寒武系—奥陶系埋深落差达 1000m。断裂带在视电阻率断面图上表现为垂向展布的等值线,其中胡官屯-焦斌屯断裂在图中为明显的垂向低阻圈闭,表明该断裂为赋水断裂(图1-15)。

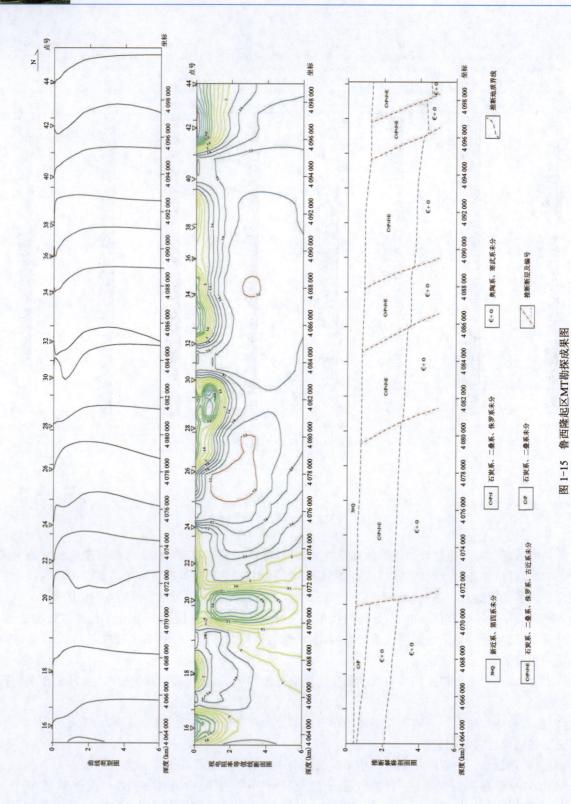

图 1-15 鲁西隆起区MT勘探成果图

第五节 大地热流及区域地温场特征

一、区域热演化历史

地热场的演化发展过程与区域地质构造运动演化密切相关,据以往研究成果,华北盆地中生代以来构造-热演化大致可分3个阶段。

(1)中生代以前,本区处于地台平稳发展阶段,热流值近于或略低于1.0HFU(约41.87mW/m²)。

华北盆地在中生代以前曾经是一个稳定的大陆地块,由于地质上的相对宁静和长期的风化、剥蚀、夷平作用,中生代以前的热状况大约类似于现今古老地盾或地台区的热状况,总的来说温度不高,推断当时的地表热流值小于或接近于1.0HFU。

(2)中生代以来,华北进入裂谷发展阶段,开始逐渐缓慢增温。中生代末期(晚白垩世)至古近纪,华北盆地处于地热上升发展阶段,平均热流值高达2.0HFU(约83.74mW/m²)。

中生代末期是华北地区地质发展历史上的一个重大变革时代,当时上地幔物质活动强烈并伴随着强烈的地壳运动,中生代末期(晚白垩世)至古近纪早期,太平洋北部的库拉-太平洋洋脊逐渐倾没于亚洲东部的边缘岛弧之下,倾没的洋脊及洋脊两侧热板块的侧向扩张作用,使我国东部的构造应力场由北西向的挤压变为北西向的拉张,在原先区内坳隆相间构造格局的基础上,发展成一系列大型的大陆裂谷式的拉张性地堑。由于均衡调整,地堑发育地区地壳厚度减薄,地幔上拱,形成地幔隆起带。随着地壳的减薄与张裂,地幔物质上涌,深部热载体(岩浆、热液)沿深大断裂带喷溢地表或至地壳浅部,形成区域性的高热流值。推断当时地表热流值可高达2.0HFU(约83.74mW/m²)。

(3)新近纪以来,华北盆地地热状况逐步向下衰退,但仍保留着前期残存下来的较高地热背景。

古近纪晚期,太平洋板块的运动方向发生了显著的变化,华北地区再次遭受北东东—南西西向的强烈挤压,曾是控制大型地堑、地垒系的一系列北东—北北东向正断层的活动已显著减弱,甚至完全停止,导致华北地堑系在新近纪时的夭亡。自新近纪以来,华北盆地地热状况总的发展趋势由前期的高峰状态逐步衰退,岩浆活动大为减弱,由岩浆上升所提供的热量也在不断减少。张性构造的地壳形变虽然仍有残留,但构造应力场中水平挤压应力场作用下的剪切构造占主导地位,这对深部热载体的大面积上涌起着一定程度的遏止作用,导致地热场开始逐步衰退。新近纪和第四纪的松散沉积物在一定程度上起着"隔热保温"的作用,因此华北地区还保留着前期残存下来的较高的地表和地幔热流值。

二、大地热流

大地热流亦称热流密度,简称热流,是指单位面积、单位时间内由地球内部传输至地表,而后散发到太空去的热量,是地壳或岩石圈深部热状态在地表的综合量化表征。在数值上,热流等于岩石热导率与垂向地温梯度的乘积,即

$$q=10KG$$

式中:q——大地热流,单位 HFU 或 mW/m²;

K——岩石热导率,单位 TCU 或 W/(m·℃),1TCU=0.41868W/(m·℃);

G——地温梯度,单位 ℃/100m;

10——换算系数。

大地热流是一个综合的参数,是地球内热在地表直接测得的唯一的物理量,它比其他地温资料(如

温度、地温梯度)更能反映一个地区的地温场特点,对地壳的活动性、地壳与上地幔的热结构、岩石圈流变学结构等问题的研究,对区域热状况的评定等具有重要意义(王良书,1989;邱楠生,1998;王良书等,2000,2002)。如果将地球岩石圈下的软流圈看成均一热源,即从软流圈向地表辐射的热流值在区域上是一致的,该热流经过地壳向外辐射时受地壳岩石热导率差异的影响,向热导率高的岩石中富集,从而在基底岩石浅埋的凸起区形成高热流值,在凹陷区形成低热流值。

大地热流值可以通过实测计算或估算得到,实测值一般是在钻井中测量稳定状态下的地温和采集相应层段的岩样,分别确定其地温梯度,并在实验室中测定其岩石的热导率,然后将两者相乘得到;估算值是指在钻井中实测地温梯度值,岩石热导率选用平均热导率,或类比地质条件基本相同钻井的实测热流值和地温梯度反推而得。

全球大陆地区平均热流值为 $65\pm1.6mW/m^2$(Pollack et al.,1993),我国大陆地区平均热流值为 $63\pm15mW/m^2$(汪集旸,1995)。华北地区共获 26 个大地热流实测数据和 139 个大地热流值估算数据(陈墨香,1988),统计表明,华北地区热流值的变动范围为 $0.8\sim2.6HFU(33.49\sim108.86mW/m^2)$,平均值为 $1.47\pm0.32HFU(61.55\pm13.40mW/m^2)$,其中属纯传导热流的变化范围为 $1.0\sim2.0HFU(41.87\sim83.74mW/m^2)$,此中又以 $1.2\sim1.8HFU(50.24\sim75.36mW/m^2)$ 的频度最高,占总测点数的 64%,纯传导热流测点的 72%。

德州市大地热流值为 $1.2\sim1.7HFU(50\sim70mW/m^2)$(图 1-16),一般规律是隆起区的热流值高,坳

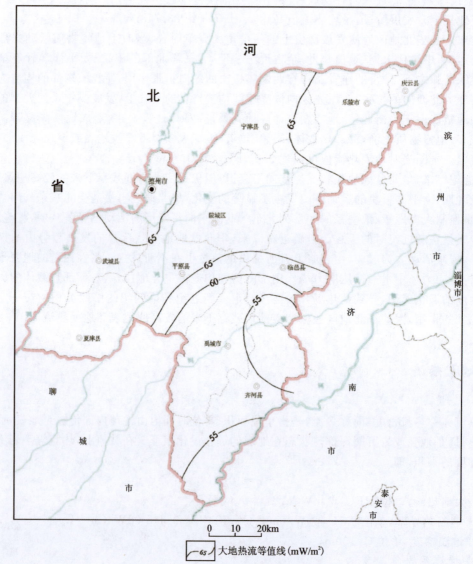

图 1-16 德州市大地热流等值线图

陷区的热流值低；济阳坳陷的大地热流值最高，其次是临清坳陷，泰山-济南断隆的大地热流值最小。其中宁津潜凸起、无棣潜凸起平均大地热流值为1.66HFU（69.5mW/m²），临邑潜凹陷为1.60HFU（66.9mW/m²）；德州潜凹陷为1.49HFU（62.4mW/m²），齐河潜凸起为1.31HFU（54.8mW/m²）。

根据Birch等（1968）研究成果，在地表所观测到的大地热流主要由两部分组成：一部分为来自地壳深处及上地幔的热量；另一部分源于地壳浅部放射性元素（U、Th、^{40}K）衰变所产生的热量。根据华北地区岩石样品的放射性元素含量分析结果，采用Birch（1954）年给出的经验公式

$$A = 0.317\rho(0.73U + 0.2Th + 0.27K)$$

式中：A——岩石放射性生热率，单位HGU或$\mu W/m^3$，$1HGU = 0.41868 \mu W/m^3$；

ρ——岩石密度，单位g/cm^3；

U、Th——岩石中铀、钍含量，单位$\times 10^{-6}$；

K——岩石中^{40}K的百分含量，单位%。

计算出区内各时代岩层放射性元素的生热率如表1-4所示，计算结果表明，地层中放射性元素衰变所放出的热量仅占大地热流值的1/100左右（以馆陶组为例），从侧面证明了区内大地热流主要来自下部的传导热。

表1-4　区内各时代岩层中放射性元素平均含量及生热率一览表

岩层	U(10^{-6})	Th(10^{-6})	^{40}K(%)	A(HGU)
N_1g	1.75	8.52	1.17	2.80
E_3d	2.21	8.00	1.48	2.71
$E_3\hat{s}^1$	2.51	8.01	1.68	3.13
$E_2\hat{s}^2$	3.02	11.52	2.02	3.52
$E_2\hat{s}^3$	2.68	9.90	1.80	3.17
$E_2\hat{s}^4$	1.99	6.59	1.33	2.44
$E_{1-2}k$	2.00	6.75	1.34	2.70
K	1.20	3.42	1.54	1.68
J	2.14	8.49	1.13	3.13
O	0.94	2.75	0.63	1.21
∈	0.44	1.36	0.30	0.58
Ar	4.18	16.51	3.34	4.20

三、地温场特征

在恒温带以下随深度的加深地温值逐渐增高，地温增高的幅度以每100m深度的增温率来表示，即地温梯度（℃/100m），地壳表层的平均地温梯度约3.0℃/100m，地温梯度大于此值的地区可视为地温异常区。因此，地温梯度大小可以反映深部热流值大小，确定地热异常区及地热田范围。

（一）地温场平面变化特征

根据井深300～500m的测温资料，绘制了盖层地温梯度等值线图（图1-17）。区内盖层平均地温梯度值为2.9～3.7℃/100m，除禹城、临邑城区等局部地区小于3.0℃/100m外，普遍大于3.0℃/100m，为一地温异常区，其水平分布特征为：

(1) 盖层地温梯度分布明显受地质构造格局的控制,正向构造区,基岩埋藏浅,盖层地温梯度大;在负向构造区,基岩埋藏深,盖层地温梯度小。在基岩埋藏浅的埕子口-宁津潜断隆区、无棣潜断隆区、武城潜断隆区、高唐潜断隆区及鲁中隆起区,盖层地温度梯度值普遍大于3.4℃/100m;在基岩埋藏深的德州潜断陷、惠民潜断陷,地温梯度值一般小于3.2℃/100m。

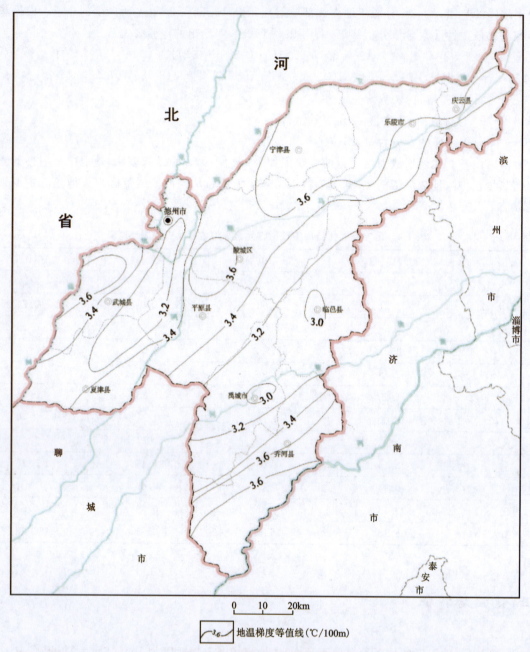

图1-17 盖层地温梯度等值线图

(2) 地温梯度等值线的走向呈北北东向,与区内基底构造的走向基本一致。

(3) 地温梯度受地下水活动的影响也较明显,在离补给区近的山前地带,即在鲁中隆起区的东南边界附近,虽然基岩埋深最浅,但由于山前地下水的侧向径流,该区地温度值小于3.6℃/100m。

(4) 聊考断裂、齐河-广饶断裂对地温场的控制作用明显,地温梯度等值线沿断裂带走向分布。

(二)馆陶组热储地温梯度特征

区内地热井取水层位以馆陶组热储为主。地热井的实测温度表明,馆陶组热储的温度变化范围为49~62.5℃(图1-18),其中埕子口-宁津潜断隆、鲁西隆起区温度较低,普遍小于55℃;济阳坳陷、临清坳陷温度较高,普遍高于60℃。根据各地热井取水段中点的埋深,采用地温梯度公式计算馆陶组以上所有地层的平均地温梯度。计算结果表明,区内馆陶组热储盖层地温梯度较高,平均地温梯度为3.4℃/100m。地温梯度在水平方向上具有西南低、东北高的特点。

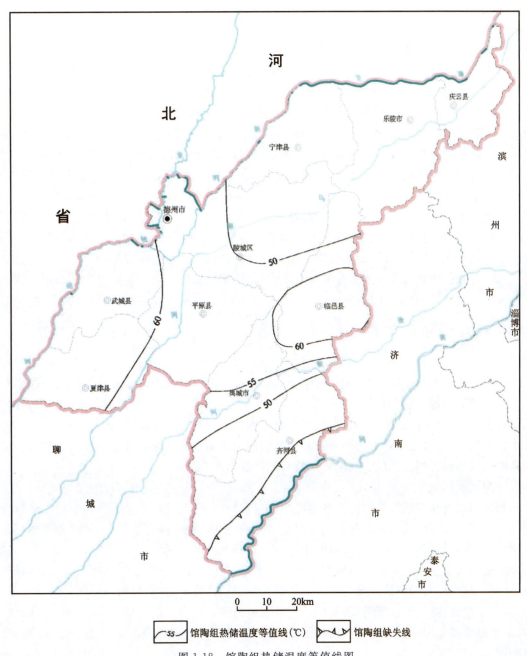

图1-18 馆陶组热储温度等值线图

(三)地温场垂向变化特征

研究资料表明,地温梯度在垂向上的变化主要受岩石热传导率及地下水活动的综合影响,热传导率低,地温梯度高;反之则低。地下水活动强烈,地温梯度低。

德州市地温在垂向上的变化规律是:第四系结构疏松,热传导率小,起阻热作用,地温梯度高,但受地下水活动的影响,地温梯度有所降低。古近系、新近系结构较第四系紧密,热传导率大于第四系,但赋存地层中的地下水基本上处于静止状态,热能受地下水对流传播的影响小,地温梯度高;基岩结构致密,热传导率大,地温梯度低。此外,大地热流值也是影响地温梯度值大小的因素之一,基岩埋深浅,大地热流值高,新生界地温梯度高。

(1)从DR2井测温曲线(图1-19)分析,在恒温带以下,地温随深度的增加上升,总体上呈线形关系,且呈正相关关系。反映在垂向上,地温值随井深度的增加而递增。

(2)但曲线上也有波折,分析其曲线形态,主要同地层岩性变化有关。DR2孔1148m处井温为40℃,而1381~1398m出现一次跳跃,井温从44℃跳升到48℃。1398m往下井温上升缓慢,到井底1490m最高井温为50.3℃。分析认为1381~1398m存在一异常的隔离层,致使井温在此段突然陡增。此处正是馆陶组热储层,对应的地层岩性主要为细砂岩,其热导率大于其上的泥岩。

(3)井温曲线表现出来的地温梯度第四系为2.61℃/100m、新近系明化镇组为2.42℃/100m、新近系馆陶组为2.65℃/100m。本井抽水试验得到最高水温55℃,平均地温梯度3℃/100m,属正常地温梯度。

地温梯度的垂向分布情况一般很难由井内测量资料取得,这是因为在钻探过程中受钻井液的冷却作用,钻时井温测量所测温度一般小于所钻遇地层的实际温度,如DR1井成井时井内测得的井底温度只有48℃;只有在停钻和钻井液终止相当长时间之后,钻井井温与围岩温度处于平衡状态,所得到的资料才是真实的,如DR1井2021年6月井内测温井底温度为55.2℃,与抽水试验温度基本一致。钻探完成后,在钻井泥浆中所进行的温度测量,则由于钻井液的导热率较均一,而地层在垂向上的导热率随地层岩性的变化而变化,故井内所测地温梯度的变化只能近似代表地层中地温梯度的变化。在含水层(热储)压力较大,含水层中水大量涌入钻孔的情况下,可以根据完钻后井内泥浆测温资料确定热储的位置。

四、影响地温场的主要因素

一个地区地温状况是该区地质构造条件和地质历史的综合反映,影响某一地区地温场的主要因素,包括基岩的起伏和构造形态、地下水的活动、岩浆活动、地热开发活动等(陈墨香,1988)。华北地区大量的实际资料表明,基岩面的起伏和构造形态对地温分制的影响是区域性的,对地壳浅部几千米以内的地温起着主导作用;地下水活动对山前平原和某些活动断裂带附近的地温有着重要影响,而岩浆活动可能的影响范围仅限于挽近期发生较大规模岩浆活动的局部地段。

1.基底起伏和构造形态

基底起伏形态对地温场影响已被大量的实际测温资料所证实,在新生界盖层一定的深度范围内,正向构造的地温高,地温梯度大;负向构造的地温低,地温梯度小;地壳浅部地温分布与基岩面的起伏呈正相关关系(中科院地质研究所地热组,1978;中科院地质研究所地热室,1981;陈墨香等,1982)。盆地内隆起与坳陷地温状况主要由岩石热物理性质侧向的不均一性引起。它实质上是将来自地球内部的均匀热流,在地壳上部实行再分配的结果。由于基底的热导率往往高于盖层,故深部热流将向基底隆起处集中,使其具有高热流、高地温梯度特征,而坳陷则具低地温特征。表现在:

(1)新生界盖层地温梯度与基岩顶面埋深的关系十分密切,总的特点是随着基岩埋深的变浅,地温梯度逐渐增大。

(2)新生界盖层厚度相同和岩石性质相当时,相关地温梯度曲线形态十分相似。

(3)盖层地温梯度与基岩埋深虽然一般都有明确的相关性,但其密切的程度还取决于其他因素,特别是地下水的干扰。当一个地区有较强烈的冷水流或上升热水流时,盖层地温梯度表现为明显的偏低或偏高。

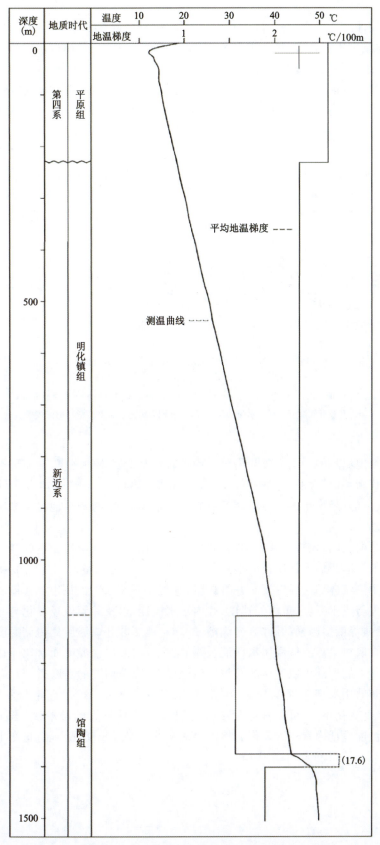

图 1-19 地温及地温梯度垂向变化图（德州市城区 DR2 井）

2. 地下水活动

地下水在地壳浅部分布广泛，易于流动且比热容较大，对地温场有重要影响。通常受冷水源补给的地下水强径流区，地温出现负异常；热水排泄区或某些断裂带附近，地温出现正异常；远距地下水补给区的大型盆地的腹部，地下径流缓慢甚至处于停滞状态，地下水对地温的影响逐渐减弱直至消失。

地下水补给区和径流区出现地温负异常的原因是从补给区进入的地下水温度较低，在流动过程中和围岩进行热交换，不断地把围岩的热量带走，冷却围岩，从而降低了地温。比如齐广断裂以南的齐河凸起地处鲁中山前，受到济南南部山区冷水流径流的影响，地温仅40℃左右。

深循环地下水沿断裂带上涌至浅部形成局部的地热异常，已为华北地区多处的实际资料所证实（陈墨香等，1982），这些地热田异常的分布多与基岩隆起区和较深的断裂带相依存。

归纳起来，地下水活动对地温场的影响可用图1-20来概括（陈墨香，1988），可以看出，地下水活动带地温梯度降低，而侧向径流或下行活动带的下方以及较高温地下上升带的上方，在一定范围内温度和地温梯度都有增加。

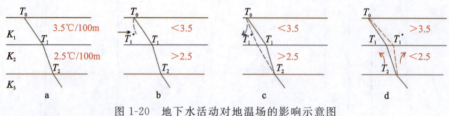

图1-20 地下水活动对地温场的影响示意图
（据Kappelmeyer et al.，1974；陈墨香，1988）

a. 不受地下水活动影响的正常地温场；b. 有低温地下水侧向径流活动的地温场；
c. 有相对低温下行活动水流的地温场；d. 有较高温地下水上升活动的温度场

3. 岩浆活动

岩浆活动对现今地温场的影响主要与岩浆活动的时代及岩浆体的规模、几何形态、性质和活动方式有关。岩浆活动年代新，规模大的中、酸性侵入体，保留的余热较多，对现今地温有较大的影响，甚至形成地热异常区；年代久远、规模小的基性或超基性岩流或地表溢流，对现今地温无影响。

4. 地热开发活动

地热动态监测数据表明，地热井开采初期，井口温度较低，当开采量逐步达到最大稳定流量时，井口温度逐渐达到最高值。即我们平常所指的地热井温度是最大稳定流量时对应的最高温度，而此温度并不等于地下热储层中热流体的实际温度。井管热阻、水泥环热阻、岩层热阻会引起一定的温度损失，受沿井筒产生的热损失与热水流量、重力加速度、井内热水流速，以及井管内径变化与井水泥环的高度、厚度、围岩的热物理性质等诸多因素的影响（何满潮，2014），地热井井口温度比热储温度要低2.0℃左右。

地热回灌是将提取热量后的低温尾水回灌至热储层中，回灌尾水温度通常比原热储层温度低得多，因此把相对温度低得多的回灌水通过回灌井注入热储层中，对热储层的温度影响是必然的（详见第五章第二节），势必引起热储层局部热流体温度的降低甚至产生热突破。根据近年开采井井口温度监测数据，各开采井井口温度变化不大，可以解释为：相对于热储层流体巨大储量来说，当前回灌水量较小，不可能使热储层流体温度短期内有较大降低。但需要加强井口温度长期观测，防止产生热突破。

第二章　地热地质条件

第一节　地热资源类型及热储划分

一、地热资源类型

德州市位于鲁西北坳陷地热区。在地质构造上为在太古宇及古生界基底上发育起来的中—新生代断陷盆地。受差异性升降运动的影响,沉积了巨厚的中—新生代陆相碎屑岩沉积层。地热资源主要赋存于新近系馆陶组和古近系东营组砂岩裂隙孔隙层状热储,以及寒武系—奥陶系碳酸盐岩裂隙岩溶层状热储。热储埋深大,地热水补给微弱,主要为古封存水和成岩过程中的压密释水。区内已有地热井的测温资料表明,地热水的温度大多小于90℃,根据地热资源温度分级标准,属于温热水—热水型低温地热资源。根据德州市所处的位置,属于沉积盆地型地热田,按热传输方式属于传导型地热资源。

二、热储层组划分

根据《地热资源地质勘查规范》(GB/T 11615—2010)对热储的定义:热储是指埋藏于地下、具有有效孔隙和渗透性的地层、岩体或破碎带,其中储存的地热流体可供开发利用。以往研究成果表明,孔隙—裂隙型热储在开采条件下,与砂岩相邻的弱透水层会产生压密释水现象,所释放的水资源进入相邻的砂岩(含水层)成为可采资源量的一部分。因此,孔隙—裂隙型热储应是包括砂岩及与之相邻的弱透水层在内的整个系统,即热储层(组)。而对于裂隙型热储,无裂隙发育的围岩结构致密,基本上不包含载热流体,因此,该类热储仅包括有裂隙发育的岩段。

遵循以上规定,依据热储的地层时代、含水空间、岩性、结构、厚度、沉积旋回组合、热水的物理化学性质、水文地质特征等因素,区内可划分出9个热储层(组),由新至老、自上而下依次为新近系明化镇组、馆陶组孔隙—裂隙型热储层,古近系东营组、沙河街组、孔店组孔隙—裂隙型热储层,白垩系—侏罗系裂隙型热储层、二叠系—石炭系裂隙型热储层,奥陶系—寒武系碳酸盐岩岩溶裂隙热储层,太古宇泰山群变质岩系块状裂隙热储层组(图2-1)。但是根据目前各热储层的分布范围、温度、深度、开采难易程度、富水性以及开发利用现状等,区内开发的热储层主要为新近系馆陶组热储、古近系东营组热储、寒武系—奥陶系热储。

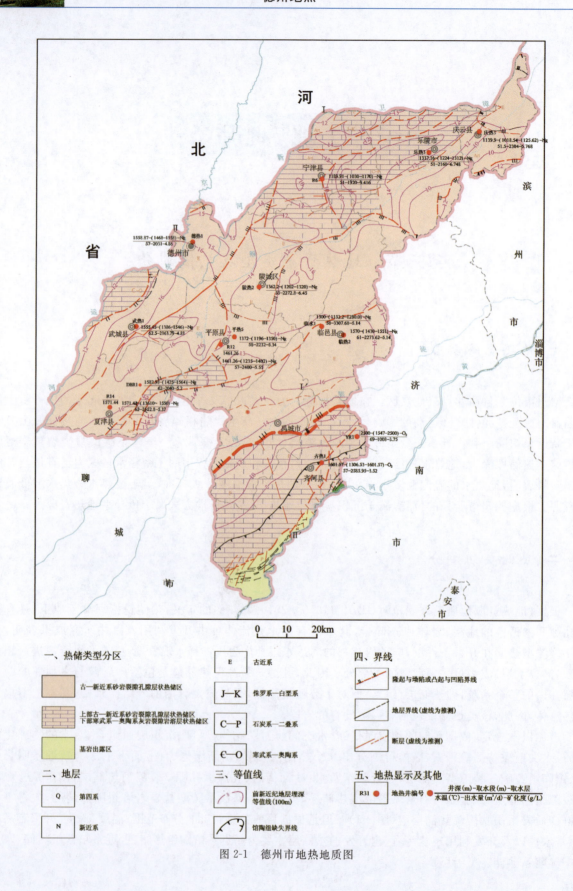

图 2-1 德州市地热地质图

第二节 热储特征

一、馆陶组热储层(组)

该热储层(组)除在南部山前边缘地带有部分缺失外,其余地区皆有分布。受区域构造和基底起伏的控制,它总的分布规律在凸起区埋藏浅、厚度薄,凹陷区埋藏深、厚度大。临清坳陷区底板埋深1200~1600m,济阳坳陷区底板埋深1100~1700m,在坳陷区中心埋藏深、厚度大,四周埋深浅、厚度薄,临邑潜凹陷顶板埋深大于1700m,埕子口-宁津潜断隆底板埋深1000~1500m,在柴胡庄潜凹陷沉降中心及长官潜凹陷,顶板埋深大于1500m,宁津潜凸起、无棣潜凸起区埋深小于1000m。鲁中隆起区底板埋深600~1200m,南部山前缺失(图2-2)。热储岩性主要为河流相、冲积扇相的细砂岩、粗砂岩、含砾砂岩、砂砾岩,砾石呈半圆状,磨圆度中等,在垂向上具有上细下粗的正旋回特征;在水平方向上具有在隆起区、凸起区颗粒粗,坳陷区、凹陷区颗粒细的特征。热储层厚度南部、北部薄,中间厚,临清坳陷和济阳坳陷区热储层厚度250~400m,埕子口-宁津潜断隆热储层厚度200~300m,鲁中隆起区热储层厚度小于150m。热储占地层厚度的30%~45%,在凹陷中心的德州—夏津、乐陵、临邑等地热储厚度大于140m,在凸起区热储占地层的比例大,凹陷区比例小,单层厚度平均为10~20m,陵城区、宁津、庆云、武城-故城的凸起区,热储厚度80~120m,齐广断裂以南厚度小于80m。在取水段1000~1500m深度内,单井出水量为70~120m³/h,1998—2005年建井为自流井,自流量为10~40m³/h,自流水头为0~+8m。热水矿化度为6~10g/L,水化学类型为Cl-Na型,井口水温为45~65℃,属低温地热资源中的温热水-热水型地热资源。

二、东营组热储层(组)

东营组热储层(组)底埋深为1500~2500m,厚度为200~850m,主要分布在临清坳陷的武城—夏津、德州—陵城—平原一线以及济阳坳陷的禹城、临邑等地,其余地区缺失(图2-3)。总的分布特征是沉积厚度和层底埋深受基底起伏与区域构造的控制,在坳陷、凹陷盆地的中心厚度最大,在盆地边缘最薄,分布不稳定。临邑—禹城地区热储层厚度300~800m,武城—夏津、德州—陵城—平原一线热储层厚度一般小于300m。热储岩性为粉细砂岩、含砾粉细砂岩,呈泥质、钙质胶结,结构较致密,赋水、透水性能差。砂岩厚度20~200m,其分布规律与地层厚度的分布规律一致,即在地层厚度大的沉降中心,砂岩厚度也大。

本热储层(组)中断裂构造较发育,构成了良好的热源通道,单井出水量为30~60m³/h,矿化度为10~15g/L,水化学类型为Cl-Na、Cl·SO₄-Na型,井口水温为60~70℃,属热水型低温地热资源。

三、寒武系—奥陶系碳酸盐岩热储层(组)

在埋深3000m深度内,该热储层(组)主要分布在宁津凸起、鲁西隆起、故城-武城凸起、高唐凸起等区域。在宁津凸起、故城-武城凸起及高唐凸起顶板埋深为1200~1400m,隐伏于新近系馆陶组之下。在鲁中隆起区,寒武系—奥陶系隐伏于石炭系—二叠系之下,顶板埋深由南向北逐渐变深,最南端顶板

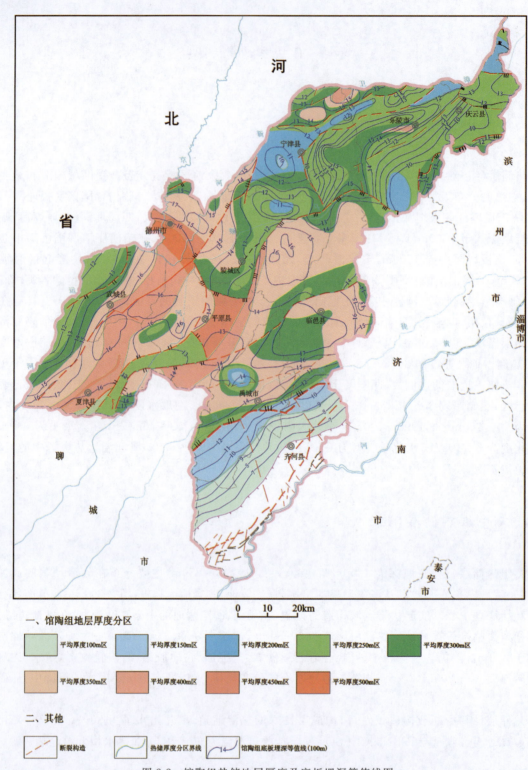

图 2-2 馆陶组热储地层厚度及底板埋深等值线图

埋深800~1000m,北部顶板埋深大于2000m(图2-4)。热储层主要为石灰岩、白云岩类的岩溶裂隙孔隙岩层及岩石的古风化壳。岩溶—裂隙发育程度和古风化壳发育厚度除受岩性影响以外,主要受基底构造及岩石埋藏深度的影响,具不均匀性。据有关勘探资料,同为奥陶系灰岩潜山体,直接被新近系掩盖的岩溶裂隙发育程度和古风化壳厚度比被石炭系—二叠系掩盖的岩溶裂隙发育程度要高、古风化壳厚度大,富水性前者大于后者。据齐河县栗庄地热井资料,在鲁西隆起区存在巨厚的奥陶系,岩性以厚层

第二章 地热地质条件

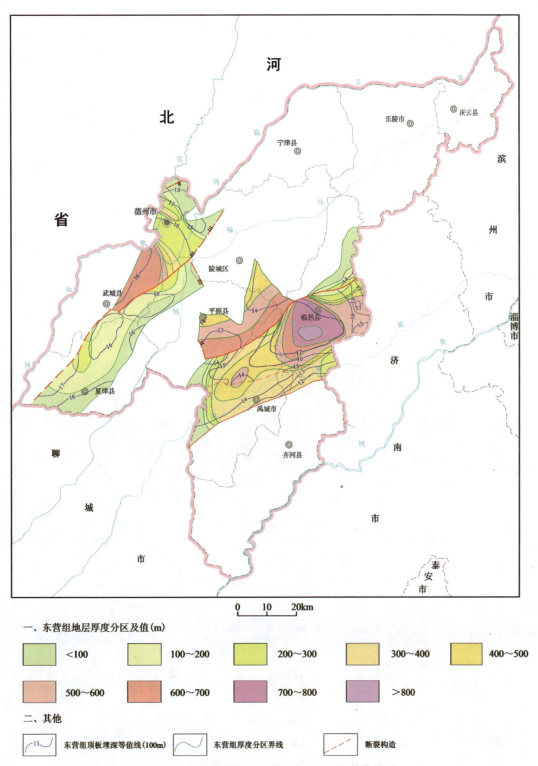

图 2-3 东营组热储地层厚度及顶板埋深等值线图

质纯灰岩、云斑灰岩为主,其中奥陶系顶部马家沟群灰岩主要有八陡组质纯灰岩、云斑灰岩;阁庄组泥灰岩、白云质灰岩;五阳山组的厚层灰岩、云斑灰岩。马家沟群的八陡组、五阳山组灰岩质纯硬脆,裂隙岩溶发育且连通性好,富水性较强,单位涌水量 5.25~12.4L/(s·m)。阁庄组泥灰岩、白云质灰岩较软,岩溶不发育。地热水矿化度 3~4g/L,水化学类型为 SO_4-Ca 型,受断裂构造性质及岩溶发育程度的控制,单井出水量变化幅度大,平均 50~60m³/h。

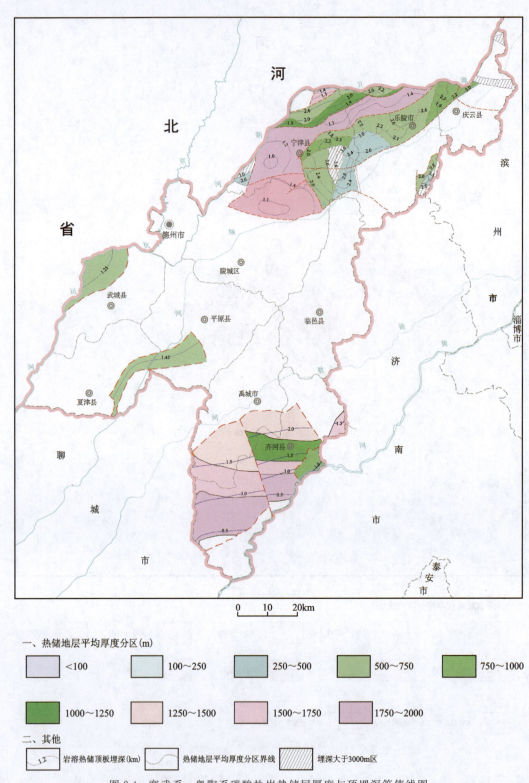

图 2-4 寒武系—奥陶系碳酸盐岩热储层厚度与顶埋深等值线图

第三节 水化学特征

一、地热水水化学类型

目前,德州市地热开发利用程度较高的热储层位主要为馆陶组、东营组砂岩热储和寒武系—奥陶系岩溶热储,其中馆陶组砂岩热储在区内大范围利用,而东营组热储和寒武系—奥陶系热储仅在禹城市和齐河县利用。

(一) 馆陶组热储

区内馆陶组热储中地热流体的矿化度为 4.8~9.5g/L,总的变化趋势为矿化度由西南向东北方向递增。水化学类型由夏津、平原等地的 Cl·SO$_4$-Na 型向东北过渡为 Cl-Na 型(图 2-5)。Cl$^-$ 质量浓度为 2.05~4.80g/L,变化不均匀,其中中部宁津—陵城—临邑一带 Cl$^-$ 质量浓度大于 2.5g/L,其余地区 Cl$^-$ 质量浓度小于 2.5g/L。SO$_4^{2-}$ 质量浓度为 0.50~1.13g/L,自西南、南向东北、北逐渐递减。HCO$_3^-$ 质量浓度为 0.12~0.36g/L,变化趋势与 SO$_4^{2-}$ 的变化趋势相似。Na$^+$ 质量浓度为 1.65~2.98g/L,其中临邑、陵城等地质量浓度大于 2g/L。Ca^{2+} 质量浓度除临邑等地较高外,其余地区质量浓度均小于 0.20g/L。Mg^{2+} 质量浓度除临邑外,均小于 0.05g/L。区内地热流体除临盘、宁津等地区的 $\gamma_{Na}/\gamma_{Cl}<1$ 外,其余地区均大于 1,表明地热流体在热储中与热储岩土进行了溶解、吸附等水化学反应。地热流体中 γ_{Cl}/γ_{Br} 值远大于海水的 γ_{Cl}/γ_{Br} 值,说明地热流体为大陆溶滤水成因。

(二) 东营组热储

区内东营组热储矿化度约 15.09g/L,水化学类型为 Cl-Na 型,Na$^+$ 质量浓度约 4.1g/L,占阳离子毫克当量的 71.68%;Ca^{2+} 质量浓度约 1.16g/L,占阳离子毫克当量的 23.07%。Cl$^-$ 质量浓度约 8.49g/L,占阴离子毫克当量的 91.38%。

地热流体中 γ_{Cl}/γ_{Br} 值远大于海水的 γ_{Cl}/γ_{Br} 值,说明地热流体为大陆溶滤水成因。

(三) 寒武系—奥陶系热储

区内寒武系—奥陶系地热资源的开发利用程度较低,仅在齐河东部分布有开采井,取水段位于奥陶系热储内,根据丰、枯水期水化学分析结果,地热流体水化学成分较稳定。除 HCO$_3^-$ 离子质量浓度远离补给区含量减小外,其余各离子质量浓度随着埋深的增加、远离补给区而增加。Cl$^-$ 质量浓度为 92.79~348.03mg/L,SO$_4^{2-}$ 质量浓度为 684.04~1 957.77mg/L,HCO$_3^-$ 质量浓度为 165.97~223.76mg/L,Na$^+$ 质量浓度为 88.0~255.00mg/L,Ca^{2+} 质量浓度为 234.71~618.87mg/L,Mg^{2+} 质量浓度为 61.27~126.38mg/L。地热流体的水化学类型为 SO$_4$-Ca 型。

二、地热水各组分含量分布特征

受区域地质构造、地层岩性、径流强度和径流距离等因素的影响,地热水的水化学组分在水平及垂直方向上呈现一定的分异性。地热水在补给、径流、埋藏和排泄的长期演化过程中,不断对围岩进行溶

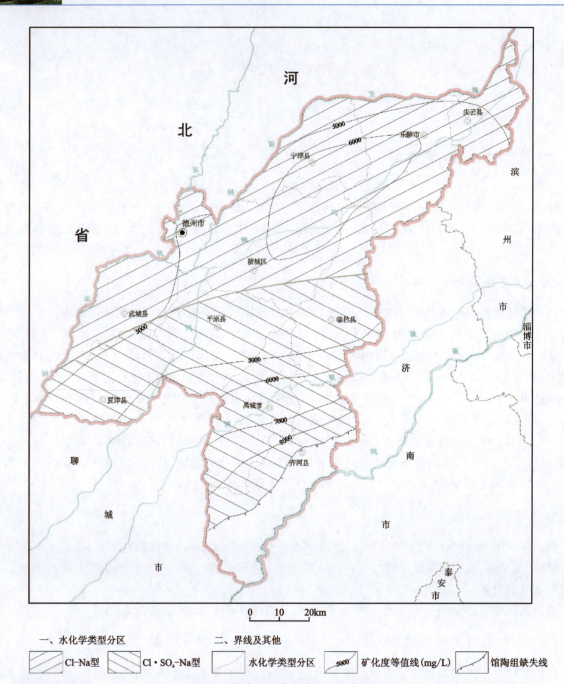

图 2-5 馆陶组热储地热水化学类型图

滤并发生组分的交换作用,使水中稳定组分聚集,围岩孔隙中聚集不稳定组分。常量离子组分变化趋势主要取决于离子本身性质、离子所组成的化合物的溶解度以及地下热水所处的水文地球化学环境。研究地下热水中 K^+、Na^+、Ca^{2+}、Mg^{2+}、Cl^-、SO_4^{2-}、HCO_3^- 等常量离子组分的含量分布特征,在一定程度上可以了解地热水的水化学特征和地热水的水文地球化学环境。

(一)常量离子组分特征

1. Cl^- 和 Na^+

由图 2-6 可以看出,馆陶组热储地热水中 Cl^- 含量分布自南向北、西北、东北逐渐递减,从临邑的 4 803.48mg/L、陵城的 2 516.95mg/L、宁津的 2 510.32mg/L,减小到武城的 2 047.24mg/L、庆云的 2 259.94mg/L。

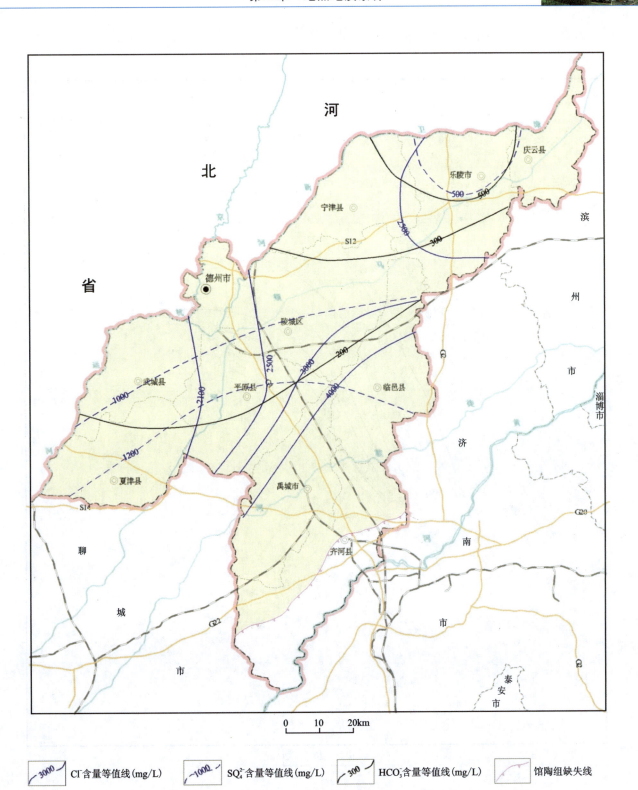

| ~3000~ Cl⁻含量等值线(mg/L) | ~1000~ SO₄²⁻含量等值线(mg/L) | ~300~ HCO₃⁻含量等值线(mg/L) | 馆陶组缺失线 |

图 2-6　馆陶组地热水主要阴离子含量等值线图

寒武系—奥陶系热储地热水中 Cl^- 含量小于 400mg/L，东营组热储地热水中 Cl^- 含量大于 5000mg/L。

由图 2-7 可以看出，馆陶组热储地热水中 Na^+ 含量的变化趋势与 Cl^- 的变化趋势相似，从临邑的 2 977.75mg/L、陵城的 2025mg/L，减小到武城的 1 646.25mg/L。

寒武系—奥陶系热储地热水中 Na^+ 含量小于 250mg/L，东营组热储地热水中 Na^+ 含量大于 3000mg/L。

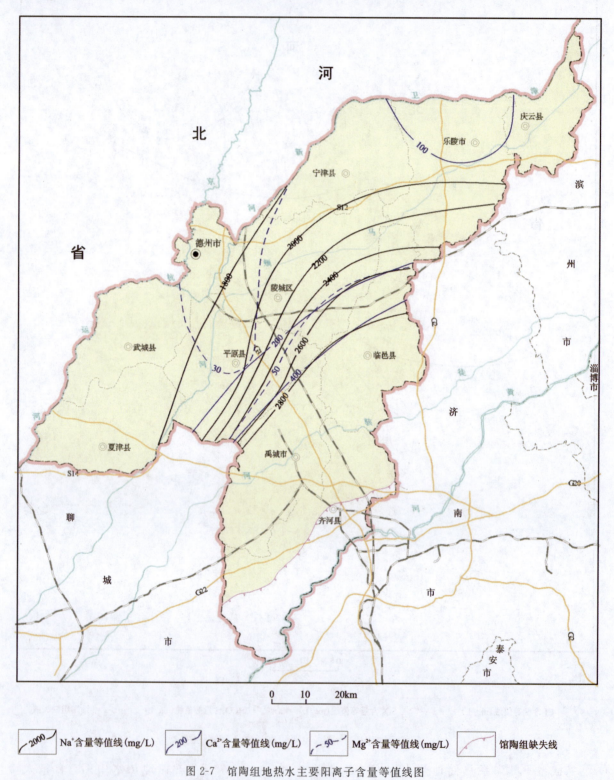

图 2-7 馆陶组地热水主要阳离子含量等值线图

2. SO_4^{2-}

馆陶组热储地热水中 SO_4^{2-} 的变化整体趋势为，自西南、南向东北、北逐渐递减，其含量在夏津为 1 311.22mg/L，到乐陵小于 500mg/L。

寒武系—奥陶系热储地热水中 SO_4^{2-} 含量大于 1500mg/L,东营组热储地热水中 SO_4^{2-} 含量大于 1000mg/L。

3. HCO_3^- 和 CO_3^{2-}

区内地热水中基本不含 CO_3^{2-},但含有 HCO_3^-,其含量在 152.55～1 000.73mg/L 之间。

馆陶组热储地热水中 HCO_3^- 仅在乐陵市含量较高,大于 1000mg/L,其余地区含量均小于 500mg/L,其含量从南向北递增。

寒武系—奥陶系热储地热水中 HCO_3^- 含量大于 150mg/L,东营组热储地热水中 HCO_3^- 含量在 100mg/L 左右。

4. Ca^{2+} 和 Mg^{2+}

区内馆陶组砂岩热储地热水中 Ca^{2+} 含量在 48.10～464.93mg/L 之间,Mg^{2+} 含量在 27.95～91.13mg/L 之间。Ca^{2+} 和 Mg^{2+} 含量在临邑较高,自西南向东北逐渐递减。

寒武系—奥陶系热储地热水中 Ca^{2+} 含量大于 600mg/L,Mg^{2+} 含量 131.22mg/L;东营组热储地热水中 Ca^{2+} 含量在 1000mg/L 左右,Mg^{2+} 含量 85.05mg/L。

5. K^+

地下水中 K^+ 的主要来源是硅酸盐、硫酸盐和卤化物等的溶解,由于吸附作用及阳离子交换作用,K^+ 容易吸附于黏土质沉积物中,从而使地下水中的 K^+ 含量减少。区内馆陶组砂岩热储地热水中 K^+ 含量 12.10～27.85mg/L。寒武系—奥陶系热储地热水中 K^+ 含量 21.35mg/L,东营组热储地热水中 K^+ 含量 54.3mg/L。

6. 矿化度

区内馆陶组地热水矿化度在 4 926.23～9 678.90mg/L 之间,整体为自西南向北、西北逐渐递减。寒武系—奥陶系热储地热水矿化度小于 5000mg/L,东营组热储地热水矿化度大于 10 000mg/L。

(二)微量元素特征

地热水在水热作用下提高了与含水介质间的水-岩反应能力,使常规元素和微量元素得以在水中富集,因此区内地热水中的大部分微量元素含量普遍较补给区冷水中的高。

地热水中含有丰富的微量元素,其中偏硅酸含量 20.83～43.33mg/L,Mn 含量 0.05～0.31mg/L,I 含量 0.1～1.06mg/L,Pb 含量 0.005～0.043μg/L,Cd 含量 0.001～0.007μg/L。

区内 F^- 含量多在 1.25～1.50mg/L 之间,武城地热水中 F^- 含量 0.50mg/L,齐河地热水中 F^- 含量 3.25mg/L。

第四节　地热水动态特征

一、水位动态

德州市地热水开发利用程度较高,开采目的层主要为馆陶组、东营组和寒武系—奥陶系,这些开采层位水量较丰富,地热水温度较高,主要用于冬季供暖,其次为洗浴、种植和养殖。区内地热流体为弱补给的消耗型资源,其动态特征受人工开采的控制,供暖时期水位大幅度下降,停止供暖后水位迅速回升。

(一)新近系馆陶组热储地热水动态

馆陶组热储开采初期均出现自流,自流高度介于 3～9.3m 之间,温度介于 49～62.5℃ 之间,2020 年馆陶组静水位埋深介于 17.67～88.03m 之间。

德州市馆陶组地热流体为弱补给的消耗型资源,其动态特征受人工开采的控制。采暖季节,由于观测井也开采地热流体,所测水位为开采时的动水位,水位埋深动态曲线上表现为一个陡降,而后随着开采缓慢下降;供暖结束后,在周边热储压力作用下,水位急剧回升(图2-8)。

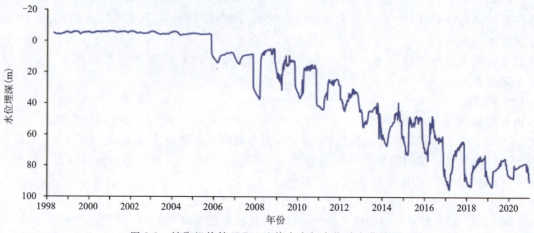

图2-8 馆陶组热储(DR1)地热水多年水位动态曲线图

从多年观测曲线中可以看出,当地热井开采时水位陡降,停采时水位又陡升,但总体变化趋势是水位逐年下降,反映了地热流体补给微弱或无补给的特点。根据DR1井多年水位动态曲线图,1998—2004年地热水开发利用程度较低,水位呈缓慢下降的趋势,年平均下降速率约为0.70m/a;2005—2015年随着地热的大规模开发利用,且未开展地热回灌,水位下降速率增大,约为4.50m/a;2016年随着地热回灌的逐渐开展,下降速率减缓,2016—2020年下降速率约为2.60m/a。

(二)古近系东营组热储地热水动态

区内东营组热储开采主要集中在禹城市,地热赋存于古近系碎屑沉积岩中,属层状孔隙—裂隙型热储,地表无热流显示,地热资源类型属热传导型,同馆陶组类似,地热流体为弱补给的消耗型资源。2011年停暖期间静水位埋深稳定在18.7m左右,2020年静水位埋深介于59.69~63.74m之间,地热水位多年动态见图2-9。

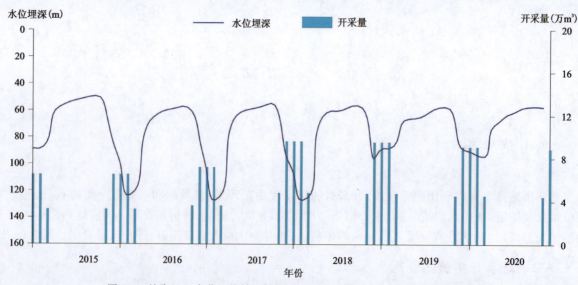

图2-9 馆陶组—东营组热储(禹城宜家北苑)地热水多年水位动态曲线图

从动态曲线中可以看出,采暖季节,由于大量开采地热水,水位快速下降,之后慢慢动态稳定;供暖结束后,水位快速回升,其水位动态变化主要受人工开采的影响,多年动态趋势为下降。其中2015—2018年未进行回灌,静水水位埋深由51.45m下降至58.46m,平均下降速率为1.75m/a,2019年开始进行地热回灌,2020年静水水位埋深下降至59.36m,回灌后水位平均下降速率为0.45m/a。

(三)寒武系—奥陶系热储地热水动态

区内寒武系—奥陶系热储主要集中在齐河县城一带,地热赋存于寒武系—奥陶系碳酸盐岩中,属层状岩溶裂隙型热储,地热资源类型属对流-热传导型,地热流体主要接受山区的大气降水补给,水位动态受人工开采和气象的控制明显。

根据长期监测资料,齐热2井经过多年来的持续开发利用,水位呈缓慢下降的趋势,静水水位标高由2014年的15.35m下降至12.71m,水位下降2.64m,水位平均下降速率为0.44m/a(图2-10)。

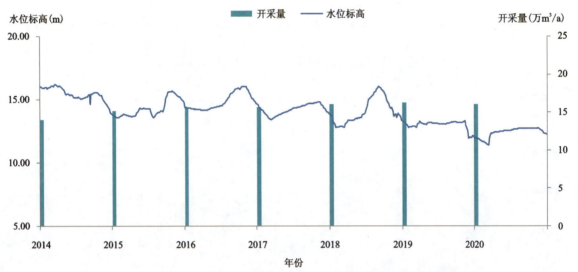

图2-10 寒武系—奥陶系热储(齐热2井)地热水多年水位动态曲线图

从以上数据可以看出:本区地热水的水位动态在人工开采的影响下整体处于持续下降状态,近几年德州市地热水水位下降趋于平缓,主要原因是地方加强了对地热水的开采和回灌监控,但与初始监测年相比水位仍处于下降状态,即使是停采后水位也难以得到完全恢复。

二、水质动态

在天然状态和合理开采条件下,地热流体水质处于相对稳定的状态。根据地热井长期水质资料,地热流体的矿化度及主要离子含量动态曲线呈微波似直线状(图2-11~图2-13),离子含量基本保持不变,没有出现持续升降的趋势,水质基本稳定。此现象从化学角度证明了地热流体径流极其缓慢,基本上处于静止状态。

(一)新近纪馆陶组热储水质动态

馆陶组热储Na^+、Cl^-为地热水中主要离子,地热水主要离子含量变化幅度相对较小,未影响地热水的水化学类型。

根据DR1井长期水质资料,各主要离子含量多年来呈现稳中略有变化的趋势。其中矿化度含量由1997年的4880mg/L上升至2020年的4929mg/L;Na^+由1650mg/L上升至1688mg/L;Cl^-由2224mg/L上升至2 224.5mg/L,水化学类型始终保持为Cl-Na型。

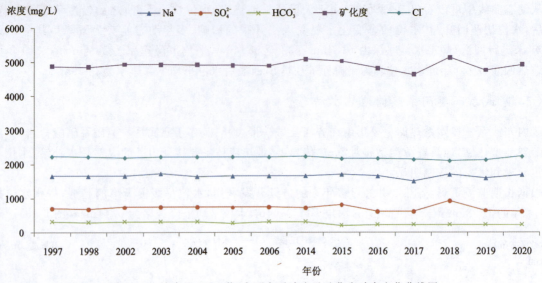

图 2-11　馆陶组（DR1 井）主要离子浓度及矿化度动态变化曲线图

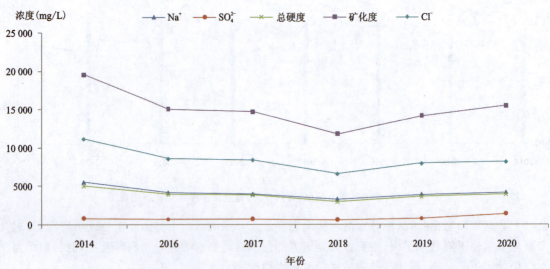

图 2-12　馆陶组—东营组（禹城宜家北苑）主要离子浓度及矿化度动态变化曲线图

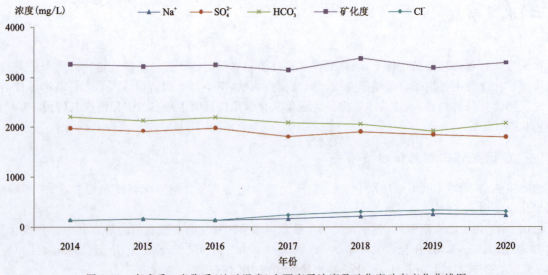

图 2-13　寒武系—奥陶系（地矿温泉）主要离子浓度及矿化度动态变化曲线图

（二）古近系东营组热储地热水动态

根据禹城宜家北苑离子含量变化曲线，矿化度和 Cl^- 含量变化幅度较大，其中矿化度由 19 433.6mg/L 减少至 15 388.9mg/L，Cl^- 含量由 11 131.3mg/L 减少至 8 153.5mg/L，水化学类型由 Cl-Na 型变为 Cl-Na·Ca 型。该组地热水水质变化较大，分析其原因可能是馆陶组和东营组水质存在一定的差异，而该地热井利用热储为馆陶组和东营组，属于混层开采，随着开采和回灌的不断进行，一定程度上影响了原热储层水质稳定。

（三）寒武系—奥陶系热储地热水动态

寒武系—奥陶系热储中 Na^+、Cl^- 含量变化较大，且都表现为离子含量的上升；矿化度含量由 2014 年的 3176mg/L 增加至 2020 年的 3209mg/L，增加 33mg/L，水化学类型未发生变化，始终为 SO_4-Ca 型（表2-1）。

分析认为，该区地热流体化学组分的变化主要与开采量有关，近年来随着地热流体开采量的逐渐增加，水头压力逐渐降低，随之补给量也逐步增加，天然状态下相对封闭的水化学环境逐渐淡化，于是造成多种组分浓度发生变化。

表 2-1 德州市地热水离子含量统计表　　　　　　　　　单位:mg/L

监测层位	位置	年份	Na^+	Ca^{2+}	Mg^{2+}	Cl^-	SO_4^{2-}	HCO_3^-	总硬度	TDS	化学类型
馆陶组	德城区	2020	1 687.75	102.20	27.95	2 224.49	619.59	225.77	370.30	4 815.20	L-N
		2014	1660	106.21	32.8	2 229.8	720.45	305.1	400.32	4 935.06	L-N
	武城	2020	1 646.25	110.22	37.67	2 047.24	821.31	219.67	430.34	4 815.59	L-N
		2014	1480	134.27	30.38	1 914.3	742.06	207.47	460.37	4 456.06	L-N
	夏津	2020	1 777.25	162.32	38.88	2 073.83	1 311.22	189.16	565.45	5 507.87	LS-N
		2014	1740	158.32	47.38	2 045.46	1 227.17	201.37	590.47	5 370.14	LS-N
	平原	2020	1 890.75	120.24	29.16	2 180.18	1 207.95	225.77	420.34	5 582.40	LS-N
		2014	1600	126.25	14.58	1 786.61	1 044.65	213.57	375.3	4 707.07	LS-N
	临邑	2020	2 977.75	464.93	91.13	4 803.48	2 126.3	152.55	1 536.23	9 598.63	L-N
		2014	2900	492.98	77.76	4 750.3	960.6	176.96	1 551.24	9 339.28	L-N
	乐陵	2020	1924	48.1	35.24	2 268.8	494.71	1 000.73	265.21	5 328.89	L-N
		2014	2000	88.18	35.24	2 330.84	710.84	671.22	365.29	5 567.47	L-N
	庆云	2020	1 885.25	106.21	35.24	2 259.94	982.21	305.1	410.33	5 451.68	L-N
		2014	2000	128.26	14.58	2 401.74	881.35	311.2	380.3	5 627.5	L-N
	宁津	2020	1 825.5	182.36	30.38	2 510.32	737.26	329.51	580.46	5 501.3	L-N
		2014	2300	462.92	54.68	4 023.58	581.16	341.71	1 381.1	7 688.67	L-N
	陵城区	2020	2025	118.24	32.81	2 516.95	1 013.43	256.28	430.34	5 869.1	L-N
		2014	2100	152.3	37.66	2 853.72	994.23	237.98	535.43	6 317.3	L-N
馆陶组—东营组	禹城	2020	4187	1432	85.05	8 153.5	1 416.89	79.33	3 928.14	15 388.91	L-NC
		2014	5500	1 561.12	277.63	11 131.3	804.5	109.84	5 041.53	19 433.62	L-N
寒武系—奥陶系	齐河	2020	230.6	611.22	131.22	311.96	1 797.52	170.86	2 066.65	3 209.39	S-C
		2014	140	643.28	147.02	134.71	1 978.84	176.96	2 211.77	3 176.95	S-C

三、水温动态

地热流体形成条件独特,循环深度大,与深部热源循环强烈,且其顶部有隔热保温的巨厚覆盖层,因此地热流体的水温受气温影响较小,保持相对平衡。

地热水的液面水温主要受开采情况的影响,随着开采情况的变化而变化。不开采时,由于井筒效应,热量逐渐散失,水温快速下降,一般保持在一个相对较低的液面温度,随着开采的进行水温快速升高,并最终保持在一个稳定的温度(接近热储温度),年内根据供暖的时间呈现先降后升的周期性变化,见图2-14。

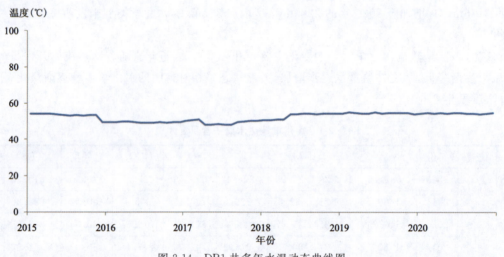

图 2-14　DR1井多年水温动态曲线图

根据DR1井多年开采期水温监测数据(图2-14),地热水的水温较稳定,2015年开采期平均水温约53.5℃,2020年开采期平均水温约54.0℃,未因地热井的开采和回灌而降低。

第三章 地热田及地热水形成机理

第一节 地热田划分

一、地热田划分原则和依据

(一)地热田划分原则

根据地热田的定义,地热田一般包括热储、盖层、热流体通道和热源四大要素,是具有共同的热源,形成统一热储结构,可用地质、物化探方法圈闭的特定范围。

地热田划分以断裂构造为主,兼顾热储特征原则。德州地热区受齐广断裂影响,总体表现较为均匀,但不同地热田地温场、热储厚度、水化学等也存在一定差异。因此地热田划分以断裂构造为主,同时考虑热储类型、厚度等特征。

(二)分区依据

馆陶组热储在区内广泛存在,仅在齐河南部的隆起区局部地段缺失。馆陶组热储在凸起区、隆起区直接与下部基岩不整合接触,在凹陷、坳陷区与古近系不整合接触。凹陷区内馆陶组热储的厚度一般大于凸起区内馆陶组的厚度,凸起区地温梯度高于凹陷区,热储厚度与热储温度是地热资源计算的主要参数。因此,本次划分以地质构造为基础,隆起、坳陷的控制断裂是划分地热区的依据,次一级构造单元界限、热储分布及厚度条件作为划分地热田的依据。

二、地热田边界划定

德州地热区热储主要为层状热储。热源主要来自正常的地壳深部及上地幔传导热流和深部岩浆热,另外区域在中生代燕山运动和新生代喜马拉雅运动时期,产生了多级断裂,它们除了本身提供一定的摩擦热能外,主要是沟通了上地幔的岩浆热源。区内沉积的巨厚的新生代地层,在地质历史时期中,普遍经历了重力压密成岩过程,放出了巨量的热能。这些热源产生的热量在上覆巨厚的松散沉积物盖层的阻热保温作用下,在热储层中储存下来。地热水除部分为盆地沉积物形成时保存下来的沉积水和封存水外,主要补给来源为沉积物形成后,在漫长的地质时期中,由远近山区的大气降水补给。地热田的划分综合考虑三级大地构造单元,按照隆起和坳陷的界线对德州市进行4个地热区的划分,又根据四级构造单元断裂界线及热储埋藏深度、厚度等将德州市划分为10个地热田(图3-1)。

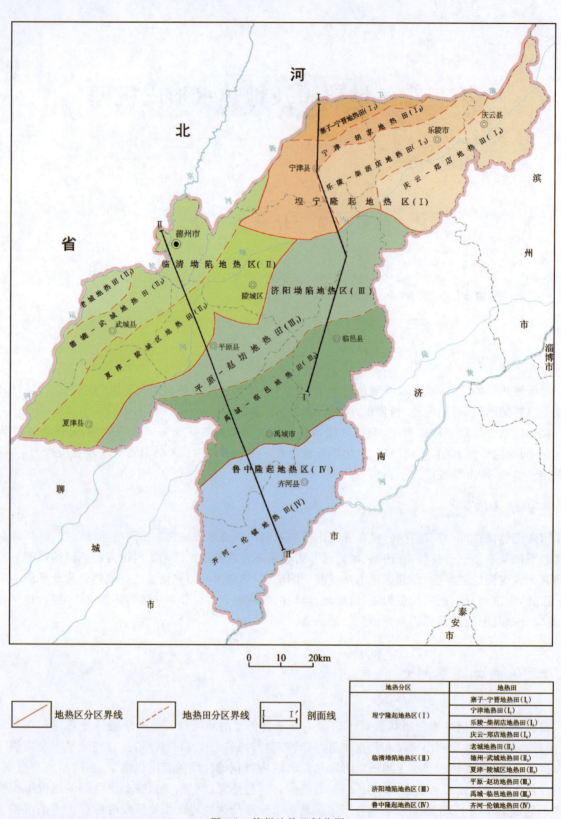

图 3-1　德州地热田划分图

埕宁隆起地热区（Ⅰ）：面积 2 708.7km²，主要包括寨子-宁晋、宁津-胡家、乐陵-柴胡店、庆云-郑店 4 个地热田。新近系馆陶组在全区均有分布，但埋深相对较浅，底板埋深为 1000～1500m，除长官潜凹陷馆陶组热储层厚度可到 350m 外，厚度普遍在 200～300m 之间。该区东营组缺失；寒武系—奥陶系热储在西部凸起区分布，受基地起伏影响，埋深和厚度差异较大（图 3-2）。

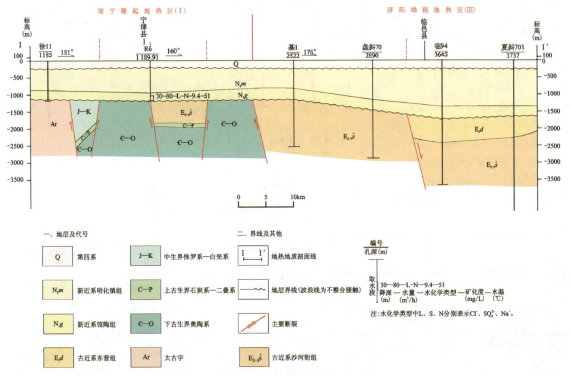

图 3-2　Ⅰ—Ⅰ′地热地质剖面图

临清坳陷地热区（Ⅱ）：面积 2 828.43km²，主要包括老城、德州-武城、夏津-陵城区 3 个地热田。新近系馆陶组在该区均有分布，底板埋深在 1200～1600m 之间，由西向东逐渐加深，中部热储层厚度较大。东营组部分地区缺失，主要分布在德州-武城地热田的德城区以及夏津-陵城区地热田南部的莘县潜凹内，其中德城区厚度由北向南逐渐增加，顶板埋深在 1500～1600m 之间；莘县潜凹厚度较薄，顶板埋深 1600～1700m。寒武系—奥陶系热储主要分布在老城地热田，平均顶板埋深为 1250m，厚度在 500～750m 之间（图 3-3）。

济阳坳陷地热区（Ⅲ）：面积 3 125.51km²，主要包括平原-赵坊、禹城-临邑 2 个地热田。新近系馆陶组在该区均有分布，底板埋深在 1300～1700m 之间，平原-赵坊地热田馆陶组底板埋深在 1300～1600m 之间，厚度普遍为 350m，南部靠近临邑地区厚度减小，向西至平原厚度逐渐增加至 450m。在禹城-临邑地热田，热储层厚度为 300～350m，顶板埋深在 1300～1700m 之间，临盘埋深大于 1700m。东营组分布不均，部分地区缺失，在禹城-临邑地热田均有分布，厚度在临邑县城南最大可达 800m，向两侧厚度逐渐减小。平原-赵坊地热田内东营组在平原南部分布，厚度为 400～700m，寒武系—奥陶系热储主要分布在高唐潜凸起，平均顶板埋深为 1450m，厚度在 500～750m 之间（图 3-2，图 3-3）。

鲁中隆起地热区（Ⅳ）：面积 1 685.2km²，该区划分为 1 个地热田，即齐河-伦镇地热田。该区上覆薄层新近纪地层，成热盖层条件较差，埋深在 700～1200m 之间，馆陶组厚度 100～150m，由北至南逐渐减小，至齐河—仁里集一带，逐渐尖灭。

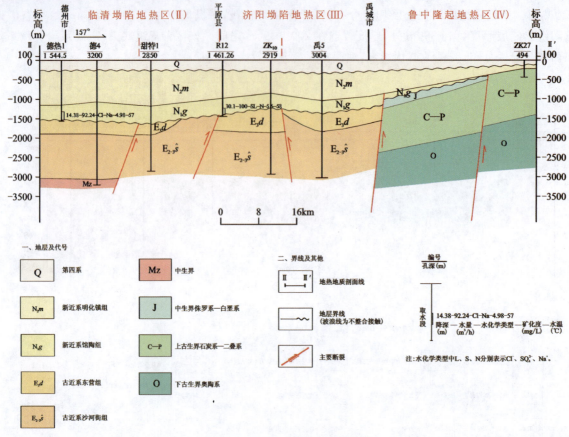

图 3-3　Ⅱ—Ⅱ'地热地质剖面图

三、地热田主要热储及其特征

(一)埕宁隆起地热区(Ⅰ)

寨子-宁晋地热田(Ⅰ₁)：面积 246.23km²，馆陶组热储顶板埋深 900～1000m，底板埋深 1000～1300m，除长官潜凹馆陶组热储层厚度可到 350m 外，厚度普遍在 200～300m 之间；东营组在该地热田缺失；寒武系—奥陶系热储受构造控制，顶板在凸起区埋深 1300～1500m，在凹陷区 2000～2600m，厚度 800～1500m。

宁津地热田(Ⅰ₂)：面积 769.91km²，馆陶组热储顶板埋深 900～1100m，底板埋深 1200～1500m，厚度普遍在 200～250m 之间，宁津南部最薄处小于 150m；东营组在该地热田缺失；寒武系—奥陶系热储顶板埋深埋深 1000～1400m，厚度 1500～2000m。

乐陵-柴胡店地热田(Ⅰ₃)：面积 724.84km²，馆陶组热储顶板埋深 850～1200m，顶板埋深 1100～1500m，厚度普遍在 250～300m 之间；东营组在该地热田缺失；寒武系—奥陶系热储顶板埋深 2000～3000m，厚度在 250～1000m 之间。

庆云-郑店地热田(Ⅰ₄)：面积 967.74km²，馆陶组热储顶板埋深 750～1050m，底板埋深 1000～1300m，厚度普遍在 200～250m 之间；东营组在该地热田缺失；寒武系—奥陶系热储主要在刘五官附近分布，顶板埋深大于 2000m，厚度 250～750m。

(二)临清坳陷地热区(Ⅱ)

老城地热田(Ⅱ₁):面积164.11km²,馆陶组热储顶板埋深950～1050m,底板埋深1200～1300m,由西向东逐渐加深,厚度普遍在250～300m之间。该地热田东营组缺失;寒武系—奥陶系热储平均顶板埋深为1250m,厚度在500～750m之间。

德州-武城地热田(Ⅱ₂):面积1 124.49km²,馆陶组热储顶板埋深750～1050m,底板埋深1200～1700m,厚度在250～500m之间,由西南向东北逐渐加深。东营组主要分布在德城区—武城县城一带,底板埋深1500～1600m;厚度由北向南逐渐增加,最大600m。

夏津-陵城区地热田(Ⅱ₃):面积1 539.83km²,陵城区附近基底凸起,馆陶组热储顶板埋深950～1050m,底板埋深1200～1300m,热储层厚度250～300m,向西德城区方向厚度逐渐增加,底板埋深至1500m,厚度至350m;陵城区以南至夏津,馆陶组热储顶板埋深1150～1350m,底板埋深在1600m左右,厚度普遍在350～400m之间;东营组在陵城区的凸起区缺失,南部分布广泛,厚度由北向南逐渐增加,底板埋深1550～2000m,厚度小于300m。

(三)济阳坳陷地热区(Ⅲ)

平原-赵坊地热田(Ⅲ₁):面积1 709.02km²,馆陶组底板埋深1300～1600m,厚度普遍为350m,南部靠近临邑地区厚度减小,向西至平原厚度逐渐增加至450m。东营组在平原县城和前曹镇以南地区以及腰站—夏津县的香赵庄分布,其余地区缺失,平原南部厚度400～700m,香赵庄一带厚度小于200m。寒武系—奥陶系热储主要分布在高唐潜凸起,平均顶板埋深为1450m,厚度在500～750m之间。

禹城-临邑地热田(Ⅲ₂):面积1 416.49km²,馆陶组热储层厚度为300～350m,顶板埋深1300～1700m,临盘埋深大于1700m。东营组热储均有分布,厚度普遍为300～700m,在临邑县城南最大可达800m,向两侧厚度逐渐减小,至禹城房寺镇,东营组厚度小于200m。该地热田寒武系—奥陶系热储缺失。

(四)鲁中隆起地热区(Ⅳ)

齐河-伦镇地热田:该区上覆薄层新近纪地层,成热盖层条件较差,该区东营组热储层缺失,北部分布馆陶组热储,分布面积996.84km²,埋深在700～1200m之间,由北向南逐渐变浅,地层厚度100～150m,由北至南逐渐减小,至齐河—仁里集一带,逐渐尖灭。该地热田寒武系—奥陶系热储除表白寺、安头外广泛分布,厚度埋深500～2000m,由南向北逐渐加深,厚度1000～2000m,由南向北逐渐减小。

第二节 地热水形成机理

一、地热水的补给来源

目前,在地热水补给来源和混合作用研究中,同位素地球化学方法的应用最为广泛,常采用的同位素有$\delta^{18}O$、δD(氘)、T(氚)、^{14}C等。水文地质条件研究中常用的放射性同位素方法有T和^{14}C测年法。T的半衰期为12.26a,而^{14}C的半衰期为5730±40a,因此前者适于研究浅层年龄较小的地下水,后者适于研究深层年龄较大的地下水。由于地下水具有流动缓慢且埋藏深度不同等特点,同位素技术已成为研究地下水、解决地下水资源与环境问题独特甚至是不可替代的手段,它有助于从微观和宏观上阐明地下水运动机理。

地热水的同位素组成取决于降水的同位素组成及其在地下的循环过程,未经同位素交换的地下热水,其同位素组成和补给水源一致,如与围岩发生水-岩交换反应,地下水的同位素组成就会发生变化。由于围岩中含氧矿物较多,因此水-岩交换结果使地下水中 $\delta^{18}O$ 值发生变化,而 δD 值显得较稳定。通过研究发现,大多数地热水补给来源于大气降水,基本与当地大气降水线保持一致,但其中 $\delta^{18}O$ 表现出不同程度的向右漂移(氧漂移),这与地热水循环时的温度、围岩的 $\delta^{18}O$ 值、水-岩比值和热水在储层中停留的时间有关。因此,通过测定热水中的氢氧同位素指标,并与大气降水全球分馏线或地方分馏线进行对比,可判别地下水补给来源(大气降水、岩浆水或海水);与 ^{14}C、T 等测年指标相结合,可进一步判断热水的年龄或补给时期。

(一)氢氧同位素的分布特征

德州市馆陶组地热水同位素 δD 值为 $-80.94‰\sim-60‰$, $\delta^{18}O$ 值为 $-10‰\sim-5.9‰$(表 3-1),均在中国大气降水直线(或当地雨水线)附近,说明区内地热水主要为大气降水成因,通过深循环在地温作用下加热而形成的。

表 3-1 德州市馆陶组地热水同位素测试成果表

序号	采样地点	采样时间	水类型	$\delta D(‰)$	$\delta^{18}O(‰)$
1	德州市德城区	2012.09.14	地热水	-73	-10
2	德州市德城区水文队办公区	2014	地热水	-60	-5.9
3	德州市德城区水文队老家属院	2014	地热水	-76	-9.7
4	德州市湖滨南路	2012.09.14	地热水	-74	-10
5	德州市开发区	2012.09.14	地热水	-75	-10
6	德州市开发区	2012.09.14	地热水	-74	-9.9
7	德州市凯元温泉	2011.12.03	地热水	-68	-8.6
8	德州市凯元温泉度假村	2017.01	地热水	-80.94	-9.54
9	德州市乐陵市中央世纪城	2017.01	地热水	-70	-8.5
10	德州市乐陵希森温泉	2011.12.02	地热水	-67	-9.2
11	德州市临邑县洛北春嘉园	2017.01	地热水	-72	-9.1
12	德州市宁津县名门现代城	2017.02	地热水	-73	-8.7
13	德州市武城二中	2016.12	地热水	-75	-9.7
14	德州市禹城市寺后李村	2014	地热水	-70	-8.7

德州市馆陶组地热水 δD、$\delta^{18}O$ 关系拟合曲线,其公式为 $\delta D=2.72\times\delta^{18}O-45.78$,其与当地雨水线交点 a 的 δD 值为 -74.9,该值可认为是该区地热水原始补给降水的 D(‰)值。由图 3-4 可知,德州市馆陶组热储地热流体的同位素 δD、$\delta^{18}O$ 关系投影点均在全国降水线(或当地降水线)下方,发现 $\delta^{18}O$ 的分布规律为由西南向东北方向逐渐增高。说明德州市馆陶组地热水在齐广断裂和聊考断裂交会处的聊城一带接受大气降水补给,自西南向东北径流的过程中,地热水与围岩发生水-岩相互作用,因岩石通常富含 ^{18}O,导致地热水 $\delta^{18}O$ 值升高,发生了明显的氢氧同位素漂移(特别是 ^{18}O 漂移)。

德州市岩溶热储地热水同位素 δD 值为 -75‰, $\delta^{18}O$ 值为 $-9.7‰\sim-9.5‰$(表 3-2),均在中国大气降水直线附近(图 3-4),说明区内地热水主要为大气降水成因,通过深循环在地温作用下加热而形成的。

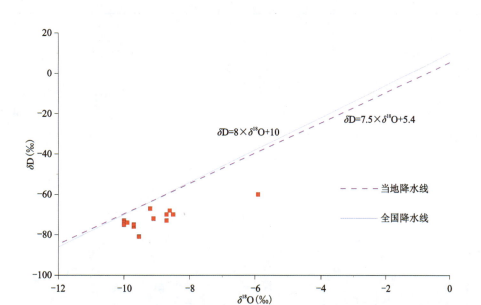

图 3-4　德州市馆陶组地热水中 δD、$\delta^{18}O$ 同位素关系图

表 3-2　德州市岩溶热储地热水中 δD、$\delta^{18}O$ 同位素数据一览表

序号	采样地点	热储层	δD(‰)	$\delta^{18}O$(‰)
1	宁津县相衙镇京城张村	岩溶热储	-75	-9.5
2	宁津县华日家具厂	岩溶热储	-75	-9.7

(二)碳同位素测定的地热水年龄分布特征

德州市地热水校正后的 ^{14}C 年龄为 0.345 万～2.58 万年,总体呈现东南小西北大的特点,陵城区地热水 ^{14}C 年龄为区内最高,齐河县地热水 ^{14}C 年龄为区内最低(表 3-3,图 3-5)。

表 3-3　德州市地热水校正后 ^{14}C 年龄一览表

采样地点	校正后的 ^{14}C 年龄(ka)
禹城宜家北苑小区	3.45
临邑县洛北春嘉园	4.3
平原金河园	9.76
武城美林花园	9.99
宁津县名门现代城	10.91
德城区嘉瑞园	12.97
水文二队办公区	14.89
陵城区南街村	22.12
夏津九龙尚城	22.49
德州陵县砂岩热储回灌试验基地	25.8

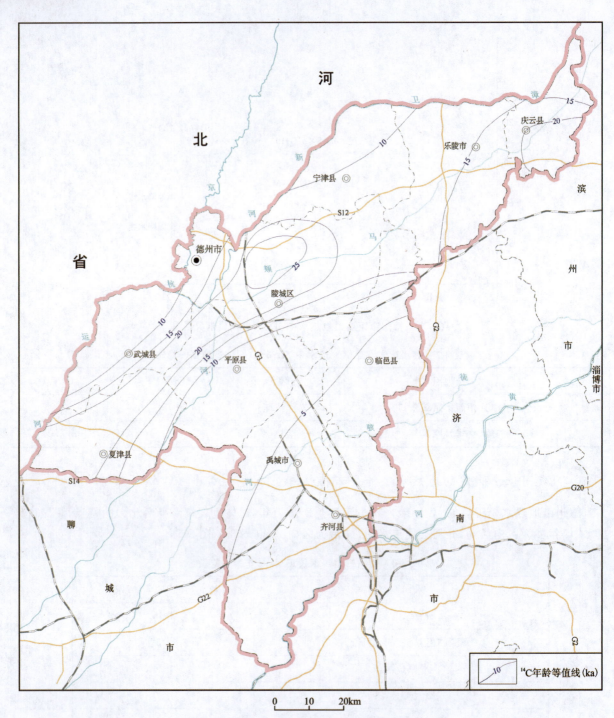

图 3-5　德州地热水校正后 ^{14}C 年龄等值线图

二、地热水的循环及其上涌通道

(一)地热水的循环深度

由于不同地热区地热水 δD、$\delta^{18}O$ 值距离雨水线远近不同，即发生不同程度的 ^{18}O 漂移，为说明这一现象，引入 δD 过量参数 d ($d=\delta D-8\delta^{18}O$)，作为水岩反应中 $\delta^{18}O$ 同位素交换过程的衡量指标。d 值越小,地下水径流速度越慢,径流时间越长,地质环境越封闭,地热水的可更新能力弱。

按照 H、O 稳定同位素的高程效应原理,δD、δ¹⁸O 随地下水补给高程的增大而减小。地热水补给区高程计算公式为

$$H = H_r + (D - D_r)/\text{grad}D \tag{3-1}$$

式中:H——地热水补给区高程,单位 m;

H_r——地热水水样点的地面高程,单位 m;

D——补给水的 δD 值,单位‰;

D_r——地热水的 δD 值,单位‰;

$\text{grad}D$——随高程的递减梯度,单位‰/100m。

据已有研究结果,δD 的梯度值一般为(−2.5‰~−2.0‰)/100m,本次 gradD 值选用−2.25‰/100m 进行计算。通过计算求取的地热水补给高程见表 3-4。

表 3-4　德州市地热水补给高程计算结果表

序号	采样地点	采样点地面高程 H_r(m)	过量参数 d 值	补给区高程 H(m)
1	德州市德城区水文队办公区	20	−12.80	909.12
2	德州市德城区水文队家属院	20	1.60	198.08
3	德州市湖滨南路	23	6.00	289.67
4	德州市凯元温泉	24	0.80	557.33
5	乐陵市中央世纪城	22	−2.00	466.44
6	乐陵希森温泉	22	6.60	600.09
7	临邑县洛北春嘉园	19	0.80	374.56
8	宁津县名门现代城	17	−3.40	328.11
9	齐河地热温泉研究所	24	8.76	495.93
10	齐河县地热基地	23	7.80	334.91
11	齐河县李家岸村	31	6.99	796.2
12	齐河县油坊赵村	30	0.92	768.28
13	武城二中	20	2.60	242.57
14	禹城市寺后李村	22	−0.40	466.44
15	禹城宜家北苑	22	0.40	466.44

由表 3-4 可以看出:根据区域大气降水的 gradD 值求得德州市地热水来源主要为附近海拔 198.08~909.12m 高处的大气降水,地热水 δD 过量参数 d 值总体偏小,说明该区地下水径流速度慢,径流时间长,地质环境封闭,地热水可更新能力弱。对比分析各县市地热水 δD 过量参数 d 值,武城、齐河、德城区地区地热水 δD 过量参数 d 值多为正值;其余地区 δD 过量参数 d 值多为负值,这说明德州市南部齐河、西部地区地热水距离补给源更近,径流时间相对较短,更新能力相对较强。因此推测德州市地热水来源为西部太行山或部分来源于鲁中山区大气降水补给。

(二)热源及其上涌通道

1. 热源分析

地球内部蕴藏着巨大的热能,地球内部各层中温度的分布形成地球的热场,地球内部蕴藏着巨大的热能,受地球内热的控制,在地球内部形成随时间和空间变化的热场。地球内部产生的巨大热能,通过岩石热传导、火山爆发、温泉、地震等形式不断地向外散失。德州市地热热源概括起来有地幔供热、岩浆热和岩浆体的残余热放射性元素衰变生热和其他热源。

1)地幔供热

地球由地壳、地幔和地核组成,一般将来自上地幔的热定义为地幔热流。在距地球表面以下约100km的上地幔中,有一个明显的地震波的低速层,据推测,这里温度约1300℃,压力有3万个大气压,已接近岩石的熔点,因此形成了超铁镁物质的塑性体,在压力的长期作用下,以半黏性状态缓慢流动,故称软流圈(图3-6)。软流圈所含的热量就是幔源热,它通过地壳岩石源源不断地向地面传导,形成传导热流的主要组成部分。20世纪40年代,Maurice Ewing等推断出地球内部几个代表性温度:上地幔顶部局部熔融开始的100km以深的温度为1000~1200℃;进入上地幔橄榄石尖晶石相变区的400km以深的温度为1500℃,正好与火山口中喷流火山熔岩的温度1100~1300℃十分接近。按照一般的观点,软流圈是岩浆的主要发源地,火山熔岩的温度更能真实反映地壳底部与上地幔顶界的温度。所以有人把火山喷发的熔岩形容成一支巨大的插入地壳底部的"温度计"。

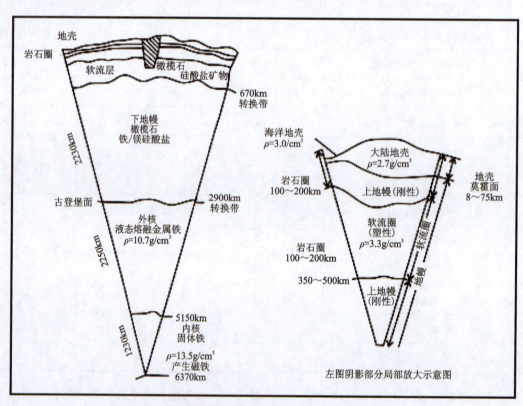

图3-6 固体地球的圈层结构示意图(据马宗晋,2003)

从盆地的演化动力学角度来看,软流圈是岩浆的源泉,是地幔上隆、火山活动、地壳拉张变薄、形成裂谷的主要驱动力(Girdler,1970),地幔对流导致板块运动并派生了不同的沉降机制,控制了沉积盆地的形成和演化(图3-7)。从地热学的角度,地幔又是沉积盆地热量永不衰竭的来源,是盆地热量的主要来源,我国著名地热学家汪集旸院士曾对辽河盆地热流进行分析,发现地幔热流占到总热流的62.7%。

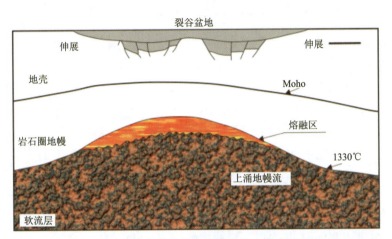

图 3-7 软流层上涌驱动岩石圈拉伸形成裂谷盆地模式图(据李思田等,2004)

2) 岩浆热和岩浆体的残余热

在板块边界或板内断块之间,俯冲、碰撞、张裂或其他深部地质过程产生了各种物理化学作用(包括温度、压力及成分等),使地壳岩石重熔或深部热物质上涌,形成了熔融岩浆。这种高温热物质将沿着地壳薄弱的地方如深断裂、拉张的裂缝上升,并以熔岩的形式喷发或溢出地面(海底)而形成火山(地面和海底火山),或侵入地壳浅部形成不同形状的岩浆体,这些岩浆体有的仍在活动,有的则正在冷却;它们都含有大量的热量并向周围散发,这种热源就称为岩浆热;正在冷凝但尚未冷却的岩体所放出的热量,称为岩浆体的残余热。岩浆热和残余热实际上是一种岩浆对流形成的热源,它在形成局部高温异常中起着重要作用。

岩浆体一般有两种形式:一是来自地幔的高温岩浆以喷发形式覆于沉积物之上的,为自上而下的供热;二是岩浆以侵入形式分布于基底形成自下而上的热源。前已述及,德州市地热岩浆活动较频繁,自古生代以来,根据构造运动可分为加里东期、海西期、印支期、燕山期及喜马拉雅期等多期岩浆活动期。岩浆岩主要分布在济阳坳陷南部及西部。这些以岩浆喷发和侵入形式而形成的岩浆岩是德州市地热的重要热源之一。

3) 放射性物质衰变生热

经过长期对地球热能来源问题的研究,虽然存在不同的论点,但是研究者几乎一致认为,放射性元素衰变产生的巨大能量是地热的主要来源。可产生衰变的放射性元素很多,但只有符合 3 个条件的放射性元素才可作为地球热源:一是具有足够的丰度;二是放射性生热效率较高;三是半衰期和地球年龄相当。据目前所知,具备这些条件的元素只有铀(^{238}U、^{235}U)、钍(^{232}Th)、钾(^{40}K)3 种,而这 3 种放射性同位素中 ^{235}U 的生热率最高(3-5)。这 3 种元素在地球各个圈层中的平均含量和生成热差异悬殊,在地壳中生成热最多,占 76.3%(表 3-6)。

表 3-5 地球放射性同位素衰变生热率(据马科纳德,1959)

放射性同位素	半衰期(a)	生热率[(J/g)·a]
^{235}U	7.53×10^8	13.72
^{238}U	4.5×10^9	3.1
^{232}Th	1.45×10^{10}	0.84
^{40}K	1.54×10^9	11.3×10^{-5}

表 3-6　地球各圈层的放射性生成热(据国家发展计划委员会,1999)　　　　　单位:10^{-6}

壳层	^{235}U	^{238}U	^{232}Th	^{40}K	共计	占比(%)
地壳	22.59	535.55	544.76	158.99	1 261.89	76.3
地幔	5.86	144.35	168.61	46.02	464.84	21.7
地核	0.85	16.74	14.64	/	32.22	2.0
共计	29.29	698.73	728.02	205.02	1 661.06	100
占比(%)	1.7	41.7	44.3	12.3	100	

研究表明,岩浆岩的放射性生热率比沉积岩高,岩浆岩形成时代愈晚,所含放射性元素的丰度愈高(Heier,1965),而在各类岩浆岩中,以花岗岩的放射性元素丰度最大,生热率为最高。而盆地中不同岩层的放射性生热量是不同的,沉积岩层较低。盆地内岩石所含放射性元素(U、Th、^{40}K)的衰变而产生的热在地下积聚,形成热源,并对区域地温场的分布起到一定作用(Rybach,1976)。

以上分析表明,一般盆地不同岩层的放射性生热量是不同的,沉积岩层的生热量低,而位于盆地基底之下的上地壳岩层生热量最高。德州市地壳厚度相对较薄,此岩层距热储近,因此,地壳岩层与沉积岩层放射性热能一起共同构成本区重要热源之一。

4)其他热源

除上述热源外,还包括构造作用产生的机械摩擦热,巨厚中新生代沉积层压力下产生重力压缩热,古近系的生油、储油层形成过程中化学反应产生的热能等,这些热虽然也是盆地热源的重要组成部分,但都不占主要地位。

2. 地热源形成的大地构造环境

自新近纪以来,华北盆地热状况总的发展趋势由前期的高峰状态逐步衰退,岩浆活动大为减弱,由岩浆上升所提供的热量也在不断减少。期间构造应力场中,水平挤压应力场作用下的剪切构造逐渐占主导地位,这对深部热载体的大面积上涌、深部热源散发起着一定程度的遏止作用。上部黏性土与砂性土组成的松软层密度小,厚度大,导热性能差,阻热大,起到了很好的保温作用。

综上所述,德州市地热热源主要形成于新生代以后,受燕山期地壳运动的影响,形成了大规模的深大断裂,这些断裂对地壳深部和上地幔的岩浆热源起到了重要的沟通和传导作用,并构成地下热流的良好通道,使上地幔物质上涌或沿深大断裂岩浆侵入到地壳浅部,从而形成了区域温度或热流值普遍升高的背景。

3. 热源主要控制因素

由以上分析可知,德州市地热热源主要来自地幔供热、岩浆体供热、放射性元素衰变生热以及不占主导的构造作用产生的机械摩擦热、压缩热、化学反应产生的热能等。因此控制因素主要有以下几个。

1)莫霍面的深度

大地电磁测深表明,在上地幔隆起带,地幔上拱,地壳拉张,地壳厚度变薄,地幔的隆起为地壳深部的热流或热液上升提供了良好的通道,从而增加了地幔对流的热量,所以地幔对流热是地热水的主要热源。近几年许多物理工作者对中国的地壳进行研究,他们获得的结论基本上都是类似的,这些结论表明,在中国境内地壳厚度由东向西变厚,地温也是东部偏高,这体现了大地热流值与莫霍面埋深的关系。

2)断裂的影响

断裂活动会引起深部高温流体或浅部低温流体的运移,从而导致断裂附近地温局部异常。尤其是深大断裂,它是深达莫霍面的活动性断裂带,这些深大断裂与盆地内断裂一起构成连通上地幔热源的断裂网,深大断裂形成的同时又常伴随有岩浆侵入活动,可以成为深部地热向上部地层传导的良好通道,使得沿断裂带走向地温梯度和大地热流值相对较高,环球高温地热带的分布充分说明这一点。另外,断裂也是热流体运移的重要通道,地下深处的热水资源可以通过断裂达到地表形成温泉,同时地面降水可以通过深大断裂进入地层深处,对地热水资源进行补给。

德州市地热自中生代以来,受燕山期地壳运动的影响,形成了大规模的深大断裂,如沧东、聊城-兰考、齐河-广饶等规模较大的超壳断裂,深度断至莫霍面,它们除了本身提供一定的摩擦热能外,这些断裂对地壳深部和上地幔的岩浆热源也起到了重要的沟通和传导作用,使上地幔物质上涌或沿深大断裂岩浆侵入到地壳浅部,构成地下热流的良好通道。

3)岩性及基底起伏

德州市地热基底一般由坚硬的岩浆岩和变质岩构成,这些岩石热导率较高,可以有效向上部的热储层传递地幔及地壳深部大量的热量;地热田基底大面积分布的花岗岩中,由于富含放射性元素而具有较高的产热率,在元素衰变过程中,可以产生和释放一定量的热能,对局部地温场起到加热的作用。另外,地热田基底具有隆坳相间的断块状构造格局,基底及盖层结构及热导率的差异使深部热能向浅层传导的量重新分配。德州市地热盖层地温梯度在基底埋藏深的凹陷区普遍小于3.4℃/100m,在太古宙结晶基底埋藏浅的凸起区及中生代火山岩发育区,地温梯度一般大于3.5℃/100m。地温梯度等值线与区内基底构造的走向基本一致,其走向呈北北东向,基底隆起的顶部常常会形成较多热量的积聚,所以上部岩层地温梯度随之增高。在地热田上覆沉积有巨厚砂岩、泥岩及成岩较差的松散沉积物盖层,其热导率较低,具有良好的隔热效果,可以有效阻止地下热量散失。由上可见,德州市地热热源受岩性及盆地基底起伏形态控制。

(三)地热水富集规律

馆陶组热储为德州市最主要开采热储之一,分布稳定,富水性好,在取水段1100～1500m深度内,单井出水量一般为60～80m³/h,井口水温一般为45～65℃,属温热水-热水型低温地热资源。德州城区、庆云为富水性较好区,向南水量逐渐减小,富水程度降低(图3-8)。从图可见,其富水程度与热储砂层厚度分布规律一致。

三、地热水形成机理及地热田成因模式

根据分析结果,德州市地热热源主要为来自地球内部的大地热流,深部较均匀的热流在向上传导过程中,根据所遇地层热导率的差异而进行重新分配,向热导率高的地层中富集,从而形成了区域大地热流值在基底凸起区高、基底凹陷区低的分布格局。由沉积物固结成岩所释放的沉积水及由远近山区侧向径流补给的地下水在各热储中富集,它们与围岩发生水-岩反应并吸收来自下部的传导热流,在上部盖层的保温作用下形成地热水资源。

德州市主要开采热储为馆陶组、东营组砂岩孔隙热储,区内热储分布均匀,断裂构造不发育,水平方向上分布连续,连通性好,无明显的阻水构造。热储的上、下界一般分布有巨厚的泥岩隔水层,切断了其与相邻热储之间的水力联系。据区内同位素资料,该热储地热水有一定的侧向径流补给来自太行山区大气降水深循环(图3-9,图3-10),但很微弱,主要为沉积物形成时保存的封存水,属开采消耗型。

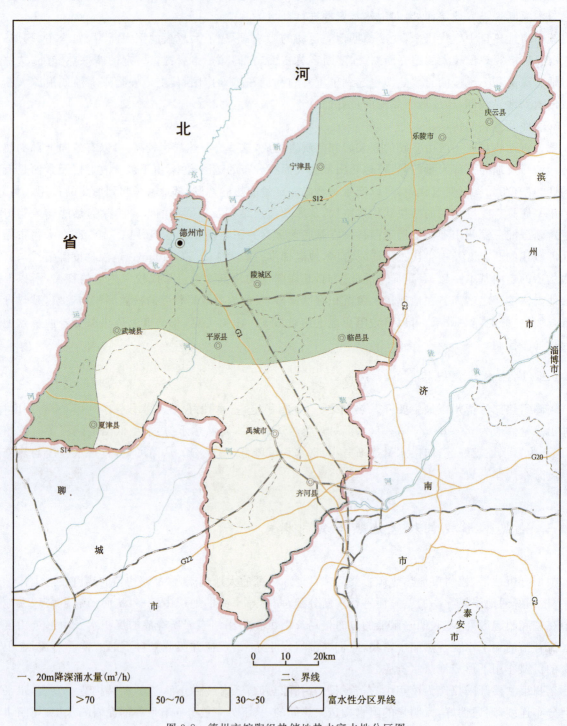

图 3-8 德州市馆陶组热储地热水富水性分区图

第三章 地热田及地热水形成机理

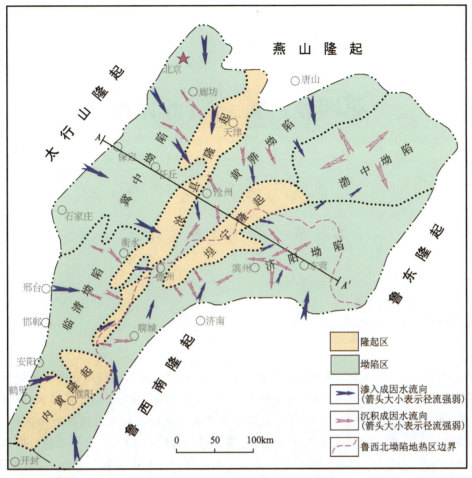

图 3-9 华北盆地地热水水动力场特征图

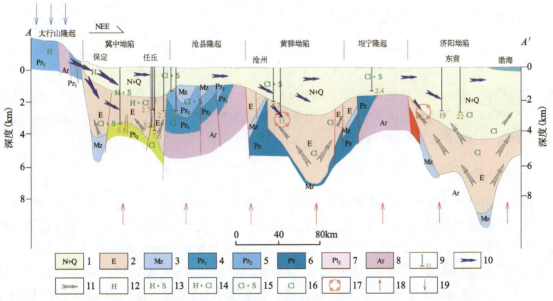

1.第四系+新近系；2.古近系；3.中生界；4.上古生界；5.下古生界；6.古生界；7.中元古界；8.太古宇；9.钻孔与矿化度（g/L）；10.渗入成因水流向（箭头大小表示径流强弱）；11.沉积成因水流向（箭头大小表示径流强弱）；12.HCO_3 型水；13.HCO_3-SO_4 型水；14.HCO_3-Cl 型水；15.Cl-SO_4 型水；16.Cl 型水；17.向心流与离心流水动力平衡带（高矿化带）；18.大地热流；19.大气降水

图 3-10 华北盆地 A—A′ 线地热地质剖面图

· 63 ·

第四章　地热资源评价

第一节　地热资源量计算

一、热储概念模型的建立

区内地热资源的热源主要为来自地球内部的大地热流,深部较均匀的热流在向上传导过程中,根据所遇地层热导率的差异而进行重新分配,在热导率高的地层中富集,从而形成了区域大地热流值在基底凸起区高、基底凹陷区低的分布格局。由沉积物固结成岩所释放的沉积水及由远近山区侧向径流补给的地下水在各热储中富集,它们与围岩发生水-岩反应,并与围岩一道吸收来自下部的传导热流,在上部盖层的保温作用下形成地热水资源。根据各热储的分布规律及地热水的补径排条件,对馆陶组热储与寒武系—奥陶系热储的地热地质条件进行概化,建立德州市热储的概念模型。

(一)新近系纪馆陶组热储模型

根据华北地区地层资料,新近系馆陶组普遍存在,仅在山前地区缺失。热储在水平方向上连续分布,连通性好,无明显的阻水构造。热储的上、下界一般分布有巨厚的泥岩隔水层,切断了其与相邻热储之间的水力联系。据区内同位素资料,该热储的地热水有一定的侧向径流补给。因此,将新近系热储概化为上、下均为隔水层,热储在水平方向上无限延伸,热源为来自下伏地层的传导热流,地热水可以接受外围的侧向径流补给的层状热储(图4-1)。

(二)古近系热储模型

区内古近系热储分布不连续,主要分布于基底凹陷区内,在基底凸起区缺失。受凸起区基岩的阻隔作用,古近系热储中的地热水基本处于静止状态。因此,古近系热储模型根据热储边界外地层岩性,将与寒武系—奥陶系灰岩接触或古近系不同层组之间的接触边界划定为变水头边界(Ⅲ类边界),而将与上古生界碎屑岩接触或太古宇变质岩接触的边界划定为零流量边界(Ⅱ类边界)。垂向上由于厚层致密泥岩的存在,均划定为隔水边界(Ⅱ类边界)。热储盖层分别为其上覆地层,热源主要为地球内部的传导热流;地热水的补给源为南部及西部的侧向径流,东部古近系与中生界及上古生界碎屑岩不整合接触,无侧向径流补给发生;地热水向北部侧向径流排泄(图4-2)。

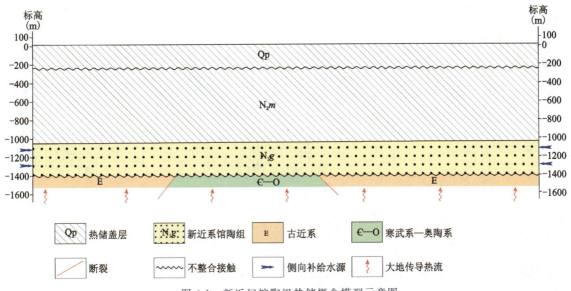

图 4-1　新近纪馆陶组热储概念模型示意图

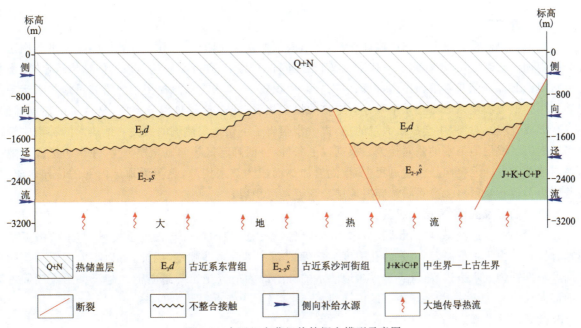

图 4-2　古近纪东营组热储概念模型示意图

（三）寒武系—奥陶系热储概念模型

寒武系—奥陶系热储在齐广断裂以南的鲁中隆起区，东南部与出露地表的基岩连成一体，北以断裂形式与古近系呈不整合接触。在高唐凸起区及武城-故城凸起区内，寒武系—奥陶系古潜山地质体以断裂形式与古近系呈不整合接触。在陵县凸起的北部，寒武系—奥陶系在西南、东北及西北角与太古宇变质岩不整合接触，在东南与古近系不整合接触，北与中生界不整合接触。上覆地层在鲁中隆起区为上古生界、中生界及新生界；在其他地区均为新近系。因此，寒武系—奥陶系热储概念模型（图 4-3）可根据以上 3 种不同条件分为 3 种不同的类型。

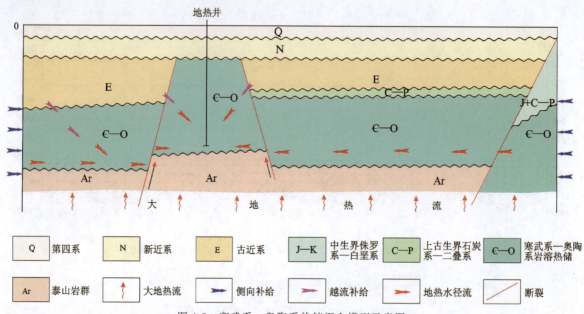

图 4-3　寒武系—奥陶系热储概念模型示意图

1. 鲁中隆起区

寒武系—奥陶系在鲁西隆起区内埋深浅，在东南部裸露。在印支—燕山运动时期，德州市东南边界外的济南地区岩浆活动较为强烈，形成了以辉长岩、闪长岩为主的"济南岩体"，该岩体结构致密，对南部地下水向西北部径流起着阻挡作用，但该侵入岩体面积较小，本次在概念模型中忽略其对地热水运动的阻挡作用。上覆石炭系—二叠系中赋存有丰富的煤炭资源，煤系地层热传导率低，是良好的热储盖层，且煤在形成、变质的过程中会放出大量的热，进一步阻碍了下伏地层热流的散失。地热水的补给来源主要是东南山区浅层地下水的侧向径流。根据以上条件，鲁西隆起区热储概念模型为：东南山区浅层地下水沿岩溶裂隙向西北侧向径流的过程中，被围岩加热而成为热水资源，热源为地球内部的传导热流，热储盖层为上覆石炭系—二叠系陆源碎屑地层及新近系沉积层。

2. 高唐凸起及武城-故城凸起区

在高唐凸起及武城-故城凸起区内，寒武系—奥陶系以断裂的形式与古近系接触，与上覆新近系呈不整合接触。由于古近系、新近系的孔隙度大于寒武系—奥陶系孔隙度，因此，可以将寒武系—奥陶系四周及顶部视为变水头边界（Ⅲ类边界），地热水的补给源为新近纪馆陶组向下的越流补给及四周古近系的侧向径流补给，热源为地球内部的传导热流，热储盖层为新近系及第四系。

3. 陵县凸起北部

在陵县凸起的北部，寒武系—奥陶系在西南、东北及西北角与太古宇变质岩不整合接触，由于太古宇变质岩裂隙小，透水性差，对地下水的运动具有阻挡作用，可以概化成零流量边界（Ⅱ类边界）；东南与古近系不整合接触，北与中生界不整合接触，均可以概化成变水头边界（Ⅲ类边界）。

二、地热资源量计算方法

（一）计算原则

计算深度：原则上计算热储经济开采深度 3000m 以浅的地热资源量。但由于不同地热区热储类型不同、热储埋藏条件不同、勘查研究程度不同，故计算深度根据实际条件确定。区内馆陶组、东营组砂岩孔隙—裂隙热储和寒武系—奥陶系碳酸盐岩裂隙岩溶热储层是相对独立热储系统,为了合理开发利用地热资源,在资源规划中,应根据各热储层的资源特征、资源量等综合考虑。故本次分别对主要开采的馆陶组、东营组砂岩热储和寒武系—奥陶系岩溶热储进行计算。

赋存于热储中的地热资源能被开发利用必须具备两个前提条件:一是要有足够的热资源;二是必须有能将热资源带至地表的地热流体。本次地热资源量计算中先进行地热资源量计算,再进行地热水资源量计算。地热水可采资源量的计算应以不产生其他环境地质问题为原则,在资源量计算中主要是控制开采期末最大水位降深以防止地面沉降环境地质问题的产生。

(二)计算方法

地热资源的丰富程度可从地热资源量与可采地热资源量两个方面进行评价。地热资源量是客观存在于地层岩石及热流体中的地热资源量,而可利用地热资源量是地热资源量中可以被开发利用的部分,两者分别从两个不同的角度阐明了地热田中地热资源量的富集程度。但是,两者之间的关系并不一定呈比例,前者主要受地质构造条件控制,而后者还受水文地质条件的制约。例如在热干岩地区,地热资源量十分丰富,但可利用地热资源量很小。

依据《地热资源地质勘查规范》(GB/T 11615—2010)、《地热资源评价方法及估算规程》(DZ/T 0331—2020)及区内现有资料丰富程度,采用"热储法"计算地热资源量,采用"体积法"计算地热流体储存量,采用"开采系数法""解析法""开采强度法"计算自然条件下地热流体可采量,采用"热突破法""热均衡法"计算回灌条件下地热流体可采量,各计算方法分述如下。

1. 热储中储存的热量计算

地热资源量是客观存在于地层岩石及热流体中的地热资源量,依据《地热资源地质勘查规范》(GB/11615—2010)、《地热资源评价方法及估算规程》(DZ/T 0331—2020)的规定,对区内地热田地热资源量进行计算与评价。采用"热储法"计算本区热储层中的地热资源量,计算公式为

$$Q = Q_r + Q_w \tag{4-1}$$

$$Q_r = Ad\rho_r C_r(1-\varphi)(t_r - t_0) \tag{4-2}$$

$$Q_L = Q_1 + Q_2 \tag{4-3}$$

$$Q_1 = A\varphi d \tag{4-4}$$

$$Q_2 = ASH \tag{4-5}$$

$$Q_w = Q_L C_w \rho_w (t_r - t_0) \tag{4-6}$$

式中:Q——热储中储存的热量,单位 J;

Q_r——岩石中储存的热量,单位 J;

Q_L——热储中储存的水量,单位 m³;

Q_1——截至计算时刻,热储孔隙中热水的静储量,单位 m³;

Q_2——水位降低到目前取水能力极限深度时热储所释放的水量,单位 m³;

Q_w——水中储存的热量,单位 J;

A——计算区面积,单位 m²;

d——热储层厚度,单位 m;

ρ_r、ρ_w——分别为热储岩石密度、地热水密度,单位 kg/m³;

C_r、C_w——分别为热储岩石比热、地热水的比热,单位 J/(kg·℃);

φ——热储岩石的孔隙度,无量纲;

t_r——热储温度,单位 ℃;

t_0——当地年平均气温,单位 ℃;

S——弹性释水系数,无量纲;

H——计算起始点以上高度,单位 m。

2. 热储中地热流体储存量计算

静储量是客观存在于地层中的热水资源量。静储量由两部分组成,一部分为热储层的容积储量,另一部分为弹性储存量。其计算公式为

$$Q_{ws} = \varphi V + S(h - H)A \tag{4-7}$$

式中:Q_{ws}——地热流体储存量,单位 m³;

φ——热储岩石孔隙度,无量纲;

V——热储体积,单位 m³,$V = A \cdot H$;

A——热储面积,单位 m²;

H——平均热储顶面标高,单位 m;

h——平均承压水头标高,单位 m;

S——热储弹性释水系数,无量纲。

3. 自然条件下地热流体可采量及可采地热流体热资源量计算

1)开采系数法

(1)地热流体可采量。

$$Q_{wk} = Q_{ws} \cdot X \tag{4-8}$$

式中:Q_{wk}——可采地热流体量,单位 m³;

Q_{ws}——地热流体储存量,单位 m³;

X——可采系数。

(2)可采地热流体热资源量。

$$Q_{rwk} = Q_{wk} \rho_w C_w (t_r - t_0) \tag{4-9}$$

式中:Q_{rwk}——可采地热流体热资源量,单位 J;

其他各符号意义同前。

(3)参数确定。

可采系数:可采系数的大小,取决于热储岩性、孔隙发育情况及开采技术经济条件,《地热资源评价方法及估算规程》(DZ/T 0331—2020)中,孔隙型层状热储层的 X 取值为 3%~5%(100 年),岩溶型层状热储层的 X 取值为 5%(100 年),结合德州市馆陶组、东营组及寒武系—奥陶系热储孔隙度、热储厚度,综合确定馆陶组可采系数取 4%、东营组可采系数取 3%,寒武系、奥陶系热储开采系数 5%。

2)解析法(最大允许降深法)

将各计算分区概化为圆形,在规定 100 年开采期限内,计算区中心水位降深与单井开采附加水位降深之和不大于 100m 时,求得最大允许可开采量。计算公式为

$$Q_{wk} = \frac{4\pi T s_1}{\ln\left(\frac{6.11 T t / R_k^2}{S}\right)} \tag{4-10}$$

$$Q_{wd} = \frac{2\pi T s_2}{\ln(0.473 R_d / r)} \tag{4-11}$$

式中:Q_{wk}——地热流体可开采量,单位 m³/d;

T——导水系数,单位 m²/d;

s_1——计算区中心处水位降深,单位 m;

t——开采时间,单位 d;

S——热储含水层弹性释水系数,无量纲;

R_k——开采区半径,单位 m;

Q_{wd}——单井地热流体可开采量,单位 m^3/d;

s_2——单井附加水位降深,单位 m;

R_d——单井控制半径,单位 m;

r——抽水井半径,单位 m。

3)开采强度法

开采强度法主要用于层状热储区地热水资源量计算。层状热储分布广,层位稳定,水力坡度小,径流迟缓,开采量组成中具有较大的储存量,水压高,适用于开采强度法计算可采量。当开采区各热水井分布较均匀,开采量相差不大时,可将各分散热水井总开采量概化成开采强度。设开采区总开采量为 Q,开采区长为 $2L$,宽为 $2b$,则开采强度

$$\varepsilon = \frac{Q}{4bL} \tag{4-12}$$

根据区域地热水文地质条件,利用开采强度和水位之间的变化来推算设计的开采量,地热水非稳定流数学模型为

$$\frac{T}{\mu_e}\left(\frac{\partial^2 S}{\partial x^2} + \frac{\partial^2 S}{\partial y^2}\right) = \frac{\partial S}{\partial t} + \frac{\varepsilon}{\mu_e} q(x,y)$$

$$q(x,y) = \begin{cases} 1, 当(x,y) \in D(-L<x<L, -b<x<b) \text{ 时} \\ 0, 当(x,y) \notin D(-L<x<L, -b<x<b) \text{ 时} \end{cases}$$

定解条件 $\begin{cases} S(x,y,t)\big|_{t=0} = 0 \\ S(x,y,t)\big|_{x\to\pm\infty} = S(x,y,t)\big|_{y\to\pm\infty} = 0 \quad t>0 \\ \frac{\partial s}{\partial x}\big|_{x=0} = \frac{\partial s}{\partial y}\big|_{y=0} = 0 \quad t=0 \\ \frac{\partial s}{\partial x}\big|_{x\to\pm\infty} = \frac{\partial s}{\partial y}\big|_{y\to\pm\infty} = 0 \quad t<0 \end{cases}$ (4-13)

当 ε 为常数时,求解式(4-13),得任意点的地下水位降深为

$$S = \frac{\varepsilon t}{4\mu_e} S^* \left[\frac{L+x}{2\sqrt{at}}, \frac{b+y}{2\sqrt{at}}\right] + \left[\frac{L+x}{2\sqrt{at}}, \frac{b-y}{2\sqrt{at}}\right]\left[\frac{L-x}{2\sqrt{at}}, \frac{b+y}{2\sqrt{at}}\right]\left[\frac{L-x}{2\sqrt{at}}, \frac{b-y}{2\sqrt{at}}\right]$$

当 $x=0$, $y=0$ 时,开采区中心最大水位降深为

$$S = (0,0,t) = S_{max} = \frac{\varepsilon t}{S} S^*\left(\frac{L}{2\sqrt{at}}, \frac{b}{2\sqrt{at}}\right) \tag{4-14}$$

由式(4-14)得,

$$\varepsilon = \frac{S_{max} \mu_0}{S^*\left(\frac{L}{2\sqrt{at}}, \frac{b}{2\sqrt{at}}\right) t} \tag{4-15}$$

可开采量计算公式为

$$Q = 4\varepsilon bL \tag{4-16}$$

式中:ε——开采强度;

S——弹性释水系数,无量纲;

a——导压系数,$a = \frac{T}{\mu_e}$;

t——开采时间,单位 d;

$S^*(\alpha, \beta)$——折减系数,可查表;

$2L$——开采区长度,单位 m;

$2b$——开采区宽度,单位 m。

根据地热水目前的水头情况、取水设备能力以及规范要求，确定地热开采期限为100年，在100年末地热水水头最大允许降深为150m，将有关计算数据和水文地质参数代入式(4-16)，可得开采强度ε。最后由以下公式可计算出区内100年内地热水可采量$Q_{可}$，即

$$Q_{可} = 36\,500\varepsilon \cdot 4bL \tag{4-17}$$

4. 回灌条件下地热流体可开采量计算

1) 热突破法

采用热突破公式计算的回灌条件下流体可开采量为

$$Q_a = \frac{AQ}{\pi R_1^2} = \frac{AM}{3 \times 36\,500 f} \tag{4-18}$$

$$f = \frac{\rho_w C_w}{\rho_e C_e}$$

$$\rho_e C_e = \varphi \rho_w C_w + (1-\varphi) \rho_r C_r \tag{4-19}$$

式中：Q_a——回灌条件下允许开采量，单位 m^3/d；

Q——地热井产量，单位 m^3/h；

A——评价面积，单位 m^2；

M——热储层厚度，单位 m；

φ——热储岩石孔隙度，无量纲；

C_r, C_w, C_e——分别为热储岩石、地热流、热储层的比热，单位 $kJ(kg \cdot ℃)$；

ρ_r, ρ_w, ρ_e——分别为热储岩石、地热流、热储层的密度，单位 kg/m^3。

2) 热均衡法

对于盆地型地热田，假仅除了抽取和回灌的热量外，系统与外界没有能量交换，按回灌条件下开采100年，热储温度下降2℃，回灌未发生热突破且抽水井井口温度与回灌前温度一致，根据热量平衡计算影响半径和允许开采量公式为

$$R_2 = \sqrt{1-\alpha\beta} \times \sqrt{\frac{QTf}{\delta M \pi}}$$

$$f = \frac{\rho_w C_w}{\rho_e C_e}$$

$$\rho_e C_e = \varphi \rho_w C_w + (1-\varphi) \rho_r C_r$$

$$\beta = \frac{Q_h}{Q}$$

$$\alpha = \frac{t_h - t_0}{t_r - t_0}$$

$$Q_a = \frac{AQ}{\pi R_2^2} = \frac{\delta AM}{(1-\alpha\beta)Tf} \tag{4-20}$$

式中：R_2——回灌条件下的影响半径，单位 m；

ρ_w, ρ_r——分别为热储水的密度，岩石的密度，单位 kg/m^3；

C_w, C_r——分别为热储水的比热，岩石的比热，单位 $kJ/kg \cdot ℃$；

φ——热储岩石孔隙度，无量纲；

T——时间，取100年；

Q——地热井产量，单位 m^3/d；

Q_h——回灌量，单位 m^3/d；

t_r——回灌前热储温度，单位℃；

t_h——回灌温度,取值 25,单位℃;

t_0——基准温度,取恒温层温度或当地多年平均气温,单位℃;

β——回灌率,考虑热储岩性和孔隙裂隙发育情况,孔隙型层状热储取 30%,岩溶型层状热储取 90%;

δ——热储温度下降 2℃减少的地热储存量的比例;

Q_a——回灌条件下允许开采量,单位 m³/d;

A——评价面积,单位 m²;

H——热储层厚度,单位 m。

三、地热资源量计算分区

(一)分区依据

依据地热区及地热田的划分标准,将德州市划分为 4 个计算区,10 个地热田,分别对各地热田资源量进行计算。

德州市馆陶组热储分布广泛,基底断裂构造发育,但均没有切穿馆陶组,地层厚度变化较均匀,总的变化趋势为在凹陷区厚度较大,凸起区厚度小,平面上没有厚度的突变。地层厚度与热储底板埋深之间具有较好的相关关系,因此,本次选用地热田边界及热储厚度为各计算分区划分的依据。

东营组热储主要分布在各基底凹陷区,在基底凸起区该热储缺失。断裂构造发育,断层两侧地层厚度相差较大。在地热田划分中,已对断裂构造、地层厚度等进行了充分考虑,本次分区中不考虑断裂构造的影响,并假定东营组热储与周边其他热储无水力联系,即热储四周均为隔水边界。因此,本次选用热储厚度为各地热田资源量估算分区的依据。

寒武系—奥陶系热储主要分布于凸起区,在坳陷区顶板埋深一般大于 3000m。热储厚度与热储温度是地热资源估算的主要参数。因此,本次寒武系—奥陶系热储地热资源估算分区根据热储层顶板埋深与热储厚度进行划分。

(二)计算分区

根据区内馆陶组热储的分布特征,可将馆陶组热储在平面上看成一个热储,在各计算区中根据地层厚度,将德州市馆陶组热储划分为 76 个计算区(图 4-4)。

根据区内东营组的分布特征,在各计算区中根据热储厚度将东营组热储划分为 39 个计算区(图 4-5)。

根据区内寒武系—奥陶系热储的分布特征,在各计算区中根据热储厚度将寒武系—奥陶系热储划分为 27 个计算区(图 4-6)。

四、计算参数的确定

(一)热储几何参数

1. 热储面积

在已划分的计算分区图上,利用 MapGIS 自带的区属性,计算各分区的面积如表 4-1 所示。

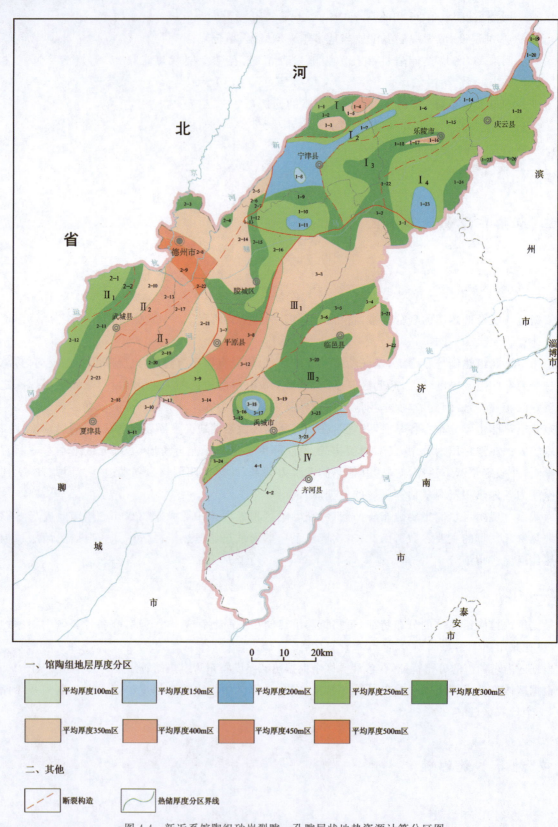

图 4-4 新近系馆陶组砂岩裂隙—孔隙层状地热资源计算分区图

第四章 地热资源评价

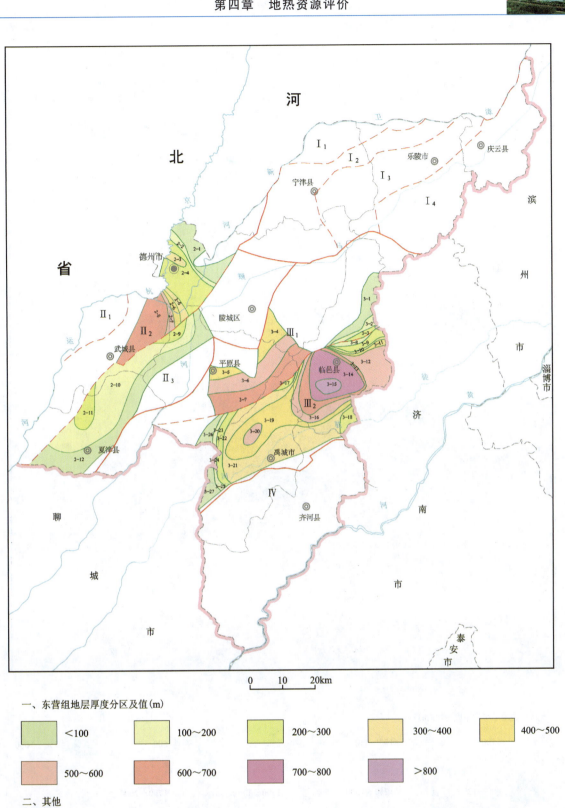

图 4-5 古近系东营组砂岩裂隙—孔隙层状热储厚度及计算分区图

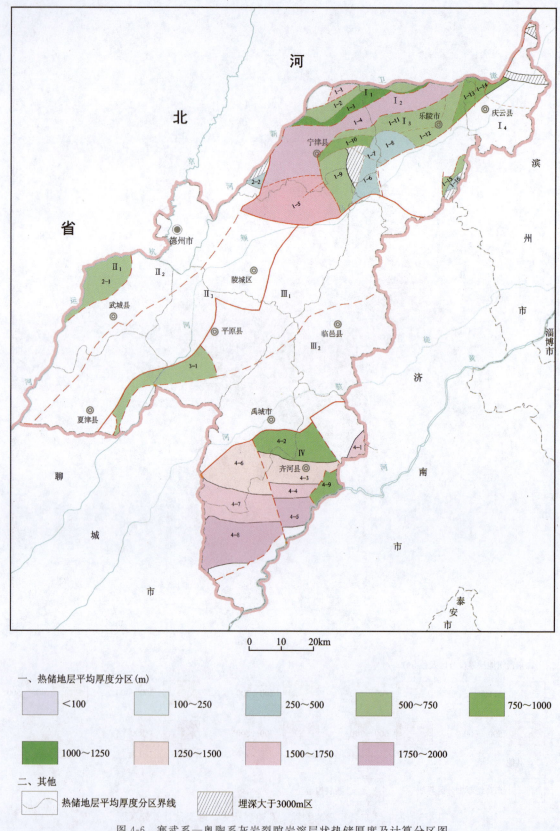

图 4-6 寒武系—奥陶系灰岩裂隙岩溶层状热储厚度及计算分区图

2. 热储厚度及热储砂岩厚度

根据区内石油井的钻探资料、地震物探解译成果及地热井钻探资料,各分区内馆陶组、东营组热储的平均厚度如表4-1、表4-2所示。钻探取芯资料表明,区内馆陶组上部的砂岩厚度与弱透水层厚度的比值小于下部砂岩厚度与弱透水层厚度的比值,砂岩厚度占热储厚度的34.5%左右,东营组热储弱透水层厚度较大,砂岩厚度占热储厚度的24%左右。因此,馆陶组热储砂岩平均厚度取热储平均厚度的34.5%计算,东营组热储砂岩平均厚度取热储平均厚度的24%计算。

表4-1　馆陶组热储地热资源计算分区及计算参数一览表

地热田名称	计算分区	馆陶组底板埋深(m)	热储厚度(m)	热储砂岩厚度(m)	面积(km²)	平均地温梯度(℃/100m)	热储温度(℃)	热水密度(kg/m³)
I₁	1-1	1200	250	86.25	25.60	3.70	51.9	987.12
	1-2	1360	300	103.50	142.42	3.80	58.1	984.10
	1-3	1450	350	120.75	33.35	3.75	60.0	983.17
	1-4	1550	400	138.00	21.93	3.70	62.1	981.99
	1-5	1450	350	120.75	22.87	3.70	59.3	983.49
I₂	1-6	1300	250	86.25	181.91	3.75	56.2	985.06
	1-7	1200	200	69.00	256.02	3.70	52.9	986.68
	1-8	1000	150	51.75	11.76	3.70	46.4	989.62
	1-9	1200	300	103.50	103.24	3.65	50.5	987.80
	1-10	1300	250	86.25	176.46	3.60	54.5	985.92
	1-11	1100	200	69.00	27.28	3.65	48.7	988.62
	1-12	1350	300	103.50	11.02	3.50	54.2	986.05
	1-13	1400	350	120.75	1.81	3.50	55.1	985.63
I₃	1-14	1250	200	69.00	47.89	3.70	54.7	985.81
	1-15	1300	250	86.25	463.83	3.68	55.4	985.47
	1-16	1350	400	138.00	7.00	3.60	53.6	986.34
	1-17	1350	350	120.75	9.35	3.60	54.5	985.92
	1-18	1550	300	103.50	196.83	3.70	64.0	980.97
I₄	1-19	1250	250	86.25	7.90	3.65	53.8	986.50
	1-20	1250	200	69.00	51.54	3.62	53.8	986.23
	1-21	1200	250	86.25	724.43	3.5	49.8	988.11
	1-22	1500	300	103.50	23.21	3.63	61.2	982.50
	1-23	1000	200	69.00	82.07	3.40	42.8	991.11
	1-24	1200	300	103.50	65.10	3.30	46.9	989.40
	1-25	1100	300	103.50	5.73	3.30	43.6	990.80
	1-26	1200	300	103.50	7.20	3.30	46.9	989.40
II₁	2-1	1250	250	86.25	129.487	3.70	53.8	986.24
	2-2	1320	300	103.50	34.62	3.60	54.3	986.00

续表 4-1

地热田名称	计算分区	馆陶组底板埋深(m)	热储厚度(m)	热储砂岩厚度(m)	面积(km²)	平均地温梯度(℃/100m)	热储温度(℃)	热水密度(kg/m³)
Ⅱ₂	2-3	1480	300	103.50	29.23	3.30	56.1	985.10
	2-4	1500	300	103.50	11.17	3.50	59.5	983.43
	2-5	1500	350	120.75	224.14	3.40	57.3	984.53
	2-6	1350	300	103.50	17.48	3.50	54.2	986.05
	2-7	1300	250	86.25	0.888	3.50	53.3	986.46
	2-8	1600	450	155.25	73.13	3.20	56.3	985.03
	2-9	1580	500	172.50	87.41	3.20	54.8	985.75
	2-10	1500	350	120.75	231.66	3.58	59.6	983.34
	2-11	1400	300	103.50	217.43	3.60	57.2	984.57
	2-12	1200	250	86.25	77.12	3.60	50.9	987.61
	2-13	1600	400	138.00	154.82	3.20	57.1	984.63
Ⅱ₃	2-14	1450	350	120.75	164.63	3.60	58.1	984.12
	2-15	1350	300	103.50	199.93	3.50	54.2	986.05
	2-16	1250	250	86.25	134.38	3.55	52.1	987.03
	2-17	1600	400	138.00	458.38	3.20	57.1	984.63
	2-18	1600	450	155.25	25.69	3.30	57.6	984.35
	2-19	1500	250	86.25	12.93	3.20	56.3	985.03
	2-20	1550	300	103.50	43.29	3.20	57.1	984.63
	2-21	1600	350	120.75	281.14	3.40	60.7	982.78
	2-22	1580	500	172.50	8.77	3.40	57.4	984.44
	2-23	1680	350	120.75	184.29	3.30	61.9	982.10
Ⅲ₁	3-1	1400	250	86.25	22.14	3.30	54.3	985.99
	3-2	1300	300	103.50	135.72	3.40	51.3	987.41
	3-3	1500	350	120.75	736.01	3.30	56.0	985.18
	3-4	1400	250	86.25	19.69	3.10	51.8	987.18
	3-5	1450	300	103.50	175.10	3.15	53.2	986.51
	3-6	1400	250	86.25	12.48	3.15	52.4	986.88
	3-7	1400	350	120.75	35.44	3.50	55.1	985.63
	3-8	1350	450	155.25	163.86	3.50	51.6	987.29
	3-9	1250	250	86.25	213.71	3.50	51.6	987.29
	3-10	1550	350	120.75	45.94	3.50	60.3	982.97
	3-11	1400	300	103.50	26.66	3.50	56.0	985.19
	3-12	1300	400	138.00	121.82	3.30	48.5	988.67

续表 4-1

地热田名称	计算分区	馆陶组底板埋深(m)	热储厚度(m)	热储砂岩厚度(m)	面积(km²)	平均地温梯度(℃/100m)	热储温度(℃)	热水密度(kg/m³)
Ⅲ₂	3-13	1450	350	120.75	4.83	3.50	56.8	984.75
	3-14	1450	400	138.00	109.00	3.30	53.5	986.38
	3-15	1450	300	103.50	36.17	3.05	51.9	987.11
	3-16	1500	250	86.25	39.02	3.05	54.2	986.03
	3-17	1400	200	69.00	25.38	3.05	51.9	987.11
	3-18	1400	150	51.75	11.94	3.05	52.7	986.75
	3-19	1550	350	120.75	650.84	3.05	54.2	986.03
	3-20	1700	300	103.50	281.37	3.05	59.6	983.37
	3-21	1400	300	103.50	14.50	3.20	52.3	986.96
	3-22	1500	300	103.50	5.83	3.10	54.1	986.08
	3-23	1250	300	103.50	123.05	3.10	46.4	989.62
	3-24	1350	250	86.25	77.86	3.10	50.3	987.91
	3-25	1050	150	51.75	35.67	3.20	43.5	990.85
Ⅵ	4-1	1100	150	51.75	398.68	3.20	45.1	990.20
	4-2	800	100	34.50	597.93	3.50	38.5	992.82

表 4-2　东营组热储地热资源计算分区及计算参数一览表

地热田名称	计算分区	顶板埋深(m)	热储厚度(m)	热储砂岩厚度(m)	面积(km²)	热储温度(℃)	热水密度(kg/m³)
Ⅱ₂	2-1	1500	90	21.60	101.30	63.2	981.38
	2-2	1600	150	36.00	27.90	67.5	979.02
	2-3	1700	350	84.00	14.49	74.1	974.81
	2-4	1600	250	60.00	158.30	69.2	978.12
	2-5	1550	350	84.00	20.10	69.2	978.12
	2-6	1550	450	108.00	19.00	70.8	977.10
	2-7	1580	550	132.00	19.42	73.5	975.27
	2-8	1600	650	156.00	149.17	75.8	973.81
Ⅱ₃	2-9	1550	250	60.00	26.89	67.5	979.02
	2-10	1650	150	36.00	378.40	69.2	978.12
	2-11	1700	250	60.00	49.65	72.5	975.95
	2-12	1600	90	21.60	319.68	66.5	979.56

续表 4-2

地热田名称	计算分区	顶板埋深（m）	热储厚度（m）	热储砂岩厚度(m)	面积(km²)	热储温度(℃)	热水密度（kg/m³）
Ⅲ₁	3-1	1450	90	21.60	77.71	61.6	982.28
	3-2	1400	150	36.00	20.46	60.9	982.65
	3-3	1400	250	60.00	12.69	62.6	981.74
	3-4	1400	450	108.00	62.53	65.9	979.93
	3-5	1400	450	108.00	29.45	65.9	979.93
	3-6	1350	550	132.00	140.37	65.9	979.93
	3-7	1350	650	156.00	175.38	67.5	979.02
Ⅲ₂	3-8	1600	150	36.00	14.37	67.5	979.02
	3-9	1600	250	60.00	30.33	69.2	978.12
	3-10	1600	350	84.00	11.07	70.8	977.10
	3-11	1600	450	108.00	15.69	72.5	975.95
	3-12	1600	550	132.00	109.24	74.1	974.81
	3-13	1700	650	156.00	87.00	79.1	972.12
	3-14	1700	750	180.00	156.04	80.7	971.18
	3-15	1750	850	204.00	28.81	84.0	969.07
	3-16	1600	550	132.00	71.82	74.1	974.81
	3-17	1650	250	60.00	9.49	70.8	977.10
	3-18	1300	250	60.00	22.74	59.3	983.52
	3-19	1500	450	108.00	206.81	69.2	978.12
	3-20	1400	550	132.00	23.38	67.5	979.02
	3-21	1450	350	84.00	357.10	65.9	979.93
	3-22	1450	250	60.00	44.62	64.2	980.83
	3-23	1400	150	36.00	11.27	60.9	982.65
	3-24	1400	150	36.00	1.19	60.9	982.65
	3-25	1400	150	36.00	8.94	60.9	982.65
	3-26	1400	90	21.60	26.40	59.9	983.19
	3-27	1400	90	21.60	31.66	59.9	983.19

根据区内石油井的钻探资料，航磁、重力物探解译成果以及地热井钻探资料，各分区内寒武系—奥陶系顶板埋深如表 4-3 所示。假定埋深 3000m 内均有寒武系—奥陶系分布，地层厚度按 3000m 与该层顶板埋深之差计，当地层顶板埋深小于 1000m 时，以埋深 1000m 为地层厚度计算起始深度。碳酸盐岩岩溶裂隙作为地下水储水构造，由于岩溶作用的不均匀性，热储厚度与碳酸盐岩厚度的比值不仅在各层位有变化，在地区上也各不相同。据区域钻孔资料统计，碳酸盐岩热储层厚度占地层厚度之比，寒武系较低，占地层厚度的 20%～35%；奥陶系较高，占地层厚度的 25%～45%。本次计算取地层厚度的 30% 作为热储的平均厚度。

第四章 地热资源评价

表4-3 寒武系—奥陶系热储地热资源计算分区及计算参数一览表

地热田名称	计算分区	面积(km²)	奥陶底板埋深(m)	地层厚度(m)	热储有效厚度(m)	热储温度(℃)	热水密度(kg/m³)
I₁	1-1	33.76	1350	1650	495	95.55	961.43
	1-2	102.73	2300	700	210	113.60	949.45
	1-3	105.13	1750	1250	375	100.78	957.97
I₂	1-4	456.12	1200	1800	540	86.40	967.51
	1-5	328.31	1250	1750	525	89.40	965.52
I₃	1-6	72.15	2500	500	150	98.15	959.71
	1-7	16.93	2500	500	150	100.90	957.88
	1-8	83.10	2500	500	150	103.65	956.06
	1-9	139.72	2400	600	180	99.30	958.94
	1-10	56.98	2150	850	255	100.45	958.18
	1-11	140.58	2300	700	210	103.00	956.49
	1-12	97.35	2350	650	195	95.83	961.25
	1-13	54.00	2200	800	240	88.30	966.25
	1-14	39.36	2100	900	270	91.95	963.83
I₄	1-15	34.89	2300	700	210	103.00	956.49
	1-16	10.90	2700	300	90	109.80	951.97
II₁	2-1	164.11	1250	500	150	57.90	984.21
	2-2	12.91	2600	400	120	96.90	960.54
III₁	3-1	196.28	1450	500	150	63.90	981.01
IV	4-1	24.93	1500	1625	488	82.28	970.18
	4-2	195.59	2300	1375	413	102.53	956.80
	4-3	150.58	1750	1250	375	84.15	968.98
	4-4	56.00	1250	1750	525	76.65	973.36
	4-5	88.79	800	2000	600	66.90	979.36
	4-6	221.76	1750	1250	375	84.15	968.98
	4-7	214.35	1250	1750	525	76.65	973.36
	4-8	281.46	800	2000	600	66.90	979.36

(二)热储物理性质

1. 热储温度和基准温度

区内地热井的取水段大多位于馆陶组下部、东营组热储的砂砾岩中,在大流量抽水过程中,地热井的井口温度基本上能代表热储下部的温度。因此,以地热井的温度与其取水段中点埋深为参数计算的地温梯度能较真实地反应馆陶组及其以上地层的平均地温梯度。热储的平均温度采用该地温梯度反推,温度计算点的埋深取热储中点的埋深,地温梯度取分区内的平均地温梯度。

寒武系—奥陶系热储温度采用地温梯度公式进行推算,温度计算点的埋深取热储中点的埋深,地温梯度取区域平均地温梯度。

热储温度根据地温梯度推算。首先根据本次调查成果及收集的资料作区内热储盖层地温梯度图,然后计算出各计算分区地温梯度近似加权平均值。地温梯度计算中恒温带深度取 20m,基准温度统一取 12.9℃。温度计算点的埋深取热储中点的埋深,计算结果见表 4-1～表 4-3。

2. 热储压力

根据区域地热井现状水位埋深情况取得热储的压力分布情况。

3. 岩石和水的密度与比热

依据《地热资源地质勘查规范》(GB/T 11615—2010),查表并参考周边地区资料,综合确定岩石和水的密度与比热如表 4-1～表 4-3 所示。

(三)热储渗透性和储存流体能力的参数

1. 孔隙度的确定

区内已有资料表明,馆陶组、东营组处于正常的固结状态,热储中弱透水层、砂岩的孔隙度随深度的增加而减小,馆陶组砂岩的平均孔隙度约为 28%。东营组处于正常的固结状态,热储中弱透水层、砂岩的孔隙度随深度的增加而减小,其中砂岩的平均孔隙度约为 26%。

寒武系—奥陶系岩溶裂隙发育程度主要受岩石的可溶性、裂隙的发育程度及水的溶蚀力的控制,具有不均匀性,岩溶裂隙热储厚度与碳酸盐岩厚度的比值及热储层裂隙度不仅各层位有变化,在地区上也各不相同。李传谟、康凤新的《岩溶水资源及增源增采模型》表明,中奥陶统二、四段,中寒武统张夏组,下寒武统馒头组灰岩、云质灰岩 CaO/MgO 均大于 10,这些层位的灰岩、云质灰岩岩溶比较发育,而下奥陶统白云岩的 CaO/MgO 小于 2.2,岩溶发育程度不及中奥陶灰岩。据区域一些钻孔资料,寒武系热储裂(孔)隙度约为 5%,奥陶系热储平均裂(孔)隙度约为 5.7%,因此,本次计算中,寒武系—奥陶系热储平均裂隙度取 5.3%。

2. 渗透系数

区内已有地热井的取水段多位于馆陶组热储的下段,地热井在成井过程中均进行了稳定流抽水试验,并求取了热储的渗透系数。分析抽水试验所求取的渗透系数,地热井的成井质量对渗透系数的影响较大,成井质量好,抽水试验过程中产生的水跃值小,求取的渗透系数大;成井质量差,水跃值大,求取的渗透系数小(如德城区 DR1、DR2 井成井质量较好,所求取的渗透系数分别为 3.31m/d、2.81m/d,而其余各井所求的渗透系数一般小于 1.0m/d)。受抽水孔附近三维流的影响,由稳定流抽水试验求取的渗透系数整体偏小。区内非稳定流抽水试验成果表明,德城区内馆陶组热储的渗透系数约为 8.6m/d。

参考《禹城市城区东营组地热资源调查报告》,区内东营组热储渗透系数取 2.0m/d。

区内开发利用寒武系—奥陶系热储的地热井均采用了上部套管止水、下部裸孔开采的成井结构,抽水试验井损较小,由单孔稳定流抽水试验求取的渗透系数具有较好的代表性。据区内已有地热井单孔稳定流抽水试验成果,寒武系—奥陶系热储的平均渗透系数约为 2.63m/d。

3. 弹性释水系数

根据德州市不同地区非稳定流抽水试验求取的弹性释水系数为 $2.99×10^{-4}$～$4.7×10^{-4}$,反推的储水率为 $3.41×10^{-6}$～$4.13×10^{-6}$ m^{-1},本次计算中,馆陶组热储砂岩各计算分区的弹性释水系数采用平均储水率 $3.84×10^{-6}$ m^{-1} 求取。

参考《禹城市城区东营组地热资源调查报告》东营组热储砂岩的储水率(μ)取 $4.386×10^{-6}$ m^{-1};寒武系—奥陶系热储的储水率(弹性释水率)据区域资料约为 $2.14×10^{-6}$ m^{-1},因此,以此储水率为参数,计算各计算分区的弹性释水系数据此求取。

五、地热资源量计算

(一)热储中储存的热量

经计算,德州市主要开采热储为新近系馆陶组、古近系东营组和寒武系—奥陶系热储,其地热资源

总量为 3.96×10^{20} J,折合标准煤 135.12 亿 t。其中馆陶组热储的地热资源量为 1.139×10^{20} J,折合标准煤 38.86 亿 t;东营组热储的地热资源总量为 4.29×10^{19} J,折合标准煤 14.62 亿 t;寒武系—奥陶系热储的地热资源总量为 2.39×10^{20} J,折合标准煤 81.63 亿 t;各地热田(区)不同热储储存的热量计算成果详见表 4-4~表 4-6。

表 4-4 馆陶组热储地热流体储量及储存的热量计算结果一览表

地热田名称	计算分区	热储中地热流体储存量(10^8 m³)	地热流体中储存的热量(10^{16} J)	岩石中储存的热量(10^{16} J)	热储中储存的热量(10^{16} J)	折合标准煤(10^6 t)
I₁	1-1	6.26	10.09	14.17	24.26	8.28
	1-2	41.83	77.94	109.56	187.50	63.98
	1-3	11.43	22.15	31.15	53.30	18.19
	1-4	8.60	17.40	24.48	41.88	14.29
	1-5	7.84	14.99	21.08	36.07	12.31
小计		75.96	142.57	200.44	343.01	117.05
I₂	1-6	44.52	79.53	111.69	191.22	65.25
	1-7	50.09	82.69	116.02	198.72	67.80
	1-8	1.72	2.39	3.35	5.74	1.96
	1-9	30.26	47.05	66.03	113.07	38.58
	1-10	43.19	74.13	104.01	178.14	60.78
	1-11	5.33	7.89	11.07	18.96	6.47
	1-12	3.24	5.52	7.74	13.26	4.52
	1-13	0.62	1.08	1.52	2.59	0.89
小计		178.97	300.28	421.43	721.71	246.25
I₃	1-14	9.38	16.18	22.71	38.89	13.27
	1-15	113.52	199.08	279.48	478.56	163.29
	1-16	2.74	4.60	6.46	11.06	3.77
	1-17	3.20	5.49	7.72	13.21	4.51
	1-18	57.96	121.56	170.97	292.52	99.81
小计		186.80	346.91	487.34	834.24	284.65
I₄	1-19	1.93	3.22	4.52	7.74	2.64
	1-20	10.09	17.05	23.91	40.96	13.97
	1-21	177.06	270.48	379.21	649.68	221.68
	1-22	6.83	13.57	19.06	32.63	11.13
	1-23	16.01	19.88	27.85	47.73	16.29
	1-24	19.08	26.87	37.64	64.51	22.01
	1-25	1.68	2.14	2.99	5.13	1.75
	1-26	2.11	2.97	4.16	7.13	2.43
小计		234.79	356.18	499.34	855.51	291.90
II₁	2-1	31.67	53.47	75.05	128.52	43.85
	2-2	10.16	17.37	24.38	41.75	14.25
小计		41.83	70.84	99.43	170.27	58.10

续表 4-4

地热田名称	计算分区	热储中地热流体储存量($10^8 m^3$)	地热流体中储存的热量(10^{16} J)	岩石中储存的热量(10^{16} J)	热储中储存的热量(10^{16} J)	折合标准煤(10^6 t)
II₂	2-3	8.60	15.33	21.50	36.83	12.57
	2-4	3.29	6.30	8.85	15.15	5.17
	2-5	76.90	140.65	197.38	338.03	115.34
	2-6	5.13	8.75	12.28	21.03	7.18
	2-7	0.22	0.36	0.51	0.87	0.30
	2-8	32.26	57.69	80.91	138.60	47.29
	2-9	42.80	74.06	103.89	177.94	60.72
	2-10	79.48	152.88	214.80	367.68	125.46
	2-11	63.90	116.64	163.78	280.42	95.68
	2-12	18.85	29.60	41.52	71.12	24.27
	2-13	60.75	110.59	155.07	265.67	90.65
小计		392.18	712.85	1 000.49	1 713.34	584.63
II₃	2-14	56.45	105.08	147.62	252.70	86.22
	2-15	58.72	100.12	140.47	240.58	82.09
	2-16	32.87	53.28	74.73	128.01	43.68
	2-17	179.86	327.44	459.13	786.56	268.38
	2-18	11.33	20.88	29.31	50.20	17.13
	2-19	3.17	5.67	7.95	13.62	4.65
	2-20	12.75	23.21	32.52	55.73	19.02
	2-21	96.59	189.86	266.54	456.40	155.73
	2-22	4.29	7.88	11.07	18.96	6.47
	2-23	63.39	127.72	179.24	306.96	104.74
小计		519.42	961.14	1 348.58	2 309.72	788.11
III₁	3-1	5.43	9.28	13.00	22.28	7.60
	3-2	39.83	63.27	88.70	151.97	51.85
	3-3	252.53	448.58	629.07	1 077.64	367.70
	3-4	4.83	7.76	10.86	18.62	6.35
	3-5	51.50	85.76	120.10	205.86	70.24
	3-6	3.06	5.00	6.99	11.99	4.09
	3-7	12.14	21.13	29.66	50.80	17.33
	3-8	72.04	115.17	161.71	276.88	94.47
	3-9	52.27	83.56	117.17	200.73	68.49
	3-10	15.77	30.79	43.24	74.03	25.26
	3-11	7.84	13.91	19.52	33.44	11.41
	3-12	47.61	70.23	98.48	168.71	57.57
小计		564.85	954.44	1 338.50	2 292.95	782.36

续表 4-4

地热田名称	计算分区	热储中地热流体储存量($10^8 m^3$)	地热流体中储存的热量(10^{16}J)	岩石中储存的热量(10^{16}J)	热储中储存的热量(10^{16}J)	折合标准煤(10^6t)
Ⅲ₂	3-13	1.66	3.00	4.21	7.21	2.46
	3-14	42.68	71.55	100.35	171.90	58.65
	3-15	10.64	17.16	24.02	41.18	14.05
	3-16	9.58	16.34	22.86	39.20	13.37
	3-17	4.98	8.03	11.24	19.27	6.58
	3-18	1.76	2.89	4.04	6.93	2.37
	3-19	223.46	381.25	533.83	915.08	312.23
	3-20	83.03	159.52	223.36	382.88	130.64
	3-21	4.26	6.93	9.71	16.64	5.68
	3-22	1.72	2.92	4.09	7.01	2.39
	3-23	36.09	50.06	70.08	120.15	40.99
	3-24	19.07	29.46	41.23	70.69	24.12
	3-25	5.23	6.63	9.27	15.90	5.42
小计		444.16	755.74	1 058.29	1 814.04	618.95
Ⅵ	4-1	58.47	77.95	109.06	187.01	63.81
	4-2	58.26	61.87	86.63	148.50	50.67
小计		116.73	139.82	195.69	335.51	114.48
总计		2 755.69	4 740.77	6 649.53	11 390.29	3 886.48

注：由于四舍五入，计算结果存在较小误差。

表 4-5 东营组热储地热流体储量及储存的热量计算结果一览表

地热田名称	计算分区	热储中地热流体储存量($10^8 m^3$)	地热流体中储存的热量(10^{16}J)	岩石中储存的热量(10^{16}J)	热储中储存的热量(10^{16}J)	折合标准煤(10^6t)
Ⅱ₂	2-1	5.82	12.03	18.60	30.63	10.45
	2-2	2.67	5.98	9.27	15.25	5.20
	2-3	3.23	8.07	12.59	20.66	7.05
	2-4	25.22	58.11	90.28	148.39	50.63
	2-5	4.47	10.30	16.05	26.35	8.99
	2-6	5.43	12.86	20.08	32.93	11.24
	2-7	6.77	16.74	26.22	42.96	14.66
	2-8	61.38	157.33	247.12	404.45	138.00
小计		114.99	281.42	440.21	721.62	246.22

续表 4-5

地热田名称	计算分区	热储中地热流体储存量($10^8 m^3$)	地热流体中储存的热量(10^{16} J)	岩石中储存的热量(10^{16} J)	热储中储存的热量(10^{16} J)	折合标准煤(10^6 t)
Ⅱ₃	2-9	4.28	9.58	14.89	24.47	8.35
	2-10	36.26	83.55	129.48	213.03	72.69
	2-11	7.92	19.28	29.98	49.26	16.81
	2-12	18.38	40.43	62.55	102.98	35.14
小计		66.84	152.84	236.90	389.74	132.99
Ⅲ₁	3-1	4.46	8.92	13.80	22.73	7.75
	3-2	1.95	3.86	5.97	9.83	3.35
	3-3	2.02	4.11	6.39	10.50	3.58
	3-4	17.81	38.71	60.42	99.13	33.82
	3-5	8.39	18.23	28.46	46.69	15.93
	3-6	48.75	105.94	165.78	271.72	92.71
	3-7	71.87	160.88	252.42	413.30	141.02
小计		155.25	340.65	533.24	873.90	298.16
Ⅲ₂	3-8	1.38	3.08	4.77	7.85	2.68
	3-9	4.83	11.13	17.30	28.43	9.70
	3-10	2.46	5.84	9.10	14.94	5.10
	3-11	4.48	10.91	17.05	27.97	9.54
	3-12	38.10	95.18	149.11	244.30	83.36
	3-13	35.86	96.57	151.70	248.26	84.71
	3-14	74.09	204.29	321.76	526.05	179.49
	3-15	15.49	44.69	70.60	115.30	39.34
	3-16	25.05	62.58	98.03	160.61	54.80
	3-17	1.51	3.59	5.57	9.16	3.12
	3-18	3.60	6.88	10.69	17.57	5.99
	3-19	59.01	135.97	212.29	348.27	118.83
	3-20	8.13	18.19	28.47	46.67	15.92
	3-21	79.32	172.36	268.38	440.75	150.39
	3-22	7.09	14.94	23.21	38.15	13.02
	3-23	1.08	2.12	3.29	5.42	1.85
	3-24	0.11	0.22	0.35	0.57	0.20
	3-25	0.85	1.69	2.61	4.30	1.47
	3-26	1.51	2.93	4.53	7.46	2.55
	3-27	1.81	3.51	5.43	8.95	3.05
小计		365.76	896.67	1 404.24	2 300.98	785.11
总计		702.84	1 671.58	2 614.59	4 286.24	1 462.48

注:由于四舍五入,计算结果存在较小误差。

表 4-6 寒武系—奥陶系热储地热流体储量及储存的热量计算结果一览表

地热田名称	计算分区	热储中地热流体储存量($10^8 m^3$)	地热流体中储存的热量(10^{16}J)	岩石中储存的热量(10^{16}J)	热储中储存的热量(10^{16}J)	折合标准煤(10^6t)
I_1	1-1	9.32	31.01	325.29	356.30	121.57
	1-2	12.47	49.93	511.64	561.57	191.61
	1-3	22.33	78.70	815.91	894.61	305.25
小计		**44.12**	**159.64**	**1 652.84**	**1 812.48**	**618.43**
I_2	1-4	136.60	406.71	4 263.64	4 670.35	1 593.56
	1-5	95.78	296.19	3 105.46	3 401.65	1 160.67
小计		**232.38**	**702.90**	**7 369.10**	**8 072.00**	**2 754.23**
I_3	1-6	6.30	21.59	217.29	238.88	81.51
	1-7	1.48	5.22	52.63	57.85	19.74
	1-8	7.26	26.37	266.42	292.79	99.90
	1-9	14.59	50.63	511.76	562.38	191.89
	1-10	8.35	29.34	299.60	328.94	112.24
	1-11	17.07	61.58	626.45	688.04	234.76
	1-12	11.00	36.70	370.75	407.44	139.02
	1-13	7.47	22.77	230.14	252.91	86.30
	1-14	6.10	19.45	197.85	217.31	74.15
小计		**79.62**	**273.65**	**2 772.89**	**3 046.54**	**1 039.51**
I_4	1-15	4.24	15.28	155.48	170.76	58.27
	1-16	0.58	2.22	22.39	24.61	8.40
小计		**4.82**	**17.50**	**177.87**	**195.37**	**66.67**
II_1	2-1	13.68	25.36	260.89	286.26	97.67
	2-2	0.91	3.06	30.65	33.71	11.50
小计		**14.59**	**28.42**	**291.54**	**319.97**	**109.17**
III_1	3-1	16.49	34.53	353.64	388.17	132.45
小计		**16.49**	**34.53**	**353.64**	**388.17**	**132.45**
IV	4-1	6.82	19.21	198.57	217.79	74.31
	4-2	46.65	167.47	1 703.02	1 870.50	638.23
	4-3	31.98	92.45	947.55	1 040.00	354.86
	4-4	16.34	42.44	441.42	483.86	165.10
	4-5	29.09	64.41	677.53	741.94	253.16
	4-6	47.10	136.15	1 395.47	1 531.61	522.60
	4-7	62.53	162.46	1 689.60	1 852.06	631.94
	4-8	92.21	204.18	2 147.74	2 351.92	802.50
小计		**332.72**	**888.77**	**9 200.90**	**10 089.68**	**3 442.70**
总计		**724.74**	**2 105.41**	**21 818.78**	**23 924.21**	**8 163.16**

注：由于四舍五入，计算结果存在较小误差。

(二)热储中地热流体储存量

计算结果表明,德州市主要开采热储为新近系馆陶组、古近系东营组和寒武系—奥陶系热储中地热流体储存量为4 183.27亿m³。其中馆陶组热储中地热流体储存量为2 755.69亿m³;东营组热储中地热流体储量为702.84亿m³;寒武系—奥陶系热储中地热流体储量724.74亿m³;各地热田(区)不同热储中地热流体储量计算成果详见表4-4～表4-6。

(三)自然条件下地热流体可采量及可采热资源量

1. 开采系数法

计算结果表明,德州市主要开采热储为新近系馆陶组、古近系东营组和寒武系—奥陶系热储中地热流体100年内可采量为167.56×10⁸m³,可采地热流体热资源量为2.806×10¹⁸J。其中馆陶组热储中地热流体可采量为110.23×10⁸m³,可采地热流体热资源量为1.422×10¹⁸J;东营组热储中地热流体可采量为21.09×10⁸m³,可采地热流体热资源量为3.34×10¹⁷J;寒武系—奥陶系热储中地热流体可采量为36.24×10⁸m³,可采地热流体热资源量为1.05×10¹⁸J。详见表4-7～表4-9。

表4-7　100年内馆陶组热储地热流体可采量及可采热量计算结果一览表

地热田名称	计算分区	地热流体可采量 (10^7 m³)	可采地热流体热资源量(10^{15} J)	地热田名称	计算分区	地热流体可采量 (10^7 m³)	可采地热流体热资源量(10^{15} J)
I₁	1-1	2.50	3.03		1-19	0.77	0.97
I₁	1-2	16.73	23.38		1-20	4.04	5.11
I₁	1-3	4.57	6.65	I₄	1-21	70.82	81.14
I₁	1-4	3.44	5.22		1-22	2.73	4.07
I₁	1-5	3.14	4.50		1-23	6.41	5.96
I₁	小计	**30.38**	**42.78**		1-24	7.63	8.06
I₂	1-6	17.81	23.86		1-25	0.67	0.64
I₂	1-7	20.04	24.81		1-26	0.84	0.89
I₂	1-8	0.69	0.72		小计	**93.91**	**106.84**
I₂	1-9	12.10	14.11	II₁	2-1	12.67	16.04
I₂	1-10	17.28	22.24	II₁	2-2	4.07	5.21
I₂	1-11	2.13	2.37		小计	**16.74**	**21.25**
I₂	1-12	1.29	1.66		2-3	3.44	4.60
I₂	1-13	0.25	0.32		2-4	1.31	1.89
I₂	小计	**71.59**	**90.09**		2-5	30.76	42.20
I₃	1-14	3.75	4.85		2-6	2.05	2.63
I₃	1-15	45.41	59.72	II₂	2-7	0.09	0.11
I₃	1-16	1.09	1.38		2-8	12.90	17.31
I₃	1-17	1.28	1.65		2-9	17.12	22.22
I₃	1-18	23.19	36.47		2-10	31.79	45.87
I₃	小计	**74.72**	**104.07**		2-11	25.56	34.99

续表 4-7

地热田名称	计算分区	地热流体可采量 ($10^7 m^3$)	可采地热流体热资源量 (10^{15} J)	地热田名称	计算分区	地热流体可采量 ($10^7 m^3$)	可采地热流体热资源量 (10^{15} J)
Ⅱ₂	2-12	7.54	8.88		3-10	6.31	9.24
	2-13	24.30	33.18	Ⅲ₁	3-11	3.13	4.17
小计		156.88	213.88		3-12	19.04	21.07
Ⅱ₃	2-14	22.58	31.52	小计		225.93	286.33
	2-15	23.49	30.03		3-13	0.66	0.90
	2-16	13.15	15.98		3-14	17.07	21.46
	2-17	71.95	98.23		3-15	4.25	5.15
	2-18	4.53	6.27		3-16	3.83	4.90
	2-19	1.27	1.70		3-17	1.99	2.41
	2-20	5.10	6.96		3-18	0.70	0.87
	2-21	38.64	56.96	Ⅲ₂	3-19	89.38	114.38
	2-22	1.72	2.37		3-20	33.21	47.86
	2-23	25.35	38.32		3-21	1.70	2.08
小计		207.78	288.34		3-22	0.69	0.88
Ⅲ₁	3-1	2.17	2.78		3-23	14.44	15.02
	3-2	15.93	18.98		3-24	7.63	8.84
	3-3	101.01	134.57		3-25	2.09	1.99
	3-4	1.93	2.33	小计		177.64	226.74
	3-5	20.60	25.73	Ⅵ	4-1	23.39	23.39
	3-6	1.22	1.50		4-2	23.30	18.56
	3-7	4.86	6.34	小计		46.69	41.95
	3-8	28.82	34.55	总计		1 102.26	1 422.24
	3-9	20.91	25.07				

注:由于四舍五入,计算结果存在较小误差。

表 4-8　100 年内东营组热储地热流体可采量及可采热量计算结果一览表

地热田名称	计算分区	地热流体可采量 ($10^7 m^3$)	可采地热流体热资源量 (10^{15} J)	地热田名称	计算分区	地热流体可采量 ($10^7 m^3$)	可采地热流体热资源量 (10^{15} J)
Ⅱ₂	2-1	1.74	2.41		2-9	1.28	1.92
	2-2	0.80	1.20	Ⅱ₃	2-10	10.88	16.71
	2-3	0.97	1.61		2-11	2.38	3.86
	2-4	7.57	11.62		2-12	5.51	8.09
	2-5	1.34	2.06	小计		20.05	30.58
	2-6	1.63	2.57		3-1	1.34	1.78
	2-7	2.03	3.35	Ⅲ₁	3-2	0.59	0.77
	2-8	18.41	31.47		3-3	0.60	0.82
小计		34.49	56.29		3-4	5.34	7.74

续表 4-8

地热田名称	计算分区	地热流体可采量 ($10^7 m^3$)	可采地热流体热资源量 (10^{15} J)	地热田名称	计算分区	地热流体可采量 ($10^7 m^3$)	可采地热流体热资源量 (10^{15} J)
Ⅲ₁	3-5	2.52	3.65	Ⅲ₂	3-17	0.45	0.72
	3-6	14.63	21.19		3-18	1.08	1.38
	3-7	21.56	32.18		3-19	17.70	27.19
小计		**46.58**	**68.13**		3-20	2.44	3.64
Ⅲ₂	3-8	0.41	0.62		3-21	23.80	34.47
	3-9	1.45	2.23		3-22	2.13	2.99
	3-10	0.74	1.17		3-23	0.32	0.42
	3-11	1.35	2.18		3-24	0.03	0.04
	3-12	11.43	19.04		3-25	0.26	0.34
	3-13	10.76	19.31		3-26	0.45	0.59
	3-14	22.23	40.86		3-27	0.54	0.70
	3-15	4.65	8.94	小计		**109.73**	**179.35**
	3-16	7.51	12.52	总计		**210.85**	**334.35**

注：由于四舍五入，计算结果存在较小误差。

表 4-9　100 年内寒武系—奥陶系热储地热流体储量及储存的热量计算结果一览表

地热田名称	计算分区	地热流体可采量 ($10^7 m^3$)	可采地热流体热资源量 (10^{15} J)	地热田名称	计算分区	地热流体可采量 ($10^7 m^3$)	可采地热流体热资源量 (10^{15} J)
Ⅰ₁	1-1	4.66	15.51	Ⅰ₄	1-15	2.12	7.64
	1-2	6.24	24.96		1-16	0.29	1.11
	1-3	11.16	39.35	小计		**2.41**	**8.75**
小计		**22.06**	**79.82**	Ⅱ₁	2-1	6.84	12.68
Ⅰ₂	1-4	68.30	203.36		2-2	0.45	1.53
	1-5	47.89	148.10	小计		**7.29**	**14.21**
小计		**116.19**	**351.46**	Ⅲ₁	3-1	8.24	17.27
Ⅰ₃	1-6	3.15	10.80	小计		**8.24**	**17.27**
	1-7	0.74	2.61	Ⅳ	4-1	3.41	9.61
	1-8	3.63	13.19		4-2	23.32	83.74
	1-9	7.30	25.31		4-3	15.99	46.22
	1-10	4.18	14.67		4-4	8.17	21.22
	1-11	8.53	30.79		4-5	14.55	32.21
	1-12	5.50	18.35		4-6	23.55	68.07
	1-13	3.73	11.39		4-7	31.27	81.23
	1-14	3.05	9.73		4-8	46.11	102.09
小计		**39.81**	**136.84**	小计		**166.37**	**444.39**
				总计		**362.36**	**1 052.72**

注：由于四舍五入，计算结果存在较小误差。

2. 解析法(最大允许降深法)

根据《地热资源评价方法及估算规程》(DZ/T 0031—2020)计算出区中心水位降深与单井开采附加水位降深之和不大于100m,把水位埋深不大于150m作为约束条件,区内馆陶组当前静水位平均为80m,即区域水位降深与单井开采水位降深之和不大于70m;东营组当前静水位埋深平均为60m,即区域水位降深与单井开采水位降深之和不大于90m;寒武系—奥陶系热储当前静水位埋深平均为55m,热储区域水位降深与单井开采水位降深的取值不大于95m。

井距取值2km,单井控制半径为300m,在规定100年开采期限内求得可开采量。地热流体可开采量为$7.03×10^{10}m^3$,其中馆陶组热储地热流体可开采量为$3.58×10^{10}m^3$,东营组热储地热流体可开采量为$4.09×10^9m^3$,寒武系—奥陶系热储地热流体可开采量为$3.04×10^{10}m^3$(表4-10~表4-12)。

表4-10 馆陶组解析法地热流体可开采量计算统计表

地热田名称	面积(km²)	平均井数	城区中心水位降深 S_1(m)	单井附加水位降深 S_2(m)	地热流体可开采量($10^6 m^3/a$)
I_1	246.17	61	68.12	2.15	34.92
I_2	769.5	192	69.3	0.80	35.18
I_3	724.9	181	69.26	0.84	35.37
I_4	967.18	241	69.43	0.66	35.94
II_1	164.107	41	67.35	3.02	27.50
II_2	1 124.478	281	69.5	0.58	42.68
II_3	1 513.43	378	69.61	0.45	45.85
III_1	1 708.57	427	69.65	0.40	43.99
III_2	1 415.46	353	69.58	0.47	40.09
VI	996.61	249	69.44	0.64	16.05
总计					357.57

注:由于四舍五入,计算结果存在较小误差。

表4-11 东营组解析法地热流体可开采量计算统计表

地热田名称	面积(km²)	平均井数	城区中心水位降深 S_1(m)	单井附加水位降深 S_2(m)	地热流体可开采量($10^6 m^3/a$)
II_2	509.68	127	88.4	1.59	10.73
II_3	774.62	193	88.85	1.13	6.01
III_1	518.59	129	88.43	1.57	11.21
III_2	1 267.97	316	89.25	0.75	12.94
总计					40.89

注:由于四舍五入,计算结果存在较小误差。

表4-12 寒武系—奥陶系热储解析法地热流体可开采量计算统计表

地热田名称	面积(km²)	平均井数	城区中心水位降深 S_1(m)	单井附加水位降深 S_2(m)	地热流体可开采量($10^6 m^3/a$)
I_1	241.62	60	92.04	2.96	48.87
I_2	784.43	196	93.92	1.08	86.17

续表 4-12

地热田名称	面积(km²)	平均井数	城区中心水位降深 S_1(m)	单井附加水位降深 S_2(m)	地热流体可开采量(10^6m³/a)
I₃	700.17	175	93.81	1.19	31.81
I₄	45.79	11	82.91	12.08	15.24
II₁	177.02	44	91.15	3.85	17.48
III₁	196.28	49	91.48	3.51	19.74
VI	1 233.46	308	94.25	0.74	84.64
总计					303.97

注：由于四舍五入，计算结果存在较小误差。

3. 开采强度法

将各地热田按等面积可概化为长 L、宽 b 的长方形。根据公式可计算出 100 年内地热水水位降深 150m 时的地热水资源可采量为 $5.94×10^{10}$ m³，其中馆陶组热储地热流体可开采量为 $2.83×10^{10}$ m³，东营组热储地热流体可开采量为 $4.6×10^9$ m³，寒武系—奥陶系热储地热流体可开采量为 $2.65×10^{10}$ m³（表 4-13～表 4-15）。

表 4-13 馆陶组开采强度法地热流体可开采量计算统计表

地热田名称	面积(km²)	热储层加权厚度(m)	开采强度(10^{-4}m³/d·m²)	年均地热可开采量(10^4m³/d)	100年的开采量(10^8m³)
I₁	246.17	108.72	2.045 0	5.03	18.37
I₂	769.5	82.01	0.870 1	6.70	24.44
I₃	724.9	90.74	0.887 7	6.43	23.49
I₄	967.18	85.67	0.766 6	7.41	27.06
II₁	164.107	89.89	1.704 1	2.80	10.21
II₂	1 124.478	122.77	0.995 6	11.20	40.86
II₃	1 513.43	120.73	0.711 4	10.77	39.30
III₁	1 708.57	116.47	0.712 0	12.17	44.40
III₂	1 415.46	110.36	0.808 7	11.45	41.78
VI	996.61	41.40	0.365 0	3.64	13.28
总计				77.59	283.19

注：由于四舍五入，计算结果存在较小误差。

表 4-14 东营组开采强度法地热流体可开采量计算统计表

地热田名称	面积(km²)	热储层加权厚度(m)	开采强度(10^{-4}m³/d·m²)	年均地热可开采量(10^4m³/d)	100年的开采量(10^8m³)
II₂	509.68	85.31	0.570 5	2.91	10.61
II₃	774.62	32.43	0.178 2	1.38	5.04
III₁	518.59	113.77	0.772 9	4.01	14.63
III₂	1 267.97	109.19	0.339 8	4.31	15.73
总计				12.61	46.01

注：由于四舍五入，计算结果存在较小误差。

第四章 地热资源评价

表4-15 寒武系—奥陶系热储开采强度地热流体可开采量计算统计表

地热田名称	面积(km^2)	热储层加权厚度(m)	开采强度($10^{-4} m^3/d \cdot m^2$)	年均地热可开采量($10^4 m^3/d$)	100年的开采量($10^8 m^3$)
I_1	241.62	321.61	2.426 1	5.86	21.40
I_2	784.43	533.72	3.091 1	24.25	88.50
I_3	700.17	196.52	1.037 7	7.27	26.52
I_4	45.79	181.43	2.145 0	0.98	3.59
II_1	177.02	147.81	1.930 5	3.42	12.47
III_1	196.28	150.00	1.204 7	2.36	8.63
VI	1 233.46	483.64	2.300 4	28.37	103.57
总计				72.51	264.68

注:由于四舍五入,计算结果存在较小误差。

(四)回灌条件下地热流体可采量及可采热资源量

1. 热突破法

采用热突破法计算得出区内回灌条件下100年地热流体可开采量为1 816.79×$10^8 m^3$,可采热量为3.42×10^{19} J,其中馆陶组地热流体可采量为721.37×$10^8 m^3$,可采热量为8.81×10^{18} J;东营组地热流体可采量为196.22×$10^8 m^3$,可采热量为3.7×10^{18} J;寒武系—奥陶系地热流体可采量为899.20×$10^8 m^3$,可采热量为2.17×10^{19} J。结果详见表4-16~表4-18。

表4-16 馆陶组热储热突破法计算回灌条件下地热流体可采资源量一览表

地热田名称	计算分区	面积(km^2)	地层厚度(m)	热储有效厚度(m)	$\rho_e C_e$	f	回灌条件下允许开采量($10^4 m^3/d$)	100年允许开采量($10^8 m^3$)	可采热量(10^{15} J)
I_1	1-1	25.6	250	86.25	2 800.82	1.475 6	1.37	1.64	18.25
	1-2	142.42	300	103.5	2 797.28	1.472 9	9.14	10.97	149.66
	1-3	33.35	350	120.75	2 796.19	1.472 1	2.50	3.00	43.14
	1-4	21.93	400	138	2 794.81	1.471 1	1.88	2.25	34.40
	1-5	22.87	350	120.75	2 796.56	1.472 4	1.71	2.06	29.06
小计							16.60	19.92	274.51
I_2	1-6	181.91	250	86.25	2 798.40	1.473 8	9.72	11.67	150.18
	1-7	256.02	200	69	2 800.31	1.475 2	10.94	13.12	151.03
	1-8	11.76	150	51.75	2 803.75	1.477 8	0.38	0.45	4.00
	1-9	103.24	300	103.5	2 801.61	1.476 2	6.61	7.93	83.64
	1-10	176.46	250	86.25	2 799.41	1.474 5	9.43	11.31	137.65
	1-11	27.28	200	69	2 802.57	1.476 9	1.16	1.40	13.68
	1-12	11.02	300	103.5	2 799.56	1.474 7	0.71	0.85	10.22
	1-13	1.81	350	120.75	2 799.08	1.474 3	0.14	0.16	2.02
小计							39.08	46.89	552.42

续表 4-16

地热田名称	计算分区	面积(km^2)	地层厚度(m)	热储有效厚度(m)	$\rho_e C_e$	f	回灌条件下允许开采量($10^4 m^3/d$)	100年允许开采量($10^8 m^3$)	可采热量(10^{15} J)
I₃	1-14	47.89	200	69	2 799.28	1.474 4	2.05	2.46	30.12
	1-15	463.83	250	86.25	2 798.88	1.474 1	24.78	29.74	373.08
	1-16	7	400	138	2 799.91	1.474 9	0.60	0.72	8.47
	1-17	9.35	350	120.75	2 799.41	1.474 5	0.70	0.84	10.21
	1-18	196.83	300	103.5	2 793.61	1.470 2	12.65	15.19	242.99
小计							40.78	48.95	664.87
I₄	1-19	7.9	250	86.25	2 800.10	1.475 1	0.42	0.51	5.90
	1-20	51.54	200	69	2 799.78	1.474 8	2.20	2.64	31.43
	1-21	724.43	250	86.25	2 801.98	1.476 5	38.65	46.38	476.30
	1-22	23.21	300	103.5	2 795.41	1.471 5	1.49	1.79	26.62
	1-23	82.07	200	69	2 805.50	1.479 1	3.50	4.20	31.03
	1-24	65.1	300	103.5	2 803.49	1.477 6	4.16	5.00	45.31
	1-25	5.73	300	103.5	2 805.13	1.478 8	0.37	0.44	3.39
	1-26	7.2	300	103.5	2 803.49	1.477 6	0.46	0.55	5.01
小计							51.25	61.51	624.99
II₁	2-1	129.487	250	86.25	2 799.79	1.474 8	6.92	8.30	98.64
	2-2	34.62	300	103.5	2 799.51	1.474 6	2.22	2.66	32.21
小计							9.13	10.96	130.85
II₂	2-3	29.23	300	103.5	2 798.45	1.473 8	1.87	2.25	28.88
	2-4	11.17	300	103.5	2 796.49	1.472 3	0.72	0.86	12.21
	2-5	224.14	350	120.75	2 797.78	1.473 3	16.78	20.13	267.78
	2-6	17.48	300	103.5	2 799.56	1.474 7	1.12	1.34	16.21
	2-7	0.888	250	86.25	2 800.05	1.475 0	0.05	0.06	0.67
	2-8	73.13	450	155.25	2 798.38	1.473 8	7.04	8.44	108.84
	2-9	87.41	500	172.5	2 799.22	1.474 4	9.34	11.21	137.93
	2-10	231.66	350	120.75	2 796.39	1.472 3	17.35	20.82	296.77
	2-11	217.43	300	103.5	2 797.83	1.473 4	13.95	16.74	222.04
	2-12	77.12	250	86.25	2 801.40	1.476 0	4.12	4.94	52.85
	2-13	154.82	400	138	2 797.90	1.473 4	13.24	15.89	210.02
小计							85.57	102.68	1 354.20

续表 4-16

地热田名称	计算分区	面积(km²)	地层厚度(m)	热储有效厚度(m)	$\rho_c C_c$	f	回灌条件下允许开采量(10⁴m³/d)	100年允许开采量(10⁸m³)	可采热量(10¹⁵J)
II₃	2-14	164.63	350	120.75	2 797.30	1.473 0	12.33	14.79	201.59
	2-15	199.93	300	103.5	2 799.56	1.474 7	12.81	15.38	185.38
	2-16	134.38	250	86.25	2 800.71	1.475 5	7.17	8.61	96.50
	2-17	458.38	400	138	2 797.90	1.473 4	39.21	47.05	621.82
	2-18	25.69	450	155.25	2 797.58	1.473 2	2.47	2.97	39.88
	2-19	12.93	250	86.25	2 798.38	1.473 8	0.69	0.83	10.69
	2-20	43.29	300	103.5	2 797.90	1.473 4	2 78	3.33	44.04
	2-21	281.14	350	120.75	2 795.73	1.471 8	21 06	25.28	371.00
	2-22	8.77	500	172.5	2 797.68	1.473 2	0.94	1.13	15.05
	2-23	184.29	350	120.75	2 794.94	1.471 2	13.81	16.58	251.54
小计							**113.28**	**135.95**	**1 837.49**
III₁	3-1	22.14	250	86.25	2 799.50	1.474 6	1.18	1.42	17.17
	3-2	135.72	300	103.5	2 801.16	1.475 8	8.69	10.43	113.49
	3-3	736.01	350	120.75	2 798.55	1.473 9	55.07	66.08	844.00
	3-4	19.69	250	86.25	2 800.89	1.475 6	1.05	1.26	13.97
	3-5	175.1	300	103.5	2 800.11	1.475 1	11.22	13.46	156.94
	3-6	12.48	250	86.25	2 800.54	1.475 4	0.67	0.80	9.06
	3-7	35.44	350	120.75	2 799.08	1.474 3	2.65	3.18	39.48
	3-8	163.86	450	155.25	2 801.02	1.475 7	15.74	18.89	207.52
	3-9	213.71	250	86.25	2 801.02	1.475 7	11.41	13.69	150.36
	3-10	45.94	350	120.75	2 795.96	1.471 9	3.44	4.13	60.04
	3-11	26.66	300	103.5	2 798.56	1.473 9	1.71	2.05	26.19
	3-12	121.82	400	138	2 802.64	1.477 0	10.39	12.47	121.55
小计							**123.23**	**147.86**	**1 759.77**
III₂	3-13	4.83	350	120.75	2 798.04	1.473 5	0.36	0.43	5.69
	3-14	109	400	138	2 799.96	1.474 9	9.31	11.18	131.50
	3-15	36.17	300	103.5	2 800.81	1.475 6	2.32	2.78	30.96
	3-16	39.02	250	86.25	2 799.55	1.474 6	2.08	2.50	30.18
	3-17	25.38	200	69	2 800.81	1.475 6	1.08	1.30	14.48
	3-18	11.94	150	51.75	2 800.39	1.475 3	0.38	0.46	5.25
	3-19	650.84	350	120.75	2 799.55	1.474 6	48.67	58.40	704.71
	3-20	281.37	300	103.5	2 796.42	1.472 3	18.06	21.68	308.48
	3-21	14.5	300	103.5	2 800.64	1.475 5	0.93	1.11	12.56
	3-22	5.83	300	103.5	2 799.60	1.474 7	0.37	0.45	5.39
	3-23	123.05	300	103.5	2 803.75	1.477 8	7.87	9.44	83.66
	3-24	77.86	250	86.25	2 801.75	1.476 3	4.15	4.99	52.07
	3-25	35.67	150	51.75	2 805.20	1.478 9	1.14	1.37	10.48

续表 4-16

地热田名称	计算分区	面积(km²)	地层厚度(m)	热储有效厚度(m)	$\rho_e C_e$	f	回灌条件下允许开采量(10⁴m³/d)	100年允许开采量(10⁸m³)	可采热量(10¹⁵J)
	小计						96.74	116.09	1 395.41
Ⅵ	4-1	398.68	150	51.75	2 804.44	1.478 3	12.75	15.29	127.20
	4-2	597.93	100	34.5	2 807.50	1.480 6	12.72	15.27	85.36
小计							25.47	30.56	212.56
总计							601.12	721.37	8 807.07

注：由于四舍五入，计算结果存在较小误差。

表 4-17 东营组热储热突破法计算回灌条件下地热流体可采资源量一览表

地热田名称	计算分区	面积(km²)	地层厚度(m)	热储有效厚度(m)	$\rho_e C_e$	f	回灌条件下允许开采量(10⁴m³/d)	100年允许开采量(10⁸m³)	可采热量(10¹⁵J)
Ⅱ₂	2-1	90	21.6	101.3	2 757.57	1.490 0	1.34	1.61	25.28
	2-2	150	36	27.9	2 755.00	1.487 8	0.62	0.74	12.89
	2-3	350	84	14.49	2 750.42	1.483 9	0.75	0.90	18.02
	2-4	250	60	158.3	2 754.02	1.487 0	5.83	7.00	126.60
	2-5	350	84	20.1	2 754.02	1.487 0	1.04	1.24	22.51
	2-6	450	108	19	2 752.91	1.486 0	1.26	1.51	28.36
	2-7	550	132	19.42	2 750.92	1.484 5	1.58	1.89	37.45
	2-8	650	156	149.17	2 749.33	1.483 0	14.33	17.20	355.93
小计							26.75	32.09	627.04
Ⅱ₃	2-9	250	60	26.89	2 755.00	1.487 8	0.99	1.19	20.71
	2-10	150	36	378.4	2 754.02	1.487 0	8.37	10.04	181.58
	2-11	250	60	49.65	2 751.66	1.485 0	1.83	2.20	42.64
	2-12	90	21.6	319.68	2 755.59	1.488 3	4.24	5.08	86.59
小计							15.43	18.51	331.52
Ⅲ₁	3-1	90	21.6	77.71	2 758.55	1.490 9	1.03	1.23	18.56
	3-2	150	36	20.46	2 758.95	1.491 2	0.45	0.54	8.00
	3-3	250	60	12.69	2 757.96	1.490 4	0.47	0.56	8.64
	3-4	450	108	62.53	2 755.99	1.488 7	4.14	4.97	83.35
	3-5	450	108	29.45	2 755.99	1.488 7	1.95	2.34	39.26
	3-6	550	132	140.37	2 755.99	1.488 7	11.37	13.64	228.69
	3-7	650	156	175.38	2 755.00	1.487 8	16.79	20.15	351.19
小计							36.20	43.43	737.69

续表 4-17

地热田名称	计算分区	面积(km²)	地层厚度(m)	热储有效厚度(m)	$\rho_e C_e$	f	回灌条件下允许开采量(10^4 m³/d)	100年允许开采量(10^8 m³)	可采热量(10^{15} J)
Ⅲ₂	3-8	150	36	14.37	2 755.00	1.487 8	0.32	0.38	6.64
	3-9	250	60	30.33	2 754.02	1.487 0	1.12	1.34	24.26
	3-10	350	84	11.07	2 752.91	1.486 0	0.57	0.69	12.85
	3-11	450	108	15.69	2 751.66	1.485 0	1.04	1.25	24.25
	3-12	550	132	109.24	2 750.42	1.483 9	8.87	10.65	213.47
	3-13	650	156	87	2 747.49	1.481 4	8.37	10.04	220.93
	3-14	750	180	156.04	2 746.47	1.480 5	17.33	20.79	471.00
	3-15	850	204	28.81	2 744.17	1.478 5	3.63	4.36	104.31
	3-16	550	132	71.82	2 750.42	1.483 9	5.83	7.00	140.35
	3-17	250	60	9.49	2 752.91	1.486 0	0.35	0.42	7.87
	3-18	250	60	22.74	2 759.90	1.492 0	0.84	1.00	14.14
	3-19	450	108	206.81	2 754.02	1.487 0	13.72	16.46	297.72
	3-20	550	132	23.38	2 755.00	1.487 8	1.89	2.27	39.61
	3-21	350	84	357.1	2 755.99	1.488 7	18.40	22.08	370.22
	3-22	250	60	44.62	2 756.97	1.489 5	1.64	1.97	31.72
	3-23	150	36	11.27	2 758.95	1.491 2	0.25	0.30	4.41
	3-24	150	36	1.19	2 758.95	1.491 2	0.03	0.03	0.47
	3-25	150	36	8.94	2 758.95	1.491 2	0.20	0.24	3.49
	3-26	90	21.6	26.4	2 759.54	1.491 7	0.35	0.42	6.02
	3-27	90	21.6	31.66	2 759.54	1.491 7	0.42	0.50	7.22
小计							85.16	102.19	2 000.95
总计							163.53	196.22	3 697.20

注：由于四舍五入，计算结果存在较小误差。

表 4-18　寒武系—奥陶系热储热突破法地热流体可开采量计算统计表

地热田名称	计算分区	面积(km²)	地层厚度(m)	热储有效厚度(m)	$\rho_e C_e$	f	回灌条件下允许开采量(10^4 m³/d)	100年允许开采量(10^8 m³)	可采热量(10^{15} J)
Ⅰ₁	1-1	33.76	1650	495	2 568.503	1.567 2	9.74	11.69	331.86
	1-2	102.73	700	210	2 565.844	1.549 3	12.72	15.26	537.46
	1-3	105.13	1250	375	2 567.733	1.562 0	23.05	27.66	840.62
小计							45.51	54.61	1 709.94
Ⅰ₂	1-4	456.12	1800	540	2 569.852	1.576 3	142.7	142.7	4 259.09
	1-5	328.31	1750	525	2 569.41	1.573 3	100.05	120.06	3 125.57
小计							242.75	291.30	7 384.66

续表 4-18

地热田名称	计算分区	面积(km²)	地层厚度(m)	热储有效厚度(m)	$\rho_e C_e$	f	回灌条件下允许开采量(10⁴m³/d)	100年允许开采量(10⁸m³)	可采热量(10¹⁵ J)
I₃	1-6	72.15	500	150	2 568.12	1.564 6	6.32	7.58	222.80
	1-7	16.93	500	150	2 567.715	1.561 9	1.48	1.78	54.24
	1-8	83.10	500	150	2 567.31	1.559 1	7.30	8.76	275.83
	1-9	139.72	600	180	2 567.951	1.563 5	14.69	17.63	525.86
	1-10	56.98	850	255	2 567.781	1.562 3	8.49	10.19	308.49
	1-11	140.58	700	210	2 567.406	1.559 8	17.28	20.74	647.89
	1-12	97.35	650	195	2 568.463	1.566 9	11.06	13.28	378.44
	1-13	54.00	800	240	2 569.572	1.574 4	7.52	9.02	231.01
	1-14	39.36	900	270	2 569.034	1.570 8	6.18	7.41	200.31
小计							80.32	96.39	2 844.87
I₄	1-15	34.89	700	210	2 567.406	1.559 8	4.29	5.15	160.80
	1-16	10.90	300	90	2 566.404	1.553 0	0.58	0.69	23.40
小计							4.87	5.84	184.20
II₁	2-1	164.11	500	150	2 573.557	1.601 2	14.04	16.85	228.41
	2-2	12.91	400	120	2 568.304	1.565 9	0.90	1.08	31.35
小计							14.94	17.93	259.76
III₁	3-1	196.28	500	150	2 572.846	1.596 4	16.84	20.21	322.92
小计							16.84	20.21	322.92
IV	4-1	24.93	1625	487.5	2 570.445	1.580 3	7.02	8.43	196.08
	4-2	195.59	1375	412.5	2 567.476	1.560 3	47.22	56.67	1 759.89
	4-3	150.58	1250	375	2 570.179	1.578 5	32.67	39.20	940.77
	4-4	56.00	1750	525	2 571.148	1.585 0	16.94	20.33	427.87
	4-5	88.79	2000	600	2 572.481	1.593 9	30.52	36.63	629.29
	4-6	221.76	1250	375	2 570.179	1.578 5	48.11	57.74	1 385.48
	4-7	214.35	1750	525	2 571.148	1.585 0	64.64	77.81	1 637.75
	4-8	281.46	2000	600	2 572.481	1.593 9	96.76	116.11	1 994.81
小计							344.08	412.92	8 971.94
总计							749.31	899.20	21 678.29

注：由于四舍五入，计算结果存在较小误差。

2. 热均衡法

采用热均衡法计算得出区内回灌条件下100年地热流体可开采量为 $3181.57\times10^8 m^3$，可采热量为 7.58×10^{19} J，其中馆陶组为 $351.81\times10^8 m^3$，可采热量为 4.20×10^{18} J；东营组为 $66.33\times10^8 m^3$，可采热量为 1.23×10^{18} J；寒武系—奥陶系为 $2763.50\times10^8 m^3$，可采热量为 7.04×10^{19} J。结果详见表 4-19～表 4-21。

表 4-19 馆陶组热储热均衡法计算回灌条件下地热流体可采资源量一览表

地热田名称	计算分区	面积（km²）	$\rho_c C_e$	f	α	δ	回灌条件下允许开采量（$10^4 m^3/a$）	100年回灌条件下允许开采量（$10^8 m^3$）	可采热量（10^{15} J）
I_1	1-1	25.6	2 800.82	1.48	0.310	0.051 2	84.53	0.85	9.41
	1-2	142.42	2 797.28	1.48	0.268	0.044 2	479.77	4.80	65.47
	1-3	33.35	2 796.19	1.48	0.257	0.042 5	125 46	1.25	18.06
	1-4	21.93	2 794.81	1.48	0.246	0.040 6	89.80	0.90	13.70
	1-5	22.87	2 796.56	1.48	0.261	0.043 1	87.31	0.87	12.34
小计							866.87	8.67	118.98
I_2	1-6	181.91	2 798.40	1.48	0.279	0.046 2	535.43	5.35	68.93
	1-7	256.02	2 800.31	1.48	0.303	0.050 1	658.93	6.59	75.84
	1-8	11.76	2 803.75	1.47	0.361	0.059 7	27.66	0.28	2.45
	1-9	103.24	2 801.61	1.48	0.322	0.053 2	426.52	4.27	44.97
	1-10	176.46	2 799.41	1.48	0.291	0.048 1	543.30	5.43	66.11
	1-11	27.28	2 802.57	1.47	0.338	0.055 9	79.43	0.79	7.78
	1-12	11.02	2 799.56	1.48	0.293	0.048 4	41.02	0.41	4.94
	1-13	1.81	2 799.08	1.48	0.287	0.047 4	7.68	0.08	0.95
小计							2 319.97	23.20	271.97
I_3	1-14	47.89	2 799.28	1.48	0.289	0.047 8	117.24	1.17	14.38
	1-15	463.83	2 798.88	1.48	0.285	0.047 1	1 393.87	13.94	174.85
	1-16	7	2 799.91	1.48	0.297	0.049 2	35.33	0.35	4.17
	1-17	9.35	2 799.41	1.48	0.291	0.048 1	40.3	0.40	4.90
	1-18	196.83	2 793.61	1.48	0.237	0.039 2	580.66	5.81	92.91
小计							2 167.40	21.67	291.21
I_4	1-19	7.9	2 800.10	1.48	0.300	0.049 6	25.16	0.25	2.93
	1-20	51.54	2 799.78	1.48	0.296	0.048 9	129.26	1.29	15.37
	1-21	724.43	2 801.98	1.47	0.328	0.054 2	2 544.61	25.45	261.33
	1-22	23.21	2 795.41	1.48	0.251	0.041 4	72.78	0.73	10.83
	1-23	82.07	2 805.50	1.47	0.404	0.066 8	292.44	2.92	21.62
	1-24	65.1	2 803.49	1.47	0.356	0.058 8	301.09	3.01	27.30
	1-25	5.73	2 805.13	1.47	0.394	0.065 2	29.75	0.30	2.29
	1-26	7.2	2 803.49	1.47	0.356	0.058 8	33.30	0.33	3.02
小计							3 428.39	34.28	344.69
II_1	2-1	129.487	2 799.79	1.48	0.296	0.048 9	406.17	4.06	48.28
	2-2	34.62	2 799.51	1.48	0.292	0.048 3	128.52	1.29	15.55
小计							534.69	5.35	63.83

续表 4-19

地热田名称	计算分区	面积 (km²)	$\rho_e C_e$	f	α	δ	回灌条件下允许开采量(10⁴m³/a)	100年回灌条件下允许开采量(10⁸m³)	可采热量 (10¹⁵ J)
II₂	2-3	29.23	2 798.45	1.48	0.280	0.046 3	103.46	1.03	13.28
	2-4	11.17	2 796.49	1.48	0.260	0.043 0	36.45	0.36	5.17
	2-5	224.14	2 797.78	1.48	0.273	0.045 1	899.45	8.99	119.64
	2-6	17.48	2 799.56	1.48	0.293	0.048 4	65.07	0.65	7.84
	2-7	0.888	2 800.05	1.48	0.299	0.049 5	2.82	0.03	0.33
	2-8	73.13	2 798.38	1.48	0.279	0.046 1	386.98	3.87	49.89
	2-9	87.41	2 799.22	1.48	0.289	0.047 7	533.43	5.33	65.65
	2-10	231.66	2 796.39	1.48	0.259	0.042 8	878.51	8.79	125.21
	2-11	217.43	2 797.83	1.48	0.273	0.045 2	749.55	7.50	99.43
	2-12	77.12	2 801.40	1.48	0.319	0.052 7	262.51	2.63	28.09
	2-13	154.82	2 797.90	1.48	0.274	0.045 3	713.74	7.14	94.33
小计							4 631.97	46.32	608.86
II₃	2-14	164.63	2 797.30	1.48	0.268	0.044 3	647.65	6.48	88.28
	2-15	199.93	2 799.56	1.48	0.293	0.048 4	744.20	7.44	89.71
	2-16	134.38	2 800.71	1.48	0.308	0.051 0	441.29	4.41	49.47
	2-17	458.38	2 797.90	1.48	0.274	0.045 3	2 113.20	21.13	279.29
	2-18	25.69	2 797.58	1.48	0.271	0.044 7	131.42	1.31	17.67
	2-19	12.93	2 798.38	1.48	0.279	0.046 1	38.01	0.38	4.90
	2-20	43.29	2 797.90	1.48	0.274	0.045 3	149.68	1.50	19.78
	2-21	281.14	2 795.73	1.48	0.253	0.041 9	1 040.53	10.41	152.72
	2-22	8.77	2 797.68	1.48	0.272	0.044 9	50.07	0.50	6.69
	2-23	184.29	2 794.94	1.48	0.247	0.040 8	663.32	6.63	100.66
小计							6 019.37	60.19	809.17
III₁	3-1	22.14	2 799.50	1.48	0.292	0.048 3	68.47	0.68	8.29
	3-2	135.72	2 801.16	1.48	0.315	0.052 1	547.33	5.47	59.55
	3-3	736.01	2 798.55	1.48	0.281	0.046 4	3 052.12	30.52	389.83
	3-4	19.69	2 800.89	1.48	0.311	0.051 4	65.25	0.65	7.23
	3-5	175.1	2 800.11	1.48	0.300	0.049 6	669.32	6.69	78.01
	3-6	12.48	2 800.54	1.48	0.306	0.050 6	40.63	0.41	4.61
	3-7	35.44	2 799.08	1.48	0.287	0.047 4	150.39	1.50	18.66
	3-8	163.86	2 801.02	1.48	0.313	0.051 7	983.95	9.84	108.09
	3-9	213.71	2 801.02	1.48	0.313	0.051 7	712.93	7.13	78.32
	3-10	45.94	2 795.96	1.48	0.255	0.042 2	171.38	1.71	24.92
	3-11	26.66	2 798.56	1.48	0.281	0.046 5	94.80	0.95	12.10
	3-12	121.82	2 802.64	1.47	0.340	0.056 1	712.29	7.12	69.41
小计							7 268.87	72.67	859.02

续表4-19

地热田名称	计算分区	面积（km²）	$\rho_e C_e$	f	α	δ	回灌条件下允许开采量（10⁴m³/a）	100年回灌条件下允许开采量（10⁸m³）	可采热量（10¹⁵J）
Ⅲ₂	3-13	4.83	2 798.04	1.48	0.275	0.045 5	19.60	0.20	2.57
	3-14	109	2 799.96	1.48	0.298	0.049 3	551.45	5.51	64.88
	3-15	36.17	2 800.81	1.48	0.310	0.051 2	143.29	1.43	15.95
	3-16	39.02	2 799.55	1.48	0.293	0.048 4	120.95	1.21	14.59
	3-17	25.38	2 800.81	1.48	0.310	0.051 2	67.03	0.67	7.46
	3-18	11.94	2 800.39	1.48	0.304	0.050 2	23.15	0.23	2.65
	3-19	650.84	2 799.55	1.48	0.293	0.048 4	2 824.33	28.24	340.79
	3-20	281.37	2 796.42	1.48	0.259	0.042 9	915.75	9.16	130.32
	3-21	14.5	2 800.64	1.48	0.307	0.050 8	56.93	0.57	6.41
	3-22	5.83	2 799.60	1.48	0.293	0.048 5	21.74	0.22	2.61
	3-23	123.05	2 803.75	1.47	0.361	0.059 7	578.89	5.79	51.28
	3-24	77.86	2 801.75	1.48	0.324	0.053 5	269.98	2.70	28.20
	3-25	35.67	2 805.20	1.47	0.396	0.065 4	93.05	0.93	7.13
小计							5 686.14	56.86	674.84
Ⅵ	4-1	398.68	2 804.44	1.47	0.376	0.062 2	981.43	9.81	81.62
	4-2	597.93	2 807.50	1.47	0.474	0.078 3	1 278.58	12.79	71.48
小计							2 260.01	22.60	153.10
总计							35 183.72	351.81	4 195.67

注：由于四舍五入，计算结果存在较小误差。

表4-20 东营组热储热均衡法计算回灌条件下地热流体可采资源量一览表

地热田名称	计算分区	面积（km²）	$\rho_e C_e$	f	α	δ	回灌条件下允许开采量（10⁴m³/a）	100年回灌条件下允许开采量（10⁸m³）	可采热量（10¹⁵J）
Ⅱ₂	2-1	101.3	2 757.57	1.49	0.240	0.039 7	62.90	0.63	9.88
	2-2	27.9	2 755.00	1.49	0.222	0.036 6	26.48	0.26	4.61
	2-3	14.49	2 750.42	1.48	0.198	0.032 7	28.49	0.28	5.71
	2-4	158.3	2 754.02	1.49	0.215	0.035 5	242.71	2.43	43.90
	2-5	20.1	2 754.02	1.49	0.215	0.035 5	43.14	0.43	7.80
	2-6	19	2 752.91	1.49	0.209	0.034 5	50.87	0.51	9.54
	2-7	19.42	2 750.92	1.48	0.200	0.033 0	60.68	0.61	12.01
	2-8	149.17	2 749.33	1.48	0.192	0.031 8	529.82	5.30	109.66
小计							1 045.09	10.45	203.11

续表 4-20

地热田名称	计算分区	面积 (km²)	$\rho_e C_e$	f	α	δ	回灌条件下允许开采量(10⁴m³/a)	100年回灌条件下允许开采量(10⁸m³)	可采热量 (10¹⁵J)
Ⅱ₃	2-9	26.89	2 755.00	1.49	0.222	0.036 6	42.54	0.43	7.41
	2-10	378.4	2 754.02	1.49	0.215	0.035 5	348.10	3.48	62.96
	2-11	49.65	2 751.66	1.48	0.203	0.033 6	71.73	0.72	13.91
	2-12	319.68	2 755.59	1.49	0.226	0.037 3	185.60	1.86	31.61
小计							**647.97**	**6.49**	**115.89**
Ⅲ₁	3-1	77.71	2 758.55	1.49	0.249	0.041 1	49.99	0.50	7.52
	3-2	20.46	2 758.95	1.49	0.252	0.041 7	22.26	0.22	3.29
	3-3	12.69	2 757.96	1.49	0.244	0.040 3	22.20	0.22	3.43
	3-4	62.53	2 755.99	1.49	0.228	0.037 8	183.90	1.84	30.83
	3-5	29.45	2 755.99	1.49	0.228	0.037 8	86.61	0.87	14.52
	3-6	140.37	2 755.99	1.49	0.228	0.037 8	504.57	5.05	84.60
	3-7	175.38	2 755.00	1.49	0.222	0.036 6	721.34	7.21	125.71
小计							**1 590.87**	**15.91**	**269.90**
Ⅲ₂	3-8	14.37	2 755.00	1.49	0.222	0.036 6	13.64	0.14	2.38
	3-9	30.33	2 754.02	1.49	0.215	0.035 5	46.50	0.47	8.41
	3-10	11.07	2 752.91	1.49	0.209	0.034 5	23.05	0.23	4.32
	3-11	15.69	2 751.66	1.48	0.203	0.033 6	40.80	0.41	7.91
	3-12	109.24	2 750.42	1.48	0.198	0.032 7	337.50	3.37	67.65
	3-13	87	2 747.49	1.48	0.183	0.030 2	293.01	2.93	64.48
	3-14	156.04	2 746.47	1.48	0.178	0.029 5	591.15	5.91	133.92
	3-15	28.81	2 744.17	1.48	0.170	0.028 1	117.81	1.18	28.21
	3-16	71.82	2 750.42	1.48	0.198	0.032 7	221.89	2.22	44.48
	3-17	9.49	2 752.91	1.49	0.209	0.034 5	14.12	0.14	2.65
	3-18	22.74	2 759.90	1.49	0.261	0.043 1	42.80	0.43	6.04
	3-19	206.81	2 754.02	1.49	0.215	0.035 5	570.75	5.71	103.23
	3-20	23.38	2 755.00	1.49	0.222	0.036 6	81.37	0.81	14.18
	3-21	357.1	2 755.99	1.49	0.228	0.037 8	816.86	8.17	136.95
	3-22	44.62	2 756.97	1.49	0.236	0.039 0	75.39	0.75	12.14
	3-23	11.27	2 758.95	1.49	0.252	0.041 7	12.26	0.12	1.81
	3-24	1.19	2 758.95	1.49	0.252	0.041 7	1.29	0.01	0.19
	3-25	8.94	2 758.95	1.49	0.252	0.041 7	9.73	0.10	1.44
	3-26	26.4	2 759.54	1.49	0.257	0.042 5	17.62	0.18	2.53
	3-27	31.66	2 759.54	1.49	0.257	0.042 5	21.13	0.21	3.04
小计							**3 348.67**	**33.49**	**645.96**
总计							**6 632.60**	**66.34**	**1 234.86**

注：由于四舍五入，计算结果存在较小误差。

表 4-21 寒武系—奥陶系热储热均衡法计算回灌条件下地热流体可采资源量一览表

地热田名称	计算分区	面积（km²）	$\rho_e C_e$	f	α	δ	回灌条件下允许开采量（10^4 m³/a）	100年回灌条件下允许开采量（10^8 m³）	可采热量（10^{18} J）
I₁	1-1	33.76	2 568.50	1.57	0.146	0.024 2	11 884.05	118.84	3.37
	1-2	102.73	2 565.84	1.55	0.120	0.019 9	6 942.70	69.43	2.45
	1-3	105.13	2 567.73	1.56	0.138	0.022 8	10 914.68	109.15	3.32
小计							**29 741.43**	**297.41**	**9.14**
I₂	1-4	456.12	2 569.85	1.58	0.165	0.027 2	13 132.02	131.32	3.27
	1-5	328.31	2 569.41	1.57	0.158	0.026 1	12 715.10	127.15	3.31
小计							**25 847.12**	**258.47**	**6.58**
I₃	1-6	72.15	2 568.12	1.56	0.142	0.023 5	6 446.38	64.46	1.89
	1-7	16.93	2 567.72	1.56	0.138	0.022 7	6 227.35	62.27	1.90
	1-8	83.10	2 567.31	1.56	0.133	0.022 0	6 023.44	60.23	1.90
	1-9	139.72	2 567.95	1.56	0.140	0.023 1	7 318.47	73.18	2.18
	1-10	56.98	2 567.78	1.56	0.138	0.022 8	9 155.20	91.55	2.77
	1-11	140.58	2 567.41	1.56	0.134	0.022 2	7 818.62	78.19	2.44
	1-12	97.35	2 568.46	1.57	0.146	0.024 1	8 119.75	81.20	2.31
	1-13	54.00	2 569.57	1.57	0.160	0.026 5	10 397.44	103.97	2.66
	1-14	39.36	2 569.03	1.57	0.153	0.025 3	1 0591.87	105.92	2.86
小计							**72 098.52**	**720.97**	**20.92**
I₄	1-15	34.89	2 567.41	1.56	0.134	0.022 2	7 818.62	78.19	2.44
	1-16	10.90	2 566.40	1.55	0.125	0.020 6	3638.36	36.38	1.23
小计							**11 456.98**	**114.57**	**3.67**
II₁	2-1	164.11	2 573.56	1.60	0.269	0.044 4	6 866.16	68.66	0.93
	2-2	12.91	2 568.30	1.57	0.144	0.023 8	5 450.76	54.51	1.58
小计							**12 316.92**	**123.17**	**2.51**
III₁	3-1	196.28	2 572.85	1.60	0.237	0.039 2	6 793.55	67.94	1.09
小计							**6 793.55**	**67.94**	**1.09**
IV	4-1	24.93	2 570.44	1.58	0.174	0.028 8	15 824.26	158.24	3.68
	4-2	195.59	2 567.48	1.56	0.135	0.022 3	15 445.98	154.46	4.80
	4-3	150.58	2 570.18	1.58	0.170	0.028 1	13 775.73	137.76	3.31
	4-4	56.00	2 571.15	1.58	0.190	0.031 4	15 665.55	156.66	3.30
	4-5	88.79	2 572.48	1.59	0.224	0.037 0	13 970.80	139.71	2.40
	4-6	221.76	2 570.18	1.58	0.170	0.028 1	13 775.73	137.76	3.31
	4-7	214.35	2 571.15	1.58	0.190	0.031 4	15 665.55	156.66	3.30
	4-8	281.46	2 572.48	1.59	0.224	0.037 0	13 970.80	139.71	2.40
小计							**118 094.40**	**1 180.96**	**26.50**
总计							**276 348.92**	**2 763.50**	**70.40**

注：由于四舍五入，计算结果存在较小误差。

第二节 地热资源评价

一、地热资源评价

计算结果表明,区内地热资源丰富。德州市主要开采热储为新近系馆陶组、古近系东营组和寒武系—奥陶系热储,其地热资源总量为 $3.96×10^{20}$ J,折合标准煤 135.12 亿 t,地储中地热流体储存量为 4 183.27 亿 m^3。其中馆陶组热储的地热资源量为 $1.139×10^{20}$ J,折合标准煤 38.86 亿 t,地热流体储存量为 2 755.69 亿 m^3;东营组热储的地热资源总量为 $4.29×10^{19}$ J,折合标准煤 14.62 亿 t,地热流体储量为 702.86 亿 m^3;寒武系—奥陶系系热储的地热资源总量为 $2.39×10^{20}$ J,折合标准煤 $81.63×10$ 亿 t,地热流体储量 724.73 亿 m^3。在目前的经济技术条件下能够开采,且有足够保证的量。

二、热水资源评价

(一)自然条件下地热水可采资源量评价

不同的地热资源量计算方法,对计算结果略有差异。其中开采系数法计算德州市主要开采热储中地热流体 100 年内可采量为 $167.56×10^8$ m^3,其中馆陶组热储中地热流体可采量为 $110.23×10^8$ m^3,东营组热储中地热流体可采量为 $21.09×10^8$ m^3,寒武系—奥陶系热储中地热流体可采量为 $36.24×10^8$ m^3;采用解析法(最大允许降深法)计算德州市主要开采热储中地热流体 100 年内可采量为 $7.03×10^{10}$ m^3,其中馆陶组热储地热流体可开采量为 $3.58×10^{10}$ m^3,东营组热储地热流体可开采量为 $4.09×10^9$ m^3,寒武系—奥陶系热储地热流体可开采量为 $3.04×10^{10}$ m^3;采用开采强度法计算德州市主要开采热储 100 年内地热水水位降深 150m 时的地热水资源可采量为 $5.94×10^{10}$ m^3,其中馆陶组热储地热流体可开采量为 $2.83×10^{10}$ m^3,东营组热储地热流体可开采量为 $4.6×10^9$ m^3,寒武系—奥陶系热储地热流体可开采量为 $2.65×10^{10}$ m^3。

通过对以上种计算方法的对比分析,热储可采资源量采用经验系数法计算结果,对比结果见表 4-22。

表 4-22 馆陶组热储不同计算方地热流体可开采量占地热流体静储量百分比

热储	计算方法	地热流体 100a 可开采量($10^8 m^3$)	地热流体静储量($10^8 m^3$)	可采流体量占地热流体静储量百分比(%)
馆陶组	开采系数法	110.23	2 755.69	4.00%
	解析法	357.57		12.98%
	开采强度法	283.19		8.4%

续表 4-22

热储	计算方法	地热流体 100a 可开采量($10^8 m^3$)	地热流体静储量($10^8 m^3$)	可采流体量占地热流体静储量百分比(%)
东营组	开采系数法	21.09	547.61	3.00%
东营组	解析法	40.89	547.61	7.47%
东营组	开采强度法	46.01	547.61	8.4%
寒武系—奥陶系	开采系数法	36.24	724.73	5.00%
寒武系—奥陶系	解析法	303.97	724.73	41.86%
寒武系—奥陶系	开采强度法	264.68	724.73	36.45%

（二）回灌条件下地热水可采资源量评价

采用热突破法计算得出区内回灌条件下 100 年地热流体可开采量为 $1816.79×10^8 m^3$，可采热量为 $3.42×10^{19}$ J，其中馆陶组地热流体可采量为 $721.37×10^8 m^3$，可采热量为 $8.81×10^{18}$ J，东营组地热流体可采量为 $196.22×10^8 m^3$，可采热量为 $3.7×10^{18}$ J，寒武系—奥陶系地热流体可采量为 $899.20×10^8 m^3$，可采热量为 $8.97×10^{18}$ J。

采用热均衡法计算得出区内回灌条件下 100 年地热流体可开采量为 $3181.57×10^8 m^3$，可采热量为 $7.58×10^{19}$ J，其中馆陶组为 $351.81×10^8 m^3$，可采热量为 $4.20×10^{18}$ J，东营组为 $66.33×10^8 m^3$，可采热量为 $1.23×10^{18}$ J，寒武系—奥陶系为 $2763.50×10^8 m^3$，可采热量为 $7.04×10^{19}$ J。

通过对以上 2 种计算方法的对比分析，回灌条件下地热流体可采资源量采用热储热突破法计算结果。

第三节 地热流体质量评价

地热水是在特定地质条件下形成的一种宝贵的液态矿产资源，以水中所含适宜医疗或饮用的气体成分、微量元素和其他盐类成分而区别于普通地下水资源。它可以作为热源、水源和矿物资源加以利用，如发电、取暖、淋浴和养殖等，对发展国民经济有重要意义。德州市地热资源丰富，是国内利用地热资源较普遍的地区之一，在开发利用地热水方面已有悠久的历史，如洗浴及治疗某些疾病等。

地热水的地球化学赋存环境与普通地下水的地球化学赋存环境有着很大的差别，特定的地球化学环境造就了特定的地热水特征。以往区内地热流体质量评价主要以地热资源开发利用中单井评价为主，本次按地热分区从地热水的不同用途及地热水的腐蚀性、结垢性两方面，评价了德州市各地热资源分区的地热水质量。

一、地热流体按照不同用途的水质评价

地热水能否作为某种用途的水源，或当用于某种用途时其造成的污染程度如何，主要应依据水质分

析的结果,参照该用途的水质标准作出结论。由于用途不同,要求控制的水质指标标准值的大小都不一样。因此,首先应按用途确定水质控制项目,并对项目进行分级,然后再进行综合评价。

(一)理疗热矿水评价

理疗热矿水是指具有一定医疗效果的地热水,这种地热水含有某些特有的矿物质(化学)成分,通过洗浴产生一定的医疗效果,可作为理疗热矿水开发利用。根据《地热资源地质勘查规范》(GB/T 11615—2010)附录 E 理疗热矿水水质标准,对德州市地热水进行理疗热矿水评价。

区内地热水中还含有 Sr、Li、I、Br、Fe、Mn 等对人体健康有益的微量元素,而对人体健康有害的 Cd、Cr^{6+}、Hg、Pb、Sn、酚、氰等毒理性指标含量极低,无对人体有害物质,具有较高的医疗价值,可作为洗浴、疗养用水或在医生指导下用于医疗保健。

1. 馆陶组

由表 4-23 可知,馆陶组热储层地热水中游离 CO_2 含量在 3.73~18.66mg/L 之间,总硫化氢的含量均小于 1mg/L,溴的含量小于 5mg/L,铁的含量小于 10mg/L,锂的含量小于 1mg/L,钡的含量小于 5mg/L,氡的含量小于 37Bq/L,均未达到医疗矿水浓度值;水温在 50.00~62.00℃之间,达到医疗矿水温度,矿化度含量在 4 878.32~6 024.46mg/L 之间,为非淡温泉水;偏硼酸含量在 5.00~9.50mg/L 之间,达到矿水浓度值;偏硅酸含量在 32.50~48.75mg/L 之间,达到矿水浓度值。

(1)氟含量:Ⅱ区、Ⅲ区内德城区、陵城区、临邑县等地区的氟含量在 1~2mg/L 之间,均达到医疗矿水浓度;其他地区的氟含量均小于 1mg/L,均未达到医疗矿水浓度。

(2)碘含量:大部分地区地热水中的碘含量均小于医疗价值浓度,仅在Ⅰ区内的乐陵等局部地区的碘含量达到医疗矿水浓度值。

(3)锶含量:大部分地区地热水中的锶含量均小于医疗价值浓度,仅在局部地区达到标准,如Ⅲ区内的陵城区等地区的锶含量达到命名矿水浓度值。

综上所述,德城区、临邑县等地区馆陶组热储层地热水可命名为含氟、偏硅酸、偏硼酸的地热流体,宁津县、庆云县、平原县、夏津县、武城县等地区馆陶组热储层地热水可命名为含偏硅酸、偏硼酸的地热流体,乐陵市等地区馆陶组热储层地热水可命名为含氟、碘、偏硅酸、偏硼酸的地热流体。陵城区馆陶组热储层地热水中富含锶元素,可命名为含氟、偏硼酸、偏硅酸的锶水。

2. 东营组

由表 4-23 可知,东营组热储层地热水中游离 CO_2、总硫化氢、氟、碘、铁、钡等元素含量均未达到医疗矿水浓度值;水温约为 57.00℃,达到医疗矿水温度,矿化度含量约为 11 500mg/L,为非淡温泉水;偏硼酸含量约为 19.25mg/L,达到价值浓度;偏硅酸含量约为 32.50mg/L,达到矿水浓度值;溴含量约为 9.00mg/L,锂含量约为 1.74mg/L,达到矿水浓度值;锶含量约为 55.57mg/L,达到命名矿水浓度值。因此,东营组热储层地热水可命名为含溴、锂、偏硅酸、偏硼酸的锶水。

3. 寒武系—奥陶系

由表 4-23 可知,寒武系—奥陶系热储层地热水中游离 CO_2、总硫化氢、溴、碘、铁、锂、钡、氡等元素含量均未达到医疗矿水浓度值;水温约 42.00℃,达到医疗矿水温度,矿化度含量约为 3 381.19mg/L,为非淡温泉水;偏硼酸含量约为 2.83mg/L,达到医疗价值浓度;偏硅酸含量约为 32.75mg/L,达到矿水浓度值;氟含量约为 3.50mg/L,锂含量约为 12.13mg/L,达到命名矿水浓度值。因此,寒武系—奥陶系热储层地热水可命名为含偏硼酸、偏硅酸的氟水、锶水。

第四章 地热资源评价

表 4-23 地热流体理疗热矿水评价结果一览表

单位：mg/L

采样点县(区)	热储类型	二氧化碳	总硫化氢	氟	溴	碘	锶	铁	锂	偏硼酸	偏硅酸	氡	温度(℃)	矿化度	评价结果
德城区	N_1g	11.19	<0.03	1.50☆	1.40	0.78	5.10	0.16	0.34	5.00★	45.50★	12.06	52.80	5 135.80	含氟、偏硼酸、偏硅酸的地热流体
陵城区	N_1g	3.73	<0.03	1.75☆	0.85	0.96	10.25▲	0.74	0.50	9.50★	45.50★	6.75	51.00	5 875.41	含氟、偏硼酸、偏硅酸的锶矿水
宁津县	N_1g	14.92	<0.03	0.88	2.45	0.85	7.85	0.50	0.55	9.30★	37.39★	5.17	51.00	6 024.46	含偏硼酸、偏硅酸的地热流体
庆云县	N_1g	7.46	<0.03	0.88	2.50	0.96	6.25	0.12	0.22	8.10★	45.50★	10.02	50.00	5 434.87	含偏硼酸、偏硅酸的地热流体
临邑县	N_1g	3.73	<0.03	1.50☆	2.17	0.85	6.25	0.32	0.48	9.20★	32.50★	24.40	60.00	5 123.83	含氟、偏硼酸、偏硅酸的地热流体
平原县	N_1g	7.46	<0.03	0.88	2.25	0.78	7.75	0.72	0.20	8.25★	32.50★	3.37	55.00	5 492.58	含偏硼酸、偏硅酸的地热流体
夏津县	N_1g	7.46	<0.03	0.50	2.75	0.78	8.00	0.48	0.18	6.63★	45.50★	4.12	60.00	5 513.27	含偏硼酸、偏硅酸的地热流体
武城县	N_1g	3.73	<0.03	0.50	2.06	0.68	8.75	0.32	0.20	6.50★	48.75★	6.07	62.00	4 878.32	含偏硼酸、偏硅酸的地热流体
乐陵市	N_1g	18.66	<0.03	1.50☆	3.16	1.06☆	8.65	0.20	0.34	7.75★	32.50★	8.21	50.50	5 965.42	含溴、碘、偏硼酸、偏硅酸的地热流体
禹城市	E_3d	7.46	<0.03	0.50	9.0★	0.92	55.57▲	<0.08	1.74★	19.25★	32.50★	/	57.00	11 736.49	含溴、锂、偏硼酸、偏硅酸的锶矿水
齐河县	∈—O	11.19	<0.03	3.50▲	0.73	<0.1	12.13▲	0.42	0.22	2.83☆	35.75★	2.12	42.00	3 381.19	含偏硼酸、偏硅酸的氟水、锶矿水

注：①☆：达到有医疗价值浓度；★：达到矿水浓度；▲：达到命名矿水浓度。当没有达到命名矿水质量浓度的元素时，达到命名矿泉水质量浓度的元素对矿水进行命名，采用达到理疗价值质量浓度的元素冠名地热流体；达到命名矿水质量浓度的元素冠名地热流体。

②地热流体理疗热矿水评价时，采用达到命名矿水质量浓度的元素加入地热流体的命名中。

(二)渔业用水水质评价

地热流体养殖在目前地热直接利用中十分普遍。地热流体养殖要求的水温不高,如热带罗非鱼正常生长温度为22～35℃,而30℃左右生长最快。养殖热带石斑鱼要求水温25～28℃,一般家鱼要求的水温更低。所以地热流体养鱼又是地热梯级综合利用中尾水余热利用的有效途径。

根据《渔业水质标准》(GB 11607—89),从地热水的水质特点出发,突出主要有害元素的影响,可将氟化物、汞、铜、铅、锌、酚类及pH值作为地热水养鱼的水质控制指标,对德州市地热水是否符合水产养殖做出评价。

由评价结果表4-24可以看出,Ⅰ区内的乐陵、Ⅱ区内的德城、陵城,Ⅲ区内的临邑地区馆陶组地热水以及Ⅳ区的寒武系—奥陶系地热水中氟化物含量大于1mg/L,超出渔业用水标准,一般不适用于水产养殖。其他地区降温经处理后可用于养殖热带鱼类。

(三)农田灌溉用水水质评价

灌溉水的水质对农作物生长影响很大,用含盐地热水灌溉农田必然导致作物减产。在干旱气候条件下灌溉水质就更重要,因为无论是由土壤矿物就地风化所形成的盐分,还是从地热尾水中沉积的盐分,都会导致盐分在土壤中的积累。但是如果冷却后的地热尾水能用作灌溉,在干旱地区就有重要意义。为充分有效地利用地热资源,拓宽地热水的梯级利用领域,从地热水的水质特点出发,突出主要有害元素的影响,遵照《农田灌溉水质标准》(GB 5084—2021)可将水温、全盐量、氯化物、汞、镉、砷、氟化物、挥发酚及pH值等作为农业灌溉用水的水质控制指标,对全市地热尾水能否进行农田灌溉做出评价。

1. 馆陶组

由表4-25可知,德州地区馆陶组热储地热水温度较高,在50.00～62.00℃之间,不适宜直接进行灌溉;氯化物含量在1 081.23～2 729.65mg/L之间,超出灌溉用水标准,水质类型为咸水,长期浇灌对主要作物生长不利,使得土壤盐渍化。

2. 东营组

由表4-25可知,德州地区东营组热储地热水温度较高,约为57.00℃,不适宜直接进行灌溉;氯化物含量约为6 675.98mg/L,超出灌溉用水标准,水质类型为咸水,长期浇灌对主要作物生长不利,使得土壤盐渍化。

3. 寒武系—奥陶系

由表4-25可知,德州地区寒武系—奥陶系热储地热水温度较高,约为42.00℃,不适宜直接进行灌溉;氟化物含量约为3.5mg/L,超出灌溉用水标准,水质类型为咸水,长期浇灌对主要作物生长不利,使得土壤盐渍化。

综上所述,德州地区地热水不适宜用于农业直接灌溉,降温处理后仍不利于灌溉。

(四)地热流体中有用矿物组分评价

中高温地热流体中通常含有高质量浓度的矿物质,有的为热卤矿物水,可从中提取工业利用的成分,如碘(＞20mg/L)、溴(＞50mg/L)、铯(＞80mg/L)、锂(＞25mg/L)、铷(＞200mg/L)、锗(＞50mg/L)等,有的还可以生产食盐、芒硝等。

从水质资料可知,德州地区的地热流体中各组分含量均未达到工业利用的质量浓度。

第四章 地热资源评价

表 4-24 渔业用水水质评价表

单位:mg/L

采样点县(区)	热储类型	成分													评价结果
		色、臭、味	pH 值	汞	镉	铅	铬	铜	锌	镍	砷	氰化物	硫化物	氟化物	挥发酚	
德城区	N_1g	无	7.60	<0.0001	0.002	0.016	<0.004	<0.009	<0.05	<0.006	<0.001	<0.002	<0.02	1.50★	<0.002	不适宜
陵城区	N_1g	无	7.60	<0.0001	0.002	0.019	<0.004	<0.009	0.05	<0.006	<0.001	<0.002	<0.02	1.75★	<0.002	不适宜
宁津县	N_1g	无	7.50	<0.0001	0.003	0.029	<0.004	<0.009	<0.05	<0.006	<0.001	<0.002	<0.02	0.88	<0.002	适宜
庆云县	N_1g	无	7.80	<0.0001	0.002	0.015	<0.004	<0.009	<0.05	<0.006	<0.001	<0.002	<0.02	0.88	<0.002	适宜
临邑县	N_1g	无	7.70	<0.0001	0.002	0.021	<0.004	<0.009	<0.05	<0.006	<0.001	<0.002	<0.02	1.50★	<0.002	不适宜
平原县	N_1g	无	7.50	<0.0001	0.003	0.018	<0.004	<0.009	<0.05	<0.006	<0.001	<0.002	<0.02	0.88	<0.002	适宜
夏津县	N_1g	无	7.50	<0.0001	0.002	0.017	<0.004	<0.009	0.07	<0.006	<0.001	<0.002	<0.02	0.50	<0.002	适宜
武城县	N_1g	无	7.50	<0.0001	0.002	0.019	<0.004	<0.009	<0.05	<0.006	<0.001	<0.002	<0.02	0.50	<0.002	适宜
乐陵市	N_1g	无	7.50	<0.0001	0.003	0.022	<0.004	<0.009	<0.05	<0.006	<0.001	<0.002	<0.02	1.50★	<0.002	不适宜
禹城市	E_3d	无	7.80	<0.0001	0.007★	0.043	<0.004	<0.009	0.06	<0.006	<0.001	<0.002	<0.02	0.50	<0.002	不适宜
齐河县	∈—O	无	7.20	<0.0001	<0.001	<0.001	<0.004	<0.009	<0.05	<0.006	<0.001	<0.002	<0.02	3.50★	<0.002	不适宜

注:★表示超标项目。

德州地热

表 4-25 地热水农业灌溉用水评价表

单位：mg/L

采样点	热储类型	成分 基本控制项目							选择控制项目					评价结果
县(区)		pH值	水温(℃)	氯化物	总铅	总镉	铬	总汞	总砷	氰化物	氟化物	挥发酚	总铜	总锌	总镍	硒	
德城区	N_1g	7.60	52.80★	2 100.41★	0.016	0.002	<0.004	<0.000 1	<0.001	<0.002	1.50	<0.002	<0.009	<0.05	<0.006	<0.001	
陵城区	N_1g	7.60	51.00★	2 428.33★	0.019	0.002	<0.004	<0.000 1	<0.001	<0.002	1.75	<0.002	<0.009	0.05	<0.006	<0.001	
宁津县	N_1g	7.50	51.00★	2 729.65★	0.029	0.003	<0.004	<0.000 1	<0.001	<0.002	0.88	<0.002	<0.009	<0.05	<0.006	<0.001	
庆云县	N_1g	7.80	50.00★	2 144.73★	0.015	0.002	<0.004	<0.000 1	<0.001	<0.002	0.88	<0.002	<0.009	<0.05	<0.006	<0.001	不适宜
临邑县	N_1g	7.70	60.00★	1 081.23★	0.021	0.002	<0.004	<0.000 1	<0.001	<0.002	1.50	<0.002	<0.009	<0.05	<0.006	<0.001	
平原县	N_1g	7.50	55.00★	2 153.59★	0.018	0.003	<0.004	<0.000 1	<0.001	<0.002	0.88	<0.002	<0.009	<0.05	<0.006	<0.001	
夏津县	N_1g	7.50	60.00★	2 020.65★	0.017	0.002	<0.004	<0.000 1	<0.001	<0.002	0.50	<0.002	<0.009	0.07	<0.006	<0.001	
武城县	N_1g	7.50	62.00★	2 029.51★	0.019	0.002	<0.004	<0.000 1	<0.001	<0.002	0.50	<0.002	<0.009	<0.05	<0.006	<0.001	
乐陵市	N_1g	7.50	50.50★	2 268.80★	0.022	0.003	<0.004	<0.000 1	<0.001	<0.002	1.50	<0.002	<0.009	<0.05	<0.006	<0.001	
禹城市	E_3d	7.80	57.00★	6 575.98★	0.043	0.007	<0.004	<0.000 1	<0.001	<0.002	0.50	<0.002	<0.009	0.06	<0.006	<0.001	不适宜
齐河县	$\epsilon-O$	7.20	42.00★	304.87	<0.001	<0.001	<0.004	<0.000 1	<0.001	<0.002	3.50★	<0.002	<0.009	<0.05	<0.006	<0.001	不适宜

注：★表示超标项目。

二、地热流体腐蚀性及结垢趋势评价

(一)评价方法

1. 腐蚀性评价方法

根据《地热资源地质勘查规范》(GB/T 11615—2010),工业上用腐蚀系数方法对地热水的腐蚀性进行评价,腐蚀系数计算公式为

对酸性水

$$K_k = 1.008[\gamma(H^+) + \gamma(Al^{3+}) + \gamma(Fe^{2+}) + \gamma(Mg^{2+}) - \gamma(HCO_3^-) - \gamma(CO_3^{2-})]$$

对碱性水

$$K_k = 1.008[\gamma(Mg^{2+}) - \gamma(HCO_3^-)]$$

式中:γ——离子含量的每升毫克当量(毫摩尔)数。

腐蚀系数的计算结果:若腐蚀系数 $K_k > 0$,则为腐蚀性水;若腐蚀系数 $K_k < 0$,且 $K_k + 0.0503Ca^{2+} > 0$,为半腐蚀性水;若腐蚀系数 $K_k < 0$,且 $K_k + 0.0503Ca^{2+} < 0$,为非腐蚀性水。

2. 结垢趋势评价方法

1)碳酸钙垢

根据《地热资源地质勘查规范》(GB/T11615—2010)要求,对依据地热水中 Cl^- 的摩尔当量百分含量的不同,采用两种方法进行评价:一是 Cl^- 摩尔当量百分含量超过 25% 时,采用拉申指数法;二是 Cl^- 摩尔当量百分含量低于 25% 时,采用雷兹诺指数法。

(1)拉申指数法。拉申指数(LI)表达式为

$$LI = \frac{[Cl^-] + [SO_4^{2-}]}{ALK}$$

式中:LI——拉申腐蚀指数;

[Cl]——氯化物或卤化物浓度;

[SO_4]——硫酸盐浓度;

ALK——总碱度。

以上 3 项以等当量的 $CaCO_3$[单位为毫克每升(mg/L)]表示;拉申指数的评价标准是:LI>0.5 时,不结垢,有腐蚀性;LI<0.5 时,可能结垢,没有腐蚀性;0.5<LI<3.0 时,有轻腐蚀性;3.0<LI<10.0 时,有强腐蚀性。

(2)雷兹诺指数法。对氯离子含量较低(<25%摩尔当量)的地热流体,采用雷兹诺指数(RI)判断地热水的结垢趋势。雷兹诺指数表达式为

$$RI = 2pH_s - pH_a$$
$$pH_s = -\lg[Ca^{2+}] - \lg[ALK] + Ke$$

式中:RI——雷兹诺指数;

pH_s——计算出的 pH 值;

[Ca^{2+}]——流体中钙离子的摩尔浓度,单位 mol/L;

[ALK]——总碱度,即流体中 HCO_3^- 离子的摩尔浓度,单位 mol/L;

pH_a——地热水实测的 pH 值;

Ke——常数,当总固形物 200~6000mg/L 时,取值在 1.8~2.6 之间,温度高于 100℃时取低值,低于 50℃时取高值。

雷兹诺指数的评价标准是:RI<4.0 时,非常严重结垢热水;4.0≤RI<5.0 时,严重结垢热水;5.0≤RI<6.0 时,中等结垢热水;6.0≤RI<7.0 时,轻微结垢热水;RI≥7.0 时,不结垢热水。

2)锅垢总量

可参照工业用锅垢总量来衡量地热水的结垢性,其计算公式为

$$H_0 = S + C + 36\gamma(Fe^{2+}) + 17r(Al^{3+}) + 20\gamma(Mg^{2+}) + 59[(Ca^{2+})$$

$$C = SiO_2 + Fe_2O_3 + Al_2O_3$$

式中:S——地热水中的悬浮物含量,单位 mg/L;

C——胶体含量,单位 mg/L;

γ——表示离子含量的每升毫克当量(毫摩尔)数。

若锅垢总量 $H_0 < 125$,称为锅垢很少的地热水;若锅垢总量 $H_0 = 125 \sim 250$,称为锅垢少的地热水;若锅垢总量 $H_0 = 250 \sim 500$,称为锅垢多的地热水;若锅垢总量 $H_0 \geqslant 500$,称为锅垢很多的地热水。

3. 侵蚀性评价方法

地热流体对混凝土建筑的侵蚀主要是通过分解侵蚀、结晶侵蚀及分解结晶复合侵蚀作用进行的。侵蚀作用主要取决于水化学成分,同时与水泥类型有关。

1)分解侵蚀

分解侵蚀是酸性水溶滤氢氧化钙和侵蚀性碳酸溶滤碳酸钙而使水泥分解破坏的作用,分为一般酸性侵蚀和碳酸侵蚀两种,一般酸性侵蚀反应为

$$Ca(OH)_2 + 2H^+ \longrightarrow Ca^{2+} + 2H_2O$$

侵蚀作用的强弱程度取决于 pH 值,主要采用分解侵蚀指数、pH 值、游离二氧化碳 3 个指标进行评价。

(1)分解侵蚀指数。

$$pH_s = \frac{HCO_3^-}{0.15HCO_3^- - 0.025} - k1$$

式中:HCO_3^-——水中 HCO_3^- 含量,单位 mmol/L;

$k1$——常数,查表 3-4。

当实测热水 $pH \geqslant pH_s$ 时,热水无分解侵蚀性;当实测热水 $pH < pH_s$ 时,具有分解侵蚀性。

(2)pH 为酸性侵蚀指标,当实测热水的 pH 值小于表 4-26 中所列值时,具酸性侵蚀。

(3)游离 CO_2 为碳酸侵蚀指标,当游离 CO_2 含量大于计算的 CO_2 浓度时,具碳酸侵蚀性。游离 CO_2 的计算公式为

$$[CO_2]s = a[Ca^{2+}] + b + k2$$

式中:$[Ca^{2+}]$——热水中 Ca^{2+} 的含量,单位 mg/L;

$k2$——常数可查表 4-26;

a 和 b 可查《水文地质手册》。

表 4-26 混凝土的分解性侵蚀计算参数取值及结晶性侵蚀评判标准一览表

侵蚀类型	侵蚀性指标		水泥类型			
			A		B	
			普通	抗硫酸盐	普通	抗硫酸盐
分解性侵蚀	参数取值		$k1=0.5$		$k1=0.3$	
			$k2=20$		$k2=15$	
	酸性侵蚀 pH 标准		<6.2		<6.4	
结晶性侵蚀	SO_4^{2-} (mg/L)	$Cl^- < 1000$ mg/L	>250	>3000	>250	>4000
		1000 mg/L $< Cl^- <$ 6000 mg/L	$>100+0.15Cl^-$		$>100+0.15Cl^-$	

注:A 为硅酸盐水泥,B 为火山灰质矿渣硅酸盐水泥。

2)结晶侵蚀

结晶侵蚀主要是硫酸侵蚀,水与水泥反应形成石膏或硫酸盐晶体,充填在混凝土孔洞中,结晶膨胀

第四章 地热资源评价

作用导致混凝土力学强度降低乃至破坏。结晶性侵蚀的侵蚀指标为 SO_4^{2-}(mg/L),并与 Cl^-(mg/L)的含量有关。当水中 SO_4^{2-} 含量大于表 4-26 中的数值时,为有侵蚀性。对抗硫酸盐的各种水泥,侵蚀指标与 Cl^- 的含量无关。

(二)评价结果

1. 地热水腐蚀性评价

1)馆陶组

区内馆陶组热储地热流体的 pH 值均大于 7.0,为碱性水,采用碱性水计算公式计算。根据德州市地热井水质资料,计算评价其地热水腐蚀性。从表 4-27 可以看出,乐陵市地区地热水为非腐蚀性水,其他县(区)地热水为半腐蚀性水。

2)东营组

区内东营组热储地热流体的 pH 值均大于 7.0,为碱性水,采用碱性水计算公式计算。根据地热井水质资料,计算评价其地热水腐蚀性。从表 4-27 可以看出,区内地热水为腐蚀性水。

3)寒武系—奥陶系

区内寒武系—奥陶系热储地热流体的 pH 值均大于 7.0,为碱性水,采用碱性水计算公式计算。根据地热井水质资料,计算评价其地热水腐蚀性。从表 4-27 可以看出,区内地热水为腐蚀性水。

表 4-27 地热水腐蚀性评价结果一览表

采样点 县(区)	热储类型	pH 值	$\gamma(Mg^{2+})$ (mmol/L)	$\gamma(HCO_3^-)$ (mmol/L)	$\gamma(Ca^{2+})$ (mg/L)	K_k	$K_k+0.0503Ca^{2+}$	评价结果
德城区	$N_1 g$	7.60	2.400	3.600	98.2	−1.210	3.73	半腐蚀性水
陵城区	$N_1 g$	7.60	2.700	3.800	124.25	−1.109	5.14	半腐蚀性水
宁津县	$N_1 g$	7.50	2.999	5.500	232.46	−2.521	9.17	半腐蚀性水
庆云县	$N_1 g$	7.80	3.100	4.400	106.21	−1.311	4.03	半腐蚀性水
临邑县	$N_1 g$	7.70	3.100	4.500	108.22	−1.412	4.03	半腐蚀性水
平原县	$N_1 g$	7.50	2.100	3.500	122.24	−1.411	4.74	半腐蚀性水
夏津县	$N_1 g$	7.50	2.799	2.800	168.34	−0.001	8.47	半腐蚀性水
武城县	$N_1 g$	7.50	2.400	3.100	110.22	−0.706	4.84	半腐蚀性水
乐陵市	$N_1 g$	7.50	4.100	11.601	62.12	−7.561	−4.44	非腐蚀性水
禹城市	$E_3 d$	7.80	17.097	1.800	829.66	15.419	57.15	腐蚀性水
齐河县	$\in$—O	7.20	10.798	2.600	609.22	8.263	38.91	腐蚀性水

2. 地热水结垢趋势评价

1)馆陶组

由于德州地区馆陶组地热水中氯离子平均含量超过 25‰mmol,因此采用拉申腐蚀指数法评价较为合理。从表 4-28 可以看出,拉申指数 LI 在 16.67~38.58 之间,远远大于 0.5,故德州地区内馆陶组热储地热水在开发利用过程中不结垢,有腐蚀性。

2)东营组

由于德州地区东营组地热水中氯离子平均含量超过 25‰mmol,因此采用拉申腐蚀指数法评价较为合理。

从表 4-28 可以看出,拉申指数 LI 约为 17.48,远远大于 0.5,故德州地区内东营组热储地热水在开发利用过程中不结垢,有腐蚀性。

表 4-28 馆陶组、东营组热储地热水结垢性趋势判断结果一览表

采样点县（区）	热储类型	Cl^- 含量 (mg/L)	等当量 $CaCO_3$ (mg/L)	SO_4^{2-} 含量 (mg/L)	等当量 $CaCO_3$ (mg/L)	总碱度 等当量 $CaCO_3$ (mg/L)	拉申指数	评价结果
德城区	N_1g	2 100.41	2 958.32	926.98	965.60	180.14	21.78	
陵城区	N_1g	2 428.33	3 420.18	1 027.84	1 070.67	190.00	23.64	
宁津县	N_1g	2 729.65	3 844.58	713.25	742.97	275.22	16.67	
庆云县	N_1g	2 144.73	3 020.75	1 015.83	1 058.16	220.18	18.53	
临邑县	N_1g	1 081.23	1 522.86	2 017.26	2 101.31	225.18	16.09	不结垢，有腐蚀性
平原县	N_1g	2 153.59	3 033.23	1 906.79	1 986.24	130.10	38.58	
夏津县	N_1g	2 020.65	2 845.99	1 126.30	1 173.23	175.14	22.95	
武城县	N_1g	2 029.51	2 858.46	1 306.42	1 360.85	140.11	30.11	
乐陵市	N_1g	2 268.80	3 195.49	859.74	895.56	155.12	26.37	
禹城市	E_3d	6 575.98	9 261.94	850.13	885.55	580.46	17.48	

3）寒武系—奥陶系

由于德州地区寒武系—奥陶系地热水中氯离子平均含量不超过 25‰ mmol，因此采用雷兹诺指数法评价较为合理。

从表 4-29 可以看出，雷兹诺指数 RI 约为 6.19，故德州地区内寒武系—奥陶系热储地热水在开发利用过程中结垢轻微。

表 4-29 寒武系—奥陶系热储地热水结垢性趋势判断结果一览表

采样点县（区）	热储类型	温度（℃）	$\gamma(Ca^{2+})$ (mmol/L)	$\gamma(HCO_3^-)$ (mmol/L)	Ke	pH_s	pH_a	RI	评价结果
齐河县	∈—O	42.00	30.40	2.64	2.60	6.69	7.2	6.19	结垢轻微

2. 锅垢总量

水质检测报告中未对悬浮物进行测试，本次计算取德州市地热水中的悬浮物含量的平均值 14.13mg/L，Al^{3+} 含量均未检出，Al^{3+} 含量小于 0.02mg/L，作为本次计算的参考值。

1）馆陶组

从表 4-30 可以看出，德州市馆陶组热储地热流体中除宁津县、夏津县为锅垢很多的地热流体，其他地区均为锅垢多的地热流体。

2）东营组

从表 4-30 可以看出，德州市东营组热储地热流体为锅垢多的地热流体。

3）寒武系—奥陶系

从表 4-30 可以看出，德州市寒武系—奥陶系热储地热流体为锅垢很多的地热流体。

3. 地热流体对混凝土的侵蚀性评价

1）馆陶组

从表 4-31 可以看出，德州市馆陶组热储地热流体对混凝土不具有分解性侵蚀和结晶性侵蚀。

2）东营组

从表 4-31 可以看出，德州市东营组热储地热流体对混凝土不具有分解性侵蚀；对普通混凝土具有结晶性侵蚀，对抗硫酸混凝土不具有结晶性侵蚀。

3）寒武系—奥陶系

从表 4-31 可以看出，德州市寒武系—奥陶系热储地热流体对混凝土不具有分解性侵蚀和结晶性侵蚀。

第四章 地热资源评价

表 4-30 地热水锅垢总量评价结果一览表

采样点县(区)	热储类型	S (mg/L)	C (mg/L)	Fe³⁺ (mg/L)	Al³⁺ (mg/L)	SiO₂ (mg/L)	$\gamma(Fe^{2+})$ (mmol/L)	$\gamma(Al^{3+})$ (mmol/L)	$\gamma(Mg^{2+})$ (mmol/L)	$\gamma(Ca^{2+})$ (mmol/L)	H_0	评价结果
德城区	N_1g	14.13	35.237	0.16	0.00	35.00	0.00	0.00	2.40	4.90	386.48	锅垢多
陵城区	N_1g	14.13	2.700	0.32	0.00	35.00	0.02	0.00	2.70	6.20	437.19	锅垢很多
宁津县	N_1g	14.13	2.999	0.48	0.00	28.76	0.01	0.00	3.00	11.60	761.80	锅垢很多
庆云县	N_1g	14.13	3.100	0.00	0.00	35.00	0.00	0.00	3.10	5.30	392.09	锅垢多
临邑县	N_1g	14.13	3.100	0.16	0.00	25.00	0.01	0.00	3.10	5.40	398.06	锅垢多
平原县	N_1g	14.13	2.100	0.32	0.00	25.00	0.01	0.00	2.10	6.10	418.60	锅垢很多
夏津县	N_1g	14.13	2.799	0.36	0.00	35.00	0.00	0.00	2.80	13.39	863.13	锅垢很多
武城县	N_1g	14.13	2.400	0.32	0.00	37.50	0.00	0.00	2.40	5.50	389.04	锅垢多
乐陵市	N_1g	14.13	4.100	0.20	0.00	25.00	0.00	0.00	4.10	3.10	283.12	锅垢多
禹城市	E_3d	14.13	17.097	0.00	0.00	25.00	0.00	0.00	17.10	41.40	2 815.90	锅垢很多
齐河县	$\in-O$	14.13	10.798	0.16	0.00	27.50	0.01	0.00	10.80	30.40	2 034.92	锅垢很多

表 4-31　地热水侵蚀性评价结果一览表

采样点		实测值			计算参数		判别标准							评价	
							硅酸盐水泥（A）				火山灰质矿渣硅酸盐水泥（B）				
县（区）	热储类型	pH	游离 CO_2 (mg/L)	SO_4^{2-} (mg/L)	a	b	pH_s	CO_2 (mg/L)	SO_4^{2-} (mg/L)		pH_s	CO_2 (mg/L)	SO_4^{2-} (mg/L)		分解性侵蚀	结晶性侵蚀
									普通	抗硫酸盐			普通	抗硫酸盐		
德城区	N_1g	7.60	11.19	926.98	0.10	18.00	6.49	47.82	415.06		6.69	42.82	415.06			
陵城区	N_1g	7.60	3.73	1 027.84	0.11	18.50	6.47	52.17	464.25		6.67	0.00	464.25			
宁津县	N_1g	7.50	14.92	713.25	0.22	23.00	6.37	94.14	509.45		6.57	0.00	509.45			
庆云县	N_1g	7.80	7.46	1 015.83	0.14	20.00	6.43	54.87	421.71		6.63	0.00	421.71			
临邑县	N_1g	7.70	3.73	2 017.26	0.16	20.50	6.42	57.82	262.18	>3000	6.62	0.00	262.18	>4000	无分解性侵蚀	无结晶性侵蚀
平原县	N_1g	7.50	7.46	1 126.30	0.10	18.00	6.50	50.22	423.04		6.70	0.00	423.04			
夏津县	N_1g	7.50	7.46	1 306.42	0.07	18.00	6.59	49.78	403.10		6.79	0.00	403.10			
武城县	N_1g	7.50	3.73	859.74	0.08	18.00	6.55	46.82	404.43		6.75	0.00	404.43			
乐陵市	N_1g	7.50	18.66	850.13	0.56	37.00	6.26	91.79	440.32		6.46	0.00	440.32			
禹城市	E_3d	7.80	7.46	648.41	0.02	18.00	6.85	54.59	1 050.00		7.05	0.00	1 050.00			对普通结晶性侵蚀，对抗硫酸盐水泥无结晶性侵蚀
齐河县	∈—O	7.20	11.19	1 906.79	0.05	18.00	6.62	68.46	250.00		6.82	0.00	250.00			无结晶性侵蚀

第五章　地热资源开发利用与保护

第一节　地热资源勘查与开发利用现状

一、地热勘查现状

20世纪80年代以前,围绕农田供水水文地质勘察、石油勘探等工作,地矿、石油等单位在本区及外围开展了不同精度和目的的地质、水文地质、矿产资源勘查及其综合评价研究工作。尤其是石油部门为寻找石油,在区内开展了人工地震、综合测井和少量石油地质钻探等工作,为研究区内地质构造、地层时代及岩性、含水层分布、富水性、水文地球化学、地温场特征,正确认识区域水文地质条件和地热地质背景提供了基础资料,为地热资源勘查提供了宝贵的地质资料。

德州市地热资源的勘查工作始于20世纪90年代,大致可以分为勘查找热、科研性回灌勘查、生产性回灌试验与标准制定3个阶段。

(一)勘查找热阶段(1996—2010年)

1996—1998年,山东省地勘局第二水文地质工程地质大队实施的"山东省德州市城区地热资源详查"项目开创了德州市地热资源勘查的先河,在德州市范围内首次勘查发现地热资源。该项目是山东省财政厅、山东省地质矿产厅以鲁财基字〔1996〕26号文下达的地质勘查项目,被列为地质矿产部Ⅰ类重点地勘项目,该项目开展的1:2.5万地热地质调查、二维人工地震勘探、探采结合孔地热地质钻探、综合测井、单井稳定流抽水试验、水质分析、动态监测等工作和资源量计算方法,为本区实施地热资源勘查项目提供了典型范例,多年来一直为后人所借鉴。该项目对德州市城区的区域地质及构造、热储层划分、热储层特征、地热流体特征、动态特征和地热资源形成条件等进行了系统叙述与评价,对新近系热储系统的划分与分析论证提出了独到见解,是山东省第一份孔隙—裂隙型地热资源详查报告,对今后地热资源勘查具有借鉴和指导意义,为德州市城区地热资源开发利用规划、边采边探提供了科学依据。2000年山东省国土资源厅对提交的储量进行了认定:采用开采强度法和最大降深法,按服务100年计算地热资源可开采量为832.2万 m^3/a,放热量为 $1.466×10^{15}J/a$,折合标准煤5万t,相当于热能46.8MW,满足C+D级精度。

此后项目组在德州市行政区划范围内先后开展了一系列地热地质勘查项目(表5-1),查明了德州市的地热地质条件,计算并评价了地热流体特征和地热资源量。随着2009—2010年开展的"山东省禹城市十里望乡地热资源勘查"项目在禹城市十里望乡政府院内成功钻凿一眼优质地热井,德州市所辖的11个县(市、区)均勘查发现优质地热资源。地热资源主要富集在古近系、新近系层状砂岩的孔隙—裂隙和古生界石灰岩的岩溶—裂隙内。区内已有地热井的测温资料表明,地热水的温度大多小于90℃,

属于低温地热资源、温热水—热水型。地表无热流显示,属于传导型地热资源,其特征详见第二章。

(二)科研性回灌勘查阶段(2006—2012年)

2006年,为研究砂岩孔隙热储地热回灌的可行性,山东省鲁北地质工程勘察院实施了"山东省地热资源开发利用效应及模式调查研究"项目,参照天津等地区地热回灌模式在德州市德城区开展了省内首次砂岩孔隙热储(馆陶组热储)地热原水同层对井环状间隙、加压回灌,试验结果表明,回灌量与回灌压力呈正相关,回灌量随着回灌压力的增大而增大;而单位压力回灌量则与回灌压力呈负相关,随回灌压力的增大而减小。由于本次回灌试验属省内首次,回灌工艺技术还处在摸索阶段,回灌水源为未净化处理的地热原水,导致回灌量仅11.6m³/h,且稳定时间短、回灌堵塞严重。

表5-1 德州市近年地热资源勘查相关项目一览表

序号	项目名称	实施时间
1	齐河县地热资源普查	1997
2	德州市地热资源地质勘查	1998
3	德州市区北部地热资源潜力评价	1999
4	宁津县地热资源普查	2000
5	临邑县城区地热资源普查	2000
6	武城县城区地热资源普查	2000
7	禹城市禹西地热资源普查	2001
8	禹城市城区地热资源调查	2002
9	平原县城区地热资源调查	2002
10	德州市经济开发区地热资源地质调查	2002
11	陵县地热资源调查	2002
12	德州市"东营组热储"地热资源普查	2003
13	山东省禹城市城区地热资源普查	2004
14	德州市地热资源调查评价	2005
15	乐陵市地热资源调查评价	2006
16	德州市城区地热资源调查评价	2007
17	德州市城区东营组热储地热资源普查	2008
18	禹城市地热资源调查评价	2008
19	德州市城区地热资源回灌勘查	2009
20	禹城市十里望地热资源普查	2009
21	山东省禹城市城区东营组热储地热资源调查评价	2010
22	山东省德州市地热回灌试验	2011
23	山东省德州市浅层地热能开发利用规划	2012
24	山东省德州市地热尾水回灌试验	2016

2010—2011年,为进一步查明德州市城区的地热回灌条件,山东省鲁北地质工程勘察院实施了"山东省德州市城区地热资源回灌勘查"项目,在总结德城区首次地热回灌经验的基础上,采用了加压、密封

及除砂、除铁等简单的过滤工艺,在回灌期间根据回灌量和水质变化,加密了回扬次数,在46m水位升幅条件下,最大回灌量能达到72m³/h,但仍无法维持长期稳定,回灌量衰减很快,堵塞仍很严重,而且需加压运行。

2011—2012年,为解决回灌量小、稳定时间短、回灌堵塞严重等问题,进一步研究和探索地热回灌的可行性,山东省鲁北地质工程勘察院实施了"山东省德州市地热回灌试验"项目,在深入研究地热回灌井成井工艺的基础上,以在平原县成功钻凿的省内首眼大口径填砾地热井作为回灌井,首次采用密封、两级除砂、两级过滤[粗过滤($50\mu m$)和精过滤($3\sim5\mu m$)]、排气等工艺进行了8组不同流量的地热原水梯级自然回灌试验。试验结果表明采用填砾成井工艺,增加了滤水管与热储层的有效接触面积,增大了地热井出水量的同时也提高了回灌量,试验期间静水位埋深30.69m,最大无压稳定回灌量达72.0~75.0m³/h,回灌持续时间23天以上。

(三)生产性回灌试验与标准制定阶段(2012—2021年)

2013—2015年,为研究地热尾水长期回灌的可行性,山东省鲁北地质工程勘察院实施了"山东省地热尾水回灌试验研究"项目。该项目在2012年平原县地热原水回灌试验的基础上,采用同层对井自然回灌模式和除砂、两级过滤、排气等回灌工艺,开展了区内首次供暖地热尾水供暖季生产性回灌试验。试验结果表明,整个供暖季回灌稳定,平均单位回灌量2.03m³/(h·m),以区域静水位埋深43.65m计,推算回灌量88.60m³/h。本次砂岩热储地热尾水回灌试验较前期取得了良好的效果,标志着砂岩孔隙热储回灌技术日臻完善,在当前供暖期单井开采量条件下,可实现地热资源的回灌开采,标志着山东省砂岩孔隙热储的回灌进入了生产性回灌试验研究阶段。

2016年,为研究地热尾水长期回灌条件下对地温场、水动力场、水化学场的影响,山东省地勘局第二水文地质工程地质大队建成了集板换供热、热泵梯级提热、用热不耗水、尾水回灌、自动化监测、科普教育为一体的砂岩热储地热尾水回灌示范工程,对山东省乃至全国砂岩热储地热供暖—回灌开采起到了示范作用。该示范工程采用除砂、粗过滤($50\mu m$)和精过滤($5\sim10\mu m$)、排气、自然回灌、回扬等回灌工艺,对开采井、回灌井的水量、水温、水位、水质等进行自动监测与人工监测,自2016年以来已稳定运行5个供暖季,实现了供暖尾水的全部回灌(详见第七章)。

2018—2019年,为模拟研究砂岩热储地热尾水回灌堵塞机理和合理采灌井距,山东省地勘局第二水文地质工程地质大队(山东省鲁北地质工程勘察院)在德州建立了国内首个地热回灌模拟试验场,开展了地热回灌试验及示踪试验,采用室内一维、二维物理、化学、生物和复合堵塞试验、砂样电镜扫描试验,研究并确定了不同采灌条件下动力场、温度场的演化规律,建立了回灌数值模型,提出了不同采灌条件下的合理采灌井距计算方法,研究确定了地热尾水回灌堵塞机理,研发了除砂、消毒、过滤、阻垢、排气等砂岩热储地热尾水回灌堵塞的防治方法。

2018—2021年,山东省地勘局第二水文地质工程地质大队(山东省鲁北地质工程勘察院)经过多年实践,系统总结了砂岩热储回灌钻探工艺、成井工艺及回灌工艺,编制完成的《砂岩热储地热尾水回灌技术规程》(DZ/T 0330—2019)已于2019年12月20日发布,2020年2月1日实施,解决了热储层堵塞、回灌量衰减等瓶颈难题;编制完成《地热资源勘查技术规程》(DB 37/T 4253—2021)、《地热井钻探技术规程》(DB37/T 1921—2021)、《干热岩钻探技术规程》(DB37/T 4311—2021)、《地热尾水回灌技术规程》(DB37/T 4310—2021)、《地热单井储量评估技术规程》(DB 37/T 4243—2020)、《地热资源勘查与开发利用规划编制技术规程》(DB37/T 4389—2021)等涵盖地热勘查、钻探、回灌、资源量计算、开发利用等全过程的系列地方标准已经通过山东省自然资源标准化技术委员会组织的专家审查并发布实施,为地热资源的勘查与开发利用提供了标准依据;建立的山东省砂岩热储地热尾水回灌标准化试点,促进了山东省地热资源开发利用健康、有序和规模化开发,发挥了标准化工作在打造乡村振兴齐鲁样板、服务山东地热资源开发利用中的作用。

二、开发利用现状

德州市地热资源丰富,是山东省地热资源富集区之一,具有分布范围广、储量丰富、易于开采等特点。德州市地热资源的开发利用始于20世纪90年代,1997年3月,山东省鲁北地质工程勘察院在其院内成功钻凿了深度1 491.37m,取水层位为新近系馆陶组热储层,井温56℃的德州市第一眼地热井,用于小区供暖,从而揭开了德州市地热资源开发利用的序幕;1998年,该院在德州市经济开发区钻凿了同层位第二眼地热井,并开展了地热资源综合利用研究,协助建立了集地热供暖、洗浴、室内外游泳为一体的凯元温泉度假村,开创了山东省地热资源综合利用的先河。由于这两处地热资源的成功开发利用,地热资源所具有的清洁环保、供暖成本低、效益显著、稳定可靠等特点逐渐被人们认可,并迅速传播开来,带动了鲁北平原区地热开发热潮,各地城区陆续开凿地热井用于地热供暖,尤其是随着房地产市场行业的不断发展,地热供暖规模逐年加大,遍布德州市所辖的市、县城区,2010年后逐渐向乡镇及城市周边的农村社区扩展。

地热供暖大量开采和尾水直接排放导致地热水位的持续下降,同时高矿化度、高温度地热尾水的排放,对地表水、土造成了一定的污染,地热尾水回灌是提高依法科学开采水平,有效保护生态环境的重要措施和手段,同时也可以最大限度地避免资源浪费,有效减少环境污染,维持热储层压力,从而实现地热资源可持续开发利用。因此,地热回灌的呼声越来越高,顺应这一地热资源开发利用趋势,德州市在地热供暖开采-回灌方面,走在了山东省前列。2016年山东省鲁北地质工程勘察院对水文队安居小区已有地热供暖工程进行了改造,并建立了"砂岩热储地热回灌示范工程",建成了集供暖、换热、热泵应用、回灌展示、自动化监测展示为一体的综合性地热供热站房,实现了供暖尾水的全部回灌。借鉴该工程的成功经验,2017年7月,德州市国土资源主管部门出台《关于加强地热资源尾水回灌工作的通知》(德国土资字〔2017〕131号),在全市范围内大力推广地热尾水回灌,督促辖区内所有地热开发企业必须对地热供暖工程实行回灌改造,至2020年底全市保留地热井均已全部配套建设了回灌井。

德州市各县(市、区)均有地热井分布,截至2021年12月共保留地热开采井303眼,配套建设回灌井303眼,所有保留地热开发利用单位均实现一采一灌或多采多灌、同层回灌,工程回灌率均满足回灌要求(孔隙型热储在80%以上,岩溶型热储在90%以上),成为整个鲁北地区乃至山东省地热资源开发利用最成功的地区之一,是山东省地热可持续开发利用规范管理的典范。本区地热开发利用层位90%为新近系馆陶组砂岩热储,成井深度1300~1600m,井口水温50~62℃;禹城地区的古近系东营组热储,成井深度1900~2300m,井口水温50~68℃,齐河地区的寒武系—奥陶系碳酸盐岩岩溶裂隙热储,成井深度2000~2200m,井口水温40~45℃,两者共占10%。

德州市地热资源开发利用方式主要为冬季供暖,少量为游泳、洗浴、娱乐休闲和种植(养殖)等(图5-1),取得了显著的经济、环境和社会效益。目前,德州市地热资源年开采量约4000万m^3,其中供暖用地热开采量约3800万m^3,回灌量约3380万m^3,供暖面积1300万m^2,节约标准煤约23.23万t/a,减排CO_2约50.65万t/a,每年可节约环境治理经费超过0.59亿元,为节能减排与环境污染治理做出了积极贡献。

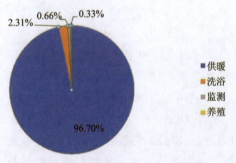

图5-1 地热资源利用方式比例图

1. 供暖

供暖是本区地热资源最主要的开发利用模式。早期供暖方式主要为粗放式直供,地热水抽取出来经除砂之后直接进入住户进行供暖利用,当水温降至30~35℃后则直接排入城市下水道管网。由于地热水矿化度高,长久使用对供热管道及末端产生一定腐蚀,严重影响了供暖设施的使用寿命,加上尾水温度较高,直接排放容易造成资源浪费与环境污染,目前供暖方式逐渐由粗放式直供向精细化板换间供+回灌模式转变,地热水不入户,经换热器加热住户端的循环水进入住户供暖,换热后的地热尾水经过滤、排气处理后同层回灌,从而实现了地热资源的绿色可持续开发利用。

2. 温室种植

温室种植以庆云县水发现代农业产业园智慧大棚为代表,其总供暖面积约 10.28 万 m^2,主要用于花卉、草莓和蔬菜种植,供暖周期为每年 10 月 20 日至次年 5 月 1 日,约 190 天。系统采用三套独立的"一采一灌"(其中一套备用)对井同层回灌模式进行开发利用,供暖方式为板换间供,当外界气温较低供暖温度达不到温室要求时采用直燃型吸收式热泵机组辅助供暖,回灌井注水层与开采井取水层均为馆陶组热储层,地热尾水经除砂、两级过滤及排气后回灌至回灌井中,年开采量约 94.17 万 m^3,开采水温 49℃;回灌量约 90.32 万 m^3,回灌水温 27℃,回灌率 95.9%,实现了地热资源的可持续开发利用。

3. 温泉康乐

在温泉康乐方面,本区地热水清澈透明,水质良好,富含多种对人体健康有益的微量元素,具有较高的康体保健作用,已建成夏津德百温泉度假村(图 5-2)、德州凯元温泉度假村(图 5-3)、德州凤冠假日酒店(图 5-4)、齐河天润温泉度假村、夏津德百温泉小镇、平原县东海天下温泉康养小镇。夏津德百温泉度假村建有污水处理设施,达标后排放,其余采用换热间供,循环后回灌。

图 5-2　夏津德百温泉度假村

图 5-3　德州凯元温泉度假村

图 5-4　德州凤冠假日酒店

第二节　地热开发的环境影响

一、水位的影响

地热水位的持续下降和降落漏斗不仅会对地热开发利用造成影响,还会直接影响到城市建设和经济的持续发展。

1. 水位持续下降

区内地热流体为弱补给的消耗型资源,其动态特征受人工开采的影响,供暖时期水位大幅度下降,停止供暖后水位迅速回升。

从多年观测曲线中可以看出,虽然地热井开采时水位陡降,停采时水位又陡升,但总体变化趋势是水位逐年下降,近几年德州市地热水水位下降趋于平缓,主要原因是主管部门加强对地热水的开采和回灌监控,但与初始监测年相比水位仍处于下降状态,即使是停采后水位也难以得到完全恢复,所以地热水在开发利用过程中应加强管理工作,避免盲目打井、随意开采、只采不灌等现象的发生。

2. 地热水降落漏斗

近年来,各县市城区新施工地热井逐年增加,开采规模不断增大,地热水资源的大量开采形成了以德州、平原、武城、夏津等县市城区为中心的地热水降落漏斗。地热水流场发生变化,在漏斗中心附近,地热水由四周向漏斗中心运移。据已有资料,部分县市城区地热水漏斗中心水位埋深一般均超过40m,德城区、武城、夏津均超过80m,漏斗中心水位最大降幅为87.17m;非漏斗区的水位埋深也在20m左右(图5-5,图5-6)。

第五章　地热资源开发利用与保护

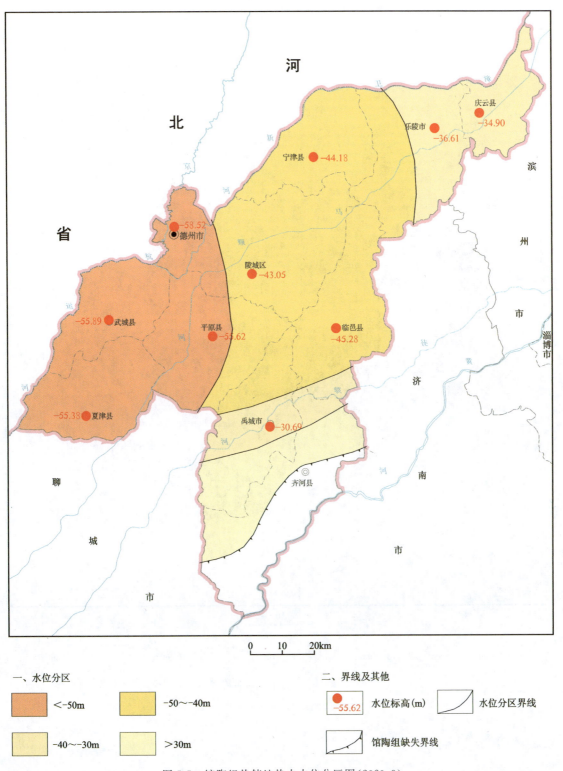

图 5-5　馆陶组热储地热水水位分区图（2020.9）

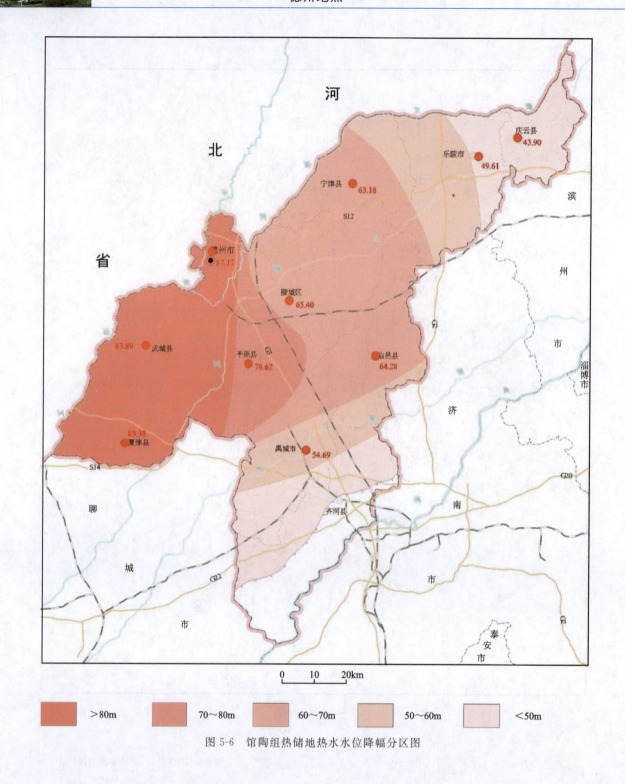

图 5-6 馆陶组热储地热水水位降幅分区图

二、水温的影响

(一)地热尾水回灌对地温场影响

1. 地温场监测

本次通过德州市德城区水文家园地热井的全井段测温资料,分析了回灌条件下地温场的变化。

1) 测温工程概况

德城区水文家园采灌工程共有 3 眼地热井，包括开采井、回灌井和观测井（图 5-7），开采井与回灌井间距 180m 左右，中间有一停用的开采井作为观测井进行监测。该回灌井施工于 2016 年，至 2020 年 10 月，已回灌 4 个供暖季，回灌井 2019 年 11 月 8 日至 2020 年 4 月 2 日回灌期间，回灌水温 28.3~38.7℃，累计平均 34.12℃。

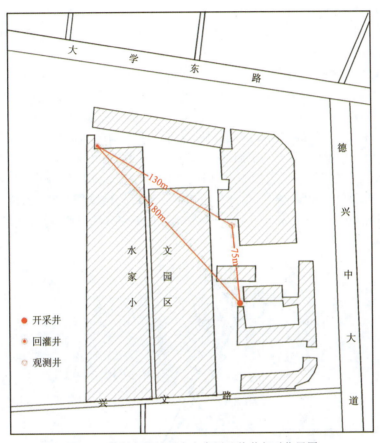

图 5-7　德州市德城区水文家园地热井相对位置图

2) 测温概况

2020 年度全井段测温工作在 4 月至 10 月进行（表 5-2）。测温方式为将温度传感器通过回灌井井筒下放至井底，每 5m 记录一个温度数据，分辨力 0.1℃。每次单井测温获得温度数据 300 点以上，同时收集了水文家园工程前几年的测温资料。

表 5-2　回灌井测温时间一览表

地点	类别	次数（次）							
		4月	5月	6月	7月	8月	9月	10月	合计
水文家园	开采井	1			2	1	1	1	6
	回灌井		2	1	1	1	1	1	7
	观测井	1	1			1			3
合计									16

2. 地温场变化特征分析

1) 回灌井地温场变化特征分析

根据以上测温工作，绘制了回灌井垂向温度变化曲线（图 5-8），根据温度变化整体特征，自井口至井底可分为3个区段,分别为均匀变温段、均匀增温段和温度波动段。

(1)均匀变温段。该段自井口起,底部深度平均80m,与水位埋深基本一致。该段测温曲线特征为随深度增加而较均匀的上升或下降,测温结果为上升趋势正好对应大气环境温度较低时,下降趋势正好对应气温较高时,说明本段升降与气温关系密切。

该段位于地热水水位以上,测温结果受气温和地层温度的共同影响,但分析认为其受气温影响更为显著,因为按照一般的地温变化特征,在深度20m左右会存在一个恒温带,恒温带以下为增温带,地温随深度增加会逐渐增加,而该井20m以下测温曲线并未表现出该特征。本井测温曲线显示,气温影响深度远大于恒温带深度,主要是因为回灌井井管材质为钢管,导热性好,热量主要通过井管传导至下部,另外该段井筒内为空气,其密度和比热很小,其体积很容易受传导热量的影响而引起温度的改变。

(2)均匀增温段。自85m处为地热水冷水头,温度为19~24℃,由此向下地温随深度的增加而递增,不同时间所得曲线在600~800m深度有个交点,不同回灌井测温曲线交点位置有所差别,相同的是,在交点之上相同深度处温度随时间延续而降低,交点之下则随时间延续而升高,交点附近温度基本保持不变。这是因为地热尾水回灌影响了回灌井周边的地温场,使得地层温度大体和回灌水温度一致,停止回灌后,受外围地层热传导等作用的影响,回灌井周边地温逐渐恢复,趋于和原始地层温度一致。交点之上地层原始温度小于回灌水温度,因此停止回灌后温度逐渐降低,交点之下正好相反,而交点附近地层原始温度与回灌水温度大体相同,因此基本保持稳定不变。基于该特征,我们也可以通过测温曲线交点温度推测回灌水温度。

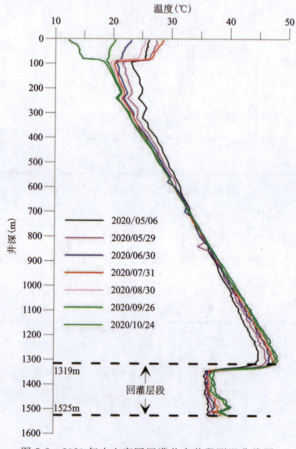

图5-8 2020年水文家园回灌井全井段测温曲线图

(3)温度波动段。该段是主要回灌区段,几乎包含整个回灌层位。本段整体温度显著低于非回灌段底部温度,至最后一次观测最高温度也未恢复到热储温度。各次测量井温曲线并非如以上各段总体表现为随深度增加而升高或降低,而是表现为波动,同一深度的温度随时间延续逐步回升,2020年度水文家园回灌井升温速率0.01℃/d。

此外,通过对比水文家园回灌井不同年度测温曲线,回灌段测温曲线未表现为随深度增加而上升或降低,而表现为波动,并且随着年内温度恢复时间的延续,波动幅度越来越大(图5-9,图5-10),但随着回灌的持续进行,2020年度曲线波动幅度变小(图5-11),即回灌段极大值与极小值的差变小,究其原因主要是回灌井已回灌4个供暖季,冷却场范围逐渐扩大,水平方向上的热量补给路径变长,温度恢复速度因而变缓。本年度回灌层段平均水温恢复速率约0.01℃/d,小于2019年度升温速率0.03℃/d,主要原因是回灌水与回灌井底部温差变小,导致温度恢复速度较慢,预计至下年度温度恢复速率将更小。

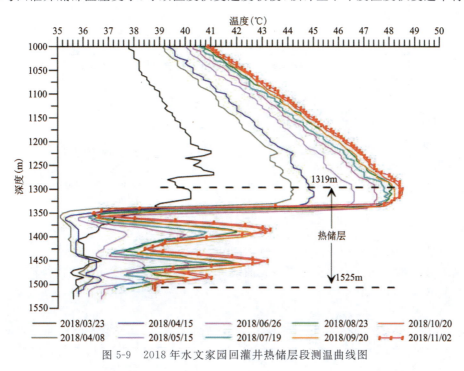

图5-9　2018年水文家园回灌井热储层段测温曲线图

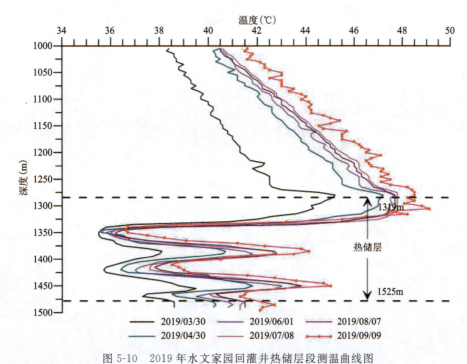

图5-10　2019年水文家园回灌井热储层段测温曲线图

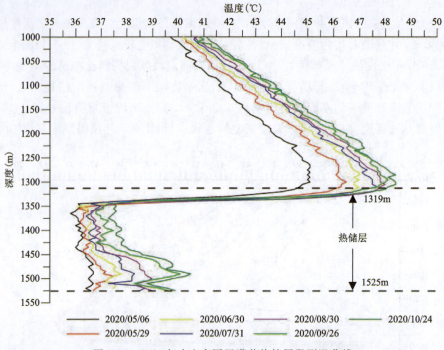

图 5-11 2020 年水文家园回灌井热储层段测温曲线

2) 开采井地温场变化特征分析

根据测温结果,绘制了开采井垂向温度变化曲线(图 5-12),根据温度变化整体特征,自井口至井底可分为均匀变温段、均匀增温段。

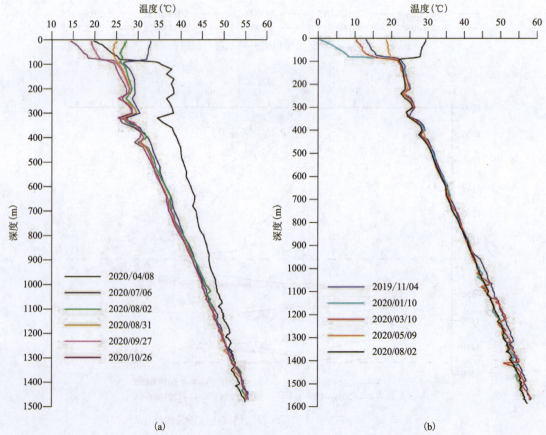

图 5-12 水文家园开采井(a)与观测井(b)测温曲线

均匀变温段与回灌井类似,主要受气温控制,在此不再赘述。均匀增温段主要与地温梯度有关,多次测温结果绘制的曲线基本重合,变化不大,本次重点分析热储层温度变化。

根据对比分析发现,开采井热储段非供暖季温度处于上升状态,水文家园工程开采井热储层各次测温平均水温分别为53.30℃、54.28℃、54.34℃、54.13℃、54.36℃、54.39℃,呈缓步回升的趋势(图5-13,图5-14),非供暖季开采井热储层平均水温共回升1.09℃,月平均升温速率为0.136℃,距离较近的观测井水温在回灌前温度最高,平均水温56.08℃,回灌中期水温54.81℃,回灌水温55.60℃(表5-3)。热储层之所以呈现这样的规律,主要是因为供暖季回灌井冷水的注入,较短时间内已经对开采井温度造成了影响,即已经发生了热突破。

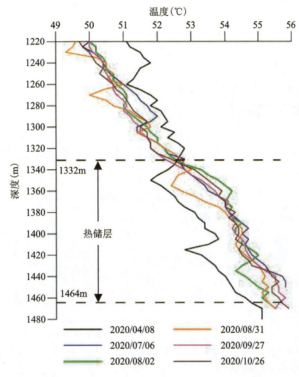

图5-13 水文家园开采井热储层段测温曲线

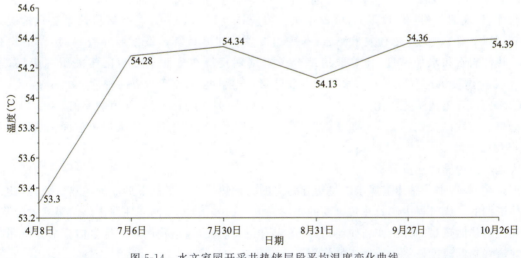

图5-14 水文家园开采井热储层段平均温度变化曲线

表5-3 水文家园观测井测温基本信息表

日期	2019.11.04	2020.01.10	2020.03.10	2020.05.09	2020.08.02
热储层温度(℃)	53.4~58.6	52.6~56.8	51.0~58.1	52.0~56.4	51.7~57.0
平均水温(℃)	56.08	54.81	55.60	54.50	54.71

综上所述,根据水文家园砂岩热储采灌工程测温数据,分析开采井、回灌井垂向地温场变化规律及原因,发现随着回灌年限的增大,热储层对回灌冷水热量的有效补给越来越小,当采灌井距较小时,短时间内会对开采井水温造成影响,并且随着回灌年限的增加,影响程度也越来越大,致使地热资源品质不断降低,最终可能会对供暖效果造成影响。因此,在进行地热采灌工程建设时,应注重合理采灌井距的布设。

3. 热储温度恢复来源分析

地热尾水回灌后,热储层会对冷温场进行温度补给,回灌段温度将迅速恢复。分析温度恢复的热量来源可能有以下几方面:一是来自底部大地热流传导的热量;二是上部非回灌段相对高温地层传导的热量;三是周边同层相对高温地层传导的热量和地热水热对流传导热量。本次以德城区水文家园为例,进行温度恢复来源的定量计算与定性分析。

1) 热储恢复热量估算

热储恢复的热量也即计算期内热量的增加值,参考《地热资源地质勘查规范》(GB/T 11615—2010)中热储热量计算公式,通过整理并简化为

$$Q = Ad\rho_r c_r (1-\varphi)\Delta t + A\varphi d\rho_w C_w \Delta t \tag{5-1}$$

式中:Q——非回灌期热储恢复的热量,单位J;

A——计算面积,单位m^2;

d——热储厚度,单位m;

ρ_r——热储岩石密度,单位kg/m^3;

c_r——热储岩石比热,单位$J/(kg \cdot ℃)$;

ρ_w——地热水密度,单位kg/m^3;

C_w——水的比热,单位$J/(kg \cdot ℃)$;

φ——热储岩石的孔隙度,无量纲;

Δt——热储温度变化,单位℃。

本回灌井回灌区段在1346~1525m之间,由于1346~1360m受上部非回灌段地层热量影响显著,1360~1375m为泥岩,底部受测量深度限制,因此本次主要统计计算1375~1505m区段热量变化情况。该段共计130m,以砂砾岩为主,夹有数米泥岩,本次均按砂岩粗略计算。根据测井资料,热储平均孔隙度33.7%。热储岩石和水的密度、比热取值综合考虑周瑞良等在华北平原地区相关研究成果,密度取$2300kg/m^3$;比热取$946J/(kg \cdot ℃)$;水的密度取储层平均温度38.2℃对应的密度$992.6kg/m^3$,比热取$4180J/(kg \cdot ℃)$。热储温度变化取2020年5月6日与10月24日测温平均值的差值,为2.31℃。

根据以上参数以及式(5-1),计算得2020年5月6日至10月24日171天内单位面积热储热量增加了853.09MJ。

2) 大地热流传导的热量分析

根据以往资料,本区总体上属于以热传导为主的大地热流作用机制下形成的地热资源,因此大地热流在地热资源的形成过程中起着非常重要的作用。但在回灌条件下,回灌井周边热储温度大幅降低,这时大地热流对热储热量的补给作用如何,目前还未有相关研究,这里我们通过定量估算来分析回灌条件下大地热流在热储温度恢复中所发挥的作用。

大地传导热流计算公式为

$$Q = Aqt \tag{5-2}$$

式中:Q——大地热流传导的热量,单位 J;

　　A——计算面积,单位 m²;

　　q——大地热流,单位 W/m²;

　　t——计算时间,单位 s。

区域上有关大地热流的研究资料已有不少,龚育龄等(2013)依据济阳坳陷内 13 口井的系统测温数据和 700 余口井的试油测温数据,得出济阳坳陷平均大地热流为 65.8mW/m²;康凤新等(2018)研究得出德州市德城区大地热流值为 62.9mW/m²,与区域研究结果一致。本次按 62.9mW/m² 计算,得出 171 天单位面积大地热流传导的热量为 0.93MJ,该热量仅相当于前文所计算的热储所恢复热量的 1.1‰。

考虑到上述大地热流值所对应的地温梯度为自然状况下的地温梯度(约 33.2℃/km),而在回灌条件下,回灌段底部与下部地层结合部位,推测应该有一个温度陡升段,类似于回灌段顶部的温度陡降,其温度梯度很高,导致热传导增强。假设该陡升段区间长度与上部恒温段和增温段之间的陡降段长度相当,取 40m,起始温度取首次和末次测温井底温度平均值 37.9℃,终止温度为热储温度 55℃,则其温度梯度为 0.428℃/m。岩石热导率根据龚育龄等(2003)在济阳坳陷内实测数据取 1.97W/(m·℃),据此计算得该条件下所对应的大地热流为 843.2mW/m²,则根据式(5-2)计算得 171 天单位面积大地热流传导的热量为 12.46MJ,占热储所恢复热量的 1.46%。两种情况下所计算的大地传导热流与热储恢复的热量相比都较小,因此大地传导热流不是本地热井热储热量恢复的主要热量来源。

另外,进行定性的分析,假设大地传导热流是热储温度恢复的主要热量来源,那么在回灌段内,深度越大越容易得到大地传导热流的补给,升温较快,反之深度较浅处升温较慢,即温度会随深度增加呈升高趋势,但实际测温曲线并未表现出该特征,也说明大地传导热流不是热储地温恢复的主要热量来源。

3)上部非回灌段相对高温地层传导的热量分析

回灌条件下由于热储温度大幅降低,低于上部非回灌段地层温度,因此热量必然会在热传导作用下向回灌段传递,其计算公式为

$$Q = A\lambda \cdot \mathrm{Grad}T \cdot t \tag{5-3}$$

式中:Q——传导热流量,单位 J;

　　A——计算面积,单位 m²;

　　λ——热导率,单位 W/(m·℃);

　　$\mathrm{Grad}T$——温度梯度,单位 ℃/m;

　　t——计算时间,单位 s。

热导率同前取值为 1.97W/(m·℃),温度梯度取陡降段平均温度梯度 0.290℃/m,根据式(5-3)计算得 171 天单位面积传导的热量为 8.44MJ,仅占热储所恢复热量的 9.9‰,因此顶部非回灌段相对高温地层传导的热量不是热储地温恢复的主要热量来源。

同样进行定性的分析,假设热储热量恢复主要受顶部非回灌段相对高温地层传导热量的影响,那么非回灌段内温度会随深度的增加而减小,测温曲线特征表明该假设是错误的。

4)周边同层相对高温地层传导的热量和地热水热对流传导热量分析

前面已经确定大地热流传导和上部地层热传导不是热储地温恢复的主要热量来源,那么只能是周边同层相对高温地层传导的热量和地热水流动(包括地热水径流和自然热对流)带来的热量,要么其中之一起主导作用,或者均有很重要的作用。由于目前还不能对回灌条件下回灌井周边水平方向上温度分布等特征进行有效监测,因此不能定量计算其热量,这里只能做定性的分析。

本次统计了 2018 年与 2020 年 1270～1310m 和 1375～1505m 两个典型区间的井内测温数据,两个统计区间分别位于非回灌段和回灌段,但均避开了非回灌段和回灌段结合部位地层温度互相影响较大的区段,且其深度较为接近,地层热物性等特征相似。2018 年 1270～1310m 区间第一次测温平均温度为 44.03℃,最后一次(208d)为 48.31℃,升高了 4.28℃。1375～1505m 区间第一次测温平均温度为 35.79℃,最后一次为 40.68℃,升高了 4.89℃。2020 年 1270～1310m 区间第一次测温平均温度为

44.99℃,最后一次(171d)为48.22℃,升高了3.23℃。1375~1505m区间第一次测温平均温度为36.34℃,最后一次为38.62℃,升高了2.28℃(表5-4)。

表5-4 水文家园回灌井不同年份不同层段测温情况一览表

层段(m)	时间	平均温度(℃)	增温(℃)
1270~1310	2018.4.8	44.03	4.28
	2018.11.2	48.31	
1375~1505	2018.4.8	35.79	4.89
	2018.11.2	40.68	
1270~1310	2020.5.6	44.99	3.23
	2020.10.24	48.22	
1375~1505	2020.5.6	36.34	2.28
	2020.10.24	38.62	

通过对比,2018年非回灌段增温略高一些,由于回灌期间非回灌段主要通过井壁热传导影响周边地温场,因此影响范围相对较小。而回灌段低温地热水直接进入地层,影响范围要大得多,所以推测水平方向上温度梯度前者大于后者。前者温度恢复热量来源主要为周边同层相对高温地层传导的热量,假如后者温度恢复热量主要来源相同,那么前者温度恢复应该更快一些,但测温结果正好相反,所以推测1375~1505m区段还有其他热源补给,即地热水流动带来的热量。另外,1270~1310m区间不同深度增温幅度较为均匀,均在4.2~4.3℃,说明热传导作用是比较均匀的;而1375~1505m区间最小增温幅度2.8℃,最大7.8℃,差别巨大,仅靠热传导不会造成如此大的差异,所以推测地下水流动带来的热量也在其温度恢复中发挥着重要作用,甚至可能发挥着主导作用。

因此可知,2020年冷温场范围较大,热量补给路径较长,温度恢复量较小。通过对比非回灌段与回灌段增温可知,非回灌段平均增温量大于回灌段的平均增温量。随着回灌年度的增加,地热水流动补给的主导作用逐渐减弱,周边同层相对高温地层传导的热量逐渐成为主要的热量恢复来源。

综上所述,在回灌条件下,短时间内回灌井热量恢复来源中,底部大地传导热流和顶部地层传导热流在热储温度恢复中的作用较小,周边同层相对高温地层传导的热量和热对流传导带来的热量是其温度恢复的主要热量来源,并且在回灌初期地热水流动在热量恢复中占主导作用,但随着回灌年度的增加,冷温场范围越来越大,热对流对温度场恢复的主导作用逐渐减弱,周边同层相对高温地层传导的热量在温度恢复中的作用越来越强,温度恢复的程度也越来越小。

(二)回灌条件下地温场影响预测

本次利用TOUGH2软件进行砂岩热储对井开采多场耦合模型的构建,预测回灌条件下地温场变化规律。

1.现状采灌条件下预测

回灌井和开采井的过水段均位于馆陶组下段,因此采灌过程引起的水热运移演化对下段地层影响较大,回灌低温冷水更易积攒在过水段下部向底部储层运移,低温水的影响范围随采灌过程的进行逐渐扩展。在采灌量为60m³/h,每年开采130d,回灌水平均35℃时,模拟结果见图5-15~图5-17。

经过预测发现在采灌过程进行10年后,回灌低温水就影响到了开采井过水段底部[图5-17(d)],这也导致开采井水温在运行10年内快速下降(图5-15);采灌过程进行50年后,开采井底部已完全受低温水的影响,低温区域的影响也已扩展到开采井的外侧[图5-17(e)],出水温度降至48.6℃;到100年后出水温度降至46.6℃。此外,开采过程中,由于回灌冷水的影响,低温区域应呈现关于回灌井对称分布的情况,但由于开采井不断地提取高温热水,回灌井右侧靠近开采井的储层温度相对来说有所升高。40℃、50℃温度锋面距回灌井和开采井的距离如表5-5、表5-6所示。

第五章 地热资源开发利用与保护

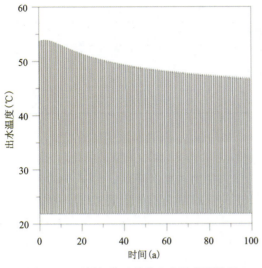

图 5-15 不同年份开采井出水温度预测图

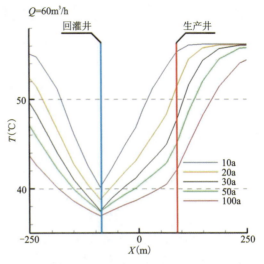

图 5-16 现状开采条件下不同时间储层底部温度分布图

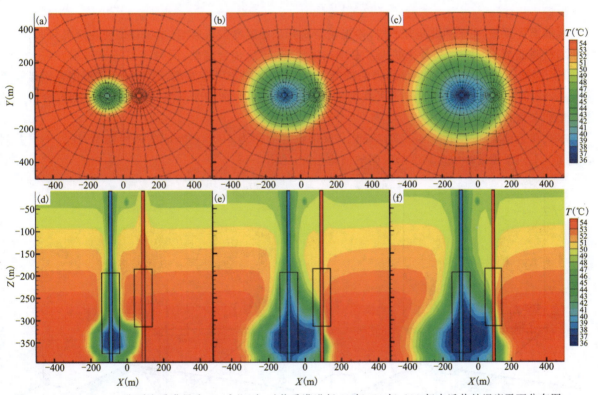

图 5-17 (a)、(b)、(c)分别为采灌量为 60m³/h 时,对井采灌进行 10 年、50 年、100 年内近井处温度平面分布图 ($Z=-394.5$m),(d)、(e)、(f)分别为 10 年、50 年、100 年后温度的侧向分布图($Y=0$m)(蓝色矩形和红色矩形分别代表回灌井和开采井的大体位置,黑色矩形框定的区域代表两井过水段的分布范围)

表 5-5　井间距为 180m,采灌量为 60m³/h 时温度锋到回灌井的距离

温度(℃)	锋面距回灌井距离(m)				
	10 年	20 年	30 年	50 年	100 年
40	0	20	45	80	135
50	110	165	195	215	260

表 5-6 井间距为 180m,采灌量为 60m³/h 时温度锋到开采井的距离

温度(℃)	锋面距开采井距离(m)				
	10 年	20 年	30 年	50 年	100 年
40	180	160	135	100	45
50	70	15	温度降至 50℃ 以下		

经分析,回灌冷水注入后,短时间内并不能将其补给至初始温度,随着回灌年度的增加,冷温场范围会越来越大,当采灌井距较小时,会运移至开采井底部,影响出水温度,如本工程采灌井距只有 180m,在回灌 10 年后冷温场范围明显已运移至开采井底部,致使开采井出水温度降低。此外,随着冷温场范围的不断增大,水平温度补给的范围也越来越大,导致在某一位置的温度并不是呈直线下降的,如本工程开采井出水温度曲线(图 5-15),冷温场对其影响,刚开始下降速率较快,至回灌 50 年左右,温度下降速率趋于平缓。因此,设定合理采灌井距,可有效延长冷温场运移对开采井影响时间,从而延长地热井使用寿命。

2. 合理采灌井距的研究

1)模型构建

根据上述预测,在采灌井距较小时,冷温场会对开采井温度造成影响,本工程即使在降低供暖效果,将开采量降低至 40m³/h 时,开采井出水温度在回灌 10 年后仍会降低,同时冷温场运移至开采井底部后,即使 100% 回灌,也会造成热储压力的降低,使得水位下降。研究发现,冷温场运移范围与采灌量直接相关,若想增大采灌量而不影响开采井的出水温度与水位,只能增大采灌井间距。因此研究合理采灌井间距意义重大。

本次在基础案例井间距 180m 的基础上,又增设井间距为 400m、600m 的两组模型,探究不同井间距条件下不同采灌量时出水温度随时间的演化趋势,见图 5-18。

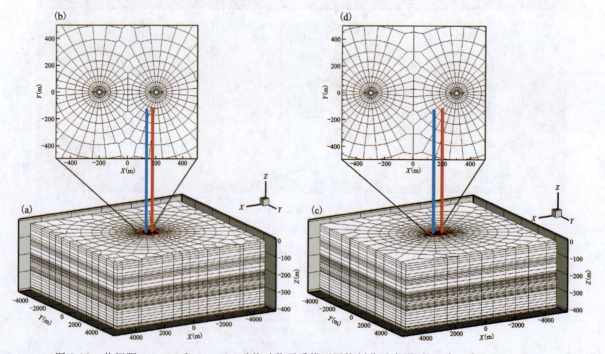

图 5-18 井间距 400m(a) 和 600m(c) 时的对井开采模型网格剖分示意图(长:宽:高=1:1:10),(b)、(d)分别为其近井网格剖分示意图

2)预测结果

(1)开采井出水温度。模拟结果显示,以更大流量进行开采时,由于流体流量大、流速快,运移过程中的热量损失更少,因此在采灌初期,其出水温度均略高于小流量开采的出水温度;并且由于开采过程促使深部高温流体向开采井运移,在开采初期各方案出水温度都会有小幅度上升(图5-19)。

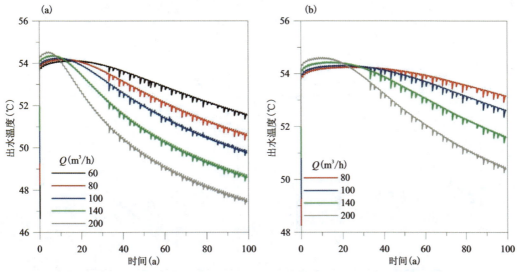

图5-19 井间距400m(a)、600m(b)时,不同采灌量条件下出水温度随时间的演化曲线

井间距一定时,开采速率越快,开采初期出水温度越高,但其产生热突破的时间越早,水温下降更迅速。

采灌量相同时,井间距越大,回灌冷水产生影响的时间越晚,水温开始下降的时间也越晚,相同开采期内水温降幅越小。例如当采注速率均为80m³/h时,两种井间距方案中开采第一年时出水温度均为53.9℃,井间距400m时,开采第1~11年产水温度略有上升,最高温度达54.2℃,开采第12年水温就开始下降,50年内水温降幅1.3℃;井间距600m时,产水温度在开采第1年缓慢上升,在开采第33年升至最高出水温度,达54.2℃,第34年产水温度开始下降,开采至50年水温为54.1℃,较第1年产水温度高0.2℃(表5-7,表5-8)。

表5-7 井间距400m时不同开采速率产水温度变化

采灌量(m³/h) 产水时间	60		80		100		140		200	
	水温(℃)	降幅(℃)	水温(℃)	降幅(℃)	水温(℃)	降幅(℃)	水温(℃)	降幅(℃)	水温(℃)	降幅(℃)
第1年	53.8	0.0	53.9	0.0	54.0	0.0	54.1	0.0	54.3	0.0
第50年	53.3	0.5	52.6	1.3	52.0	2.0	50.9	3.2	49.7	4.6
第100年	51.6	2.2	50.6	3.3	49.8	4.2	48.6	5.5	47.5	6.8

表5-8 井间距600m时不同开采速率产水温度变化

采灌量(m³/h) 产水时间	80		100		140		200		260	
	水温(℃)	降幅(℃)	水温(℃)	降幅(℃)	水温(℃)	降幅(℃)	水温(℃)	降幅(℃)	水温(℃)	降幅(℃)
第1年	53.9	0.0	54.0	0.0	54.1	0.0	54.3	0.0	54.5	0.0
第50年	54.1	−0.2	54.0	0.0	53.5	0.6	52.7	1.6	51.9	2.6
第100年	53.2	0.7	52.6	1.4	51.6	2.5	50.4	3.9	49.6	4.9

（2）储层底部温度变化。井间距 400m 和 600m 时,不同采灌量方案中,储层底部温度随距离 X 的分布如图 5-20 和图 5-21 所示,不同井间距低温锋面(40℃和 50℃)距回灌井和开采井的距离数据分别见表 5-9、表 5-10。随着采灌井距的增大,冷温场对开采井影响的时间点逐渐延长,即热突破时间增大,并且在采灌量一定时冷温场运移的距离也有所减小。例如采灌量为 60m³/h,当采灌井间距为 180m 时,10 年末、20 年末 50℃冷锋面距离回灌井分别为 110m,165m；当采灌井间距为 400m 时,10 年末、20 年末 50℃冷锋面距离回灌井为 100m、150m；当采灌井间距为 600m 时,10 年末、20 年末 50℃冷锋面距

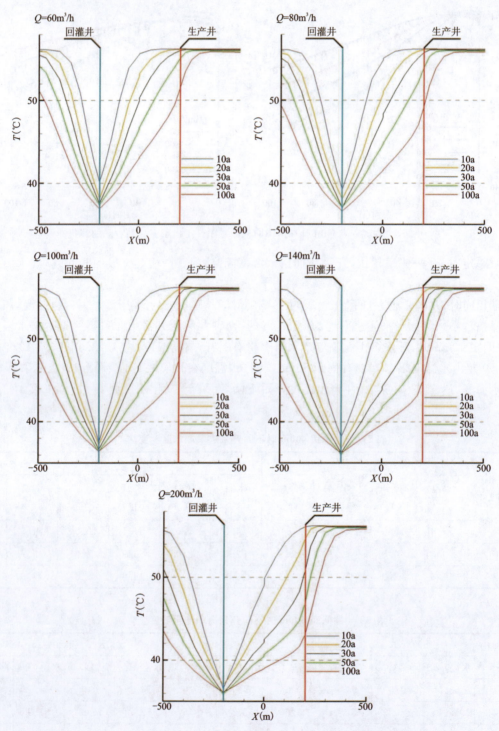

图 5-20 井间距 400m 时,不同采灌量方案中储层底部温度分布图

第五章 地热资源开发利用与保护

离回灌井为 100m、145m。主要在两井压力差大致相同情况下,随着对井采灌井距的加大,水力梯度减小,导致冷温场的运移速度变慢。而当冷温场已经对开采井造成影响时,由于冷水被开采井抽出,冷温场原有的运移规律被打破,表现为运移距离较原有规律有所减缓。例如采灌量为 60m³/h,当采灌井间距为 180m 时,100 年末 50℃冷锋面距离回灌井为 260m;当采灌井间距为 400m 时,100 年末 50℃冷锋面距离回灌井为 385m;当采灌井间距为 600m,100 末 50℃冷锋面距离回灌井为 350m。

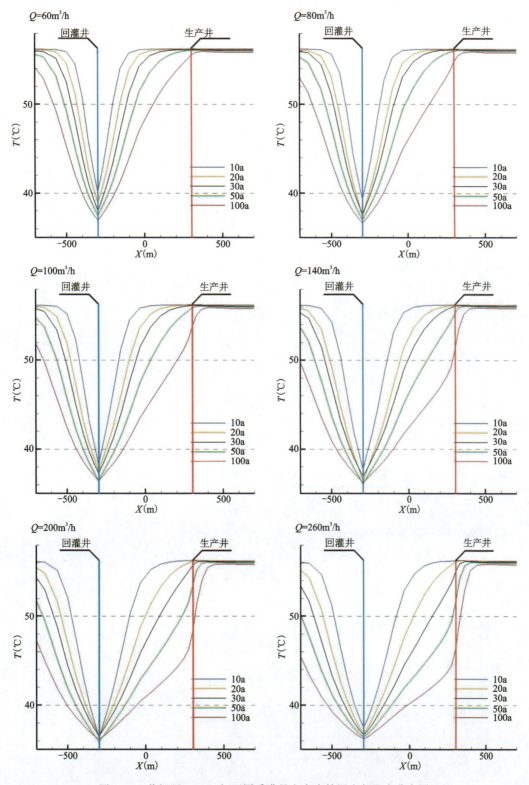

图 5-21 井间距 600m 时,不同采灌量方案中储层底部温度分布图

表5-9 井间距为400m,不同采灌量温度锋到回灌井和开采井的距离

采灌量(m³/h)	距离类别	冷锋温度(℃)	10年	20年	30年	50年	100年
60	锋面距回灌井距离(m)	40	0	35	50	70	100
		50	100	150	200	280	385
	锋面距开采井距离(m)	40	400	365	350	330	300
		50	300	250	200	120	5
80	锋面距回灌井距离(m)	40	10	50	70	90	130
		50	110	180	220	310	400
	锋面距开采井距离(m)	40	390	350	330	310	270
		50	290	220	180	90	0
100	锋面距回灌井距离(m)	40	30	60	70	100	170
		50	130	210	280	370	420
	锋面距开采井距离(m)	40	370	340	330	300	230
		50	270	190	120	30	/
140	锋面距回灌井距离(m)	40	35	70	100	130	210
		50	150	250	330	400	440
	锋面距开采井距离(m)	40	365	330	300	270	190
		50	250	150	70	0	/
200	锋面距回灌井距离(m)	40	60	80	110	160	250
		50	200	300	390	420	460
	锋面距开采井距离(m)	40	340	320	290	240	150
		50	200	100	10	/	/

注:"/"表示开采井出水温度低于50℃。

表5-10 井间距为600m,不同采灌量温度锋到回灌井和开采井的距离

采灌量(m³/h)	距离类别	冷锋温度(℃)	10年	20年	30年	50年	100年
60	锋面距回灌井距离(m)	40	0	17	35	60	100
		50	100	145	190	240	350
	锋面距开采井距离(m)	40	600	583	565	540	500
		50	500	455	410	360	250
80	锋面距回灌井距离(m)	40	5	50	55	95	150
		50	110	190	210	300	440
	锋面距开采井距离(m)	40	595	550	545	505	450
		50	490	410	390	300	160
100	锋面距回灌井距离(m)	40	30	60	80	110	170
		50	120	200	240	330	500
	锋面距开采井距离(m)	40	570	540	520	490	430
		50	480	400	360	270	100

续表 5-10

采灌量(m³/h)	距离类别	冷锋温度(℃)	10 年	20 年	30 年	50 年	100 年
140	锋面距回灌井距离(m)	40	30	90	95	130	200
		50	160	250	300	420	590
	锋面距开采井距离(m)	40	570	510	505	470	400
		50	440	350	300	180	10
200	锋面距回灌井距离(m)	40	60	90	110	155	240
		50	190	290	380	510	610
	锋面距开采井距离(m)	40	540	510	490	445	360
		50	410	310	220	90	/
260	锋面距回灌井距离(m)	40	50	90	110	180	280
		50	200	315	430	580	630
	锋面距开采井距离(m)	40	550	510	490	420	320
		50	400	285	170	20	/

注:"/"表示开采井出水温度低于50℃。

(3)合理采灌井距。根据以上预测结果,以德城区水文家园附近地层为基础,以50年开采井下降幅度小于1℃为标准,在开采量为60~80m³/h时,采灌井距应不小于400m,开采量为80~140m³/h时,采灌井距应不小于600m。

三、尾水排放对周边环境的影响

(一)对地下水的影响

根据水质资料,地热水有害成分包括汞及其无机化合物、镉及其无机化合物、六价铬化合物、砷及其无机化合物、铅及其无机化合物、铜及其化合物、氟的无机化合物等有害组分。德州地区地热水有害物质均低于《污水综合排放标准》(GB 8978—1996)中限定的污染物最高允许排放浓度,因而将地热尾水排入城市下水道不会对地下水环境质量造成危害。但由于本区地热水常规组分含量较高,沿渠道渗漏后,对浅层饮用水的水质有所影响。因此,如需将地热尾水放于城市污水系统,需采取适当净化处理和渠道防渗措施。

(二)对农田的影响

区内地热尾水温度一般在 25~35℃之间,直接用较高温度的地热尾水灌溉,会影响植物生长甚至导致植物死亡,同时还会造成细菌等各种微生物的大量繁殖。根据水质资料,区内地热尾水的矿化度较高,属于微咸水—咸水;地热尾水中全盐量、氯化物等成分大大超过《农田灌溉水质标准》(GB 5084—2021)规定,地热尾水的排放会造成土壤板结及盐碱化,对作物的生长不利。

(三)对渔业的影响

根据水质资料,区内地热尾水温度一般在 25~35℃之间,尾水中的氟化物含量大于 1mg/L,超出《渔业水质标准》(GB 11607-89)标准指标但是超出范围较小,其他组分含量均低于标准指标,因此地热尾水做相应处理后不仅不会对渔业养殖造成影响,还可以作为一种好的渔业水源。

四、地热开发与地面沉降关系

地面沉降是包括德州在内的鲁北平原区主要地质灾害,德州地面沉降发生于20世纪80年代,分布范围广,累积沉降量最大已超过1300mm。地面沉降给本区城市建设、工农业生产都造成了一定程度的影响,给水利设施、高速公路、高速铁路等重大工程的建设和运行带来了一定的安全隐患。根据本区以往地面沉降相关研究结果,认为深层地下水的开发利用与地面沉降的产生与发展高度相关,是引发地面沉降的主要原因。随着节能降碳目标对清洁能源的强烈需求,地热资源开发利用尤其是地热供暖越来越受到重视,德州市目前已建成近300处地热供暖工程,为本区节能减排和环境改善做出了突出贡献。而随着地热资源的规模化、规范化开发利用,地热开发与地面沉降的相关性问题也受到地方政府的高度关注,其结果将直接影响到政府和主管部门对地热资源开发利用的决策。

本书主要从两个方面论述地热开发与地面沉降的关系,一是地热资源开发是否会对深层地下水环境造成影响,进而造成由于深层地下水环境变化而引发的地面沉降;二是地热资源开发直接引起的地面沉降可能性分析。

(一)地热资源开发对深层地下水环境的影响

1.地热和深层地下水开采层位的空间关系

德州市地热资源和深层地下水在水平分布上是重叠的,但在垂向上属于两个不同的层位。本区1500m以浅地层由浅至深主要有第四系平原组、新近系明化镇组、新近系馆陶组,深层地下水开采井开采层位埋深一般在300～500m之间,有部分地段如德城区少数井为300～800m,属新近系明化镇组(表5-11,图5-22);而地热开采井开采层位埋深主要在1200～1500m之间,个别地段如宁津、庆云城区一带在1000～1200m之间,属新近系馆陶组。两者分别属于不同沉积年代所形成的含水层组,之间存在厚度达数百米的非开采层,其岩性以泥岩为主,隔水性能良好,天然阻隔了地热水和深层地下水的联系,使之分别成为独立的地下水系统,因此直观上认为地热资源开发不会对深层地下水环境造成影响。

表5-11 德州市地下水含水层位主要特征简表

层位名称	层底埋深(m)	地层厚度(m)	年代地层及形成时间	矿化度(g/L)	水温(℃)	水化学类型
浅层地下水	60	60	第四系全新统 <1万年	1～7	16～18	HCO_3-Na·Mg, HCO_3·Cl-Na·Mg, SO_4·Cl-Na·Mg 等
中深层地下水	300	240	第四系平原组 1万～260万年	5～10	18～22	Cl·SO_4-Na·Mg
深层地下水(开发层位主要为300～500m)	800	500	新近系明化镇组上段 260万～395万年	0.8～1.5	25	HCO_3-Na, HCO_3·SO_4-Na, HCO_3·Cl-Na, HCO_3·SO_4·Cl-Na
隔水层	1200	400	非开采层:累计厚度400～700m,泥页岩隔水层			
地热水(开发层位主要为1300～1500m)	1500	300	新近系馆陶组下段 1160万～2303万年	4～10	45～65	Cl-Na Cl·SO_4-Na

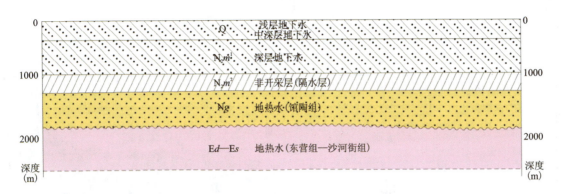

图 5-22 深层地下水与地热水层位垂向关系示意图

2. 地热和深层地下水之间的水力联系

为进一步论证"地热水和深层地下水分别为独立的地下水系统"这一结论的正确性,以下从两个层位的水位、水化学特征两方面进行对比分析,研究其是否存在水力联系,从而确定地热开采是否会对深层地下水环境造成影响。

1)水位平面分布特征及动态变化特征分析

由于德州市水资源匮乏,深层地下水曾经一度是本区生活饮用、工农业生产的主要水源,因此长期超量开采,形成了深层地下水降落漏斗。该漏斗以德城区为中心,向东南方向扩展(图5-23),即呈现出向东南方向埋深变浅的特征。在深层地下水大规模开发之前,本区深层地下水位埋深在2m左右,目前,德城区及周边陵城区、平原县、武城县一带已超过80m,德城区全区、平原县城区超过了100m,漏斗中心在120m左右,漏斗外围小于60m。

地热水位主要受开采的影响,德城区、夏津县、禹城市城区一带大于80m,陵城区、武城县、平原县、宁津县多在70~80m之间,最浅分布在庆云县附近,小于40m(图5-24),基本也呈现自西北向东南方向埋深变浅的总体特征。

虽然地热水和深层地下水水位埋深平面分布特征有一定的相似之处,但对于地热水,除德城区外,在集中开采区还有几个明显的漏斗,如禹城市、夏津县,这和深层地下水漏斗分布明显不同。另外,地热水位埋深最深的地方在夏津县城区附近,超过90m,但该区深层地下水位埋深在70~80m之间,并非漏斗中心。

根据水位长期动态监测资料,以地面沉降相对较严重的德城区为例,深层地下水漏斗中心水位在2008年以前主要呈现出持续下降趋势,年降幅约2.9m/a,之后随着开采量的不断减少,水位有所回升(图5-25)。地热水开发主要用于供暖,多在冬季开采,因此水位年内变化表现为供暖期(11月至次年3月)水位下降,之后逐渐回升,直至下一个供暖期到来,这种年内变化特征完全有别于深层地下水(图5-26)。多年动态方面,地热水水位在2006年之前较平缓,而该时期深层地下水水位呈下降趋势;2006—2017年随着开采量的增大,地热水水位也明显呈现下降趋势,年降幅约5.29m/a,直到2017年以后,随着地热采灌开发利用模式的逐渐推广,地热水水位持续下降的趋势才得到明显遏制,而同时期深层地下水水位主要呈现平缓上升趋势。

因此,通过以上水位特征的对比,发现地热水和深层地下水水位平面分布特征有较大差异,年内和多年动态特征迥异,说明两者无明显的水力联系。

2)水化学特征及动态变化特征分析

德州市深层地下水水质较好,其水化学类型以 HCO_3-Na 型为主,其次为 $HCO_3·SO_4$-Na、$HCO_3·$Cl-Na 或 $HCO_3·SO_4·$Cl-Na 型等,矿化度 0.8~1.5g/L。而地热水为咸水,水化学类型以 Cl-Na 型和 Cl·SO_4-Na 型为主,矿化度 4~10g/L。因此,两者水质有着显著差异。

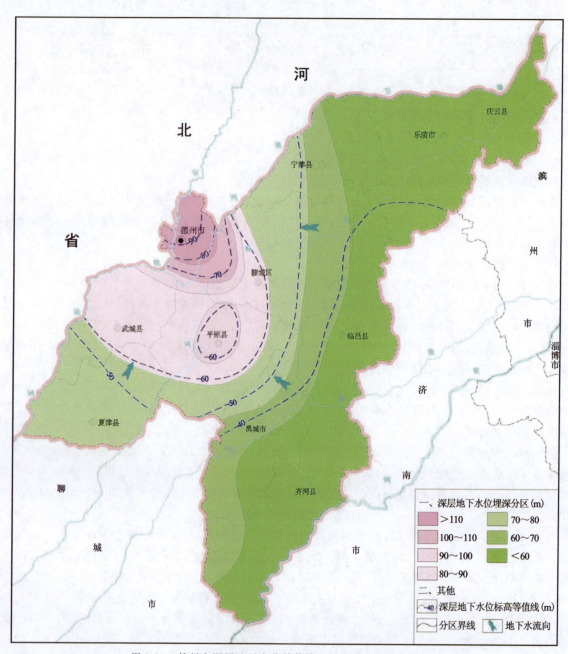

图 5-23 德州市深层地下水位等值线和埋深分区图（2020 年）

第五章 地热资源开发利用与保护

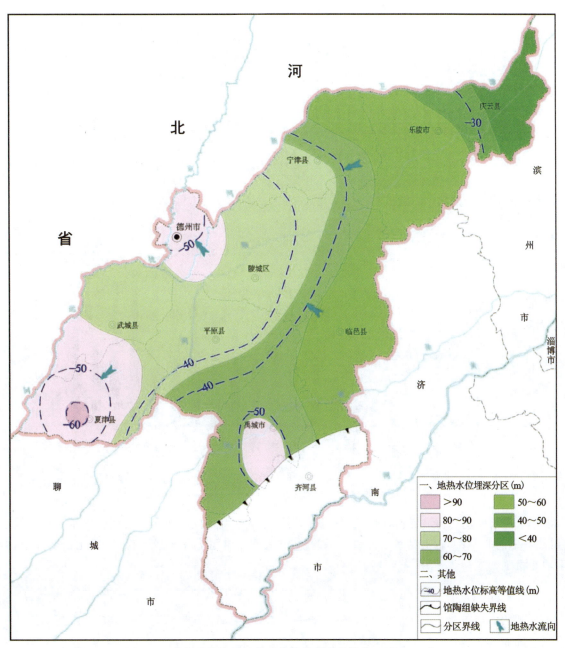

图 5-24　德州市馆陶组地热水位等值线和埋深分区图（2020 年）

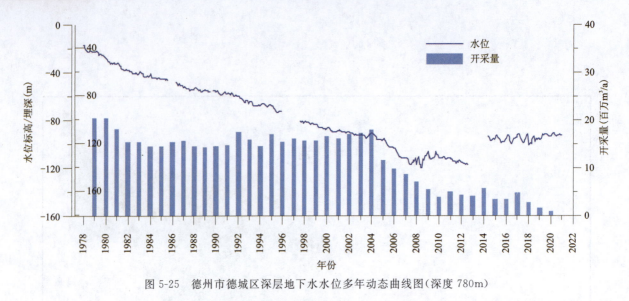

图 5-25　德州市德城区深层地下水水位多年动态曲线图（深度 780m）

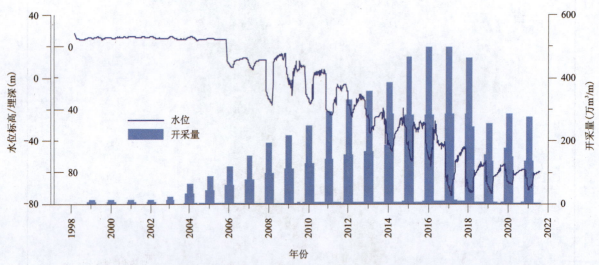

图 5-26　德州市德城区馆陶组地热水水位多年动态曲线图（深度 1480m）

根据水质长期动态监测资料，同样以德城区为例，地热水和深层地下水主要组分多年动态曲线形态平直（图 5-27，图 5-28），没有持续上升或下降的趋势，表明其含量多年来较为稳定，变化幅度较小，即水化学动态稳定。

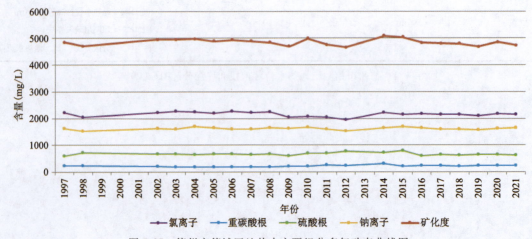

图 5-27　德州市德城区地热水主要组分多年动态曲线图

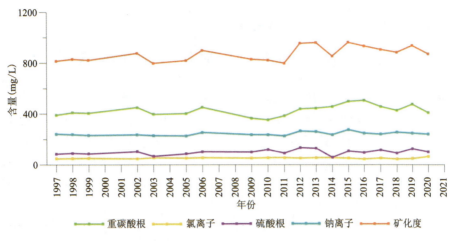

图 5-28　德州市德城区深层地下水主要组分多年动态曲线图

因此,通过以上水化学特征的对比,发现地热水和深层地下水水质差异明显,且各自动态稳定,说明地热水和深层地下水之间无显著的水量交换,无明显的水力联系。

3. 地热井成井工艺对深层地下水的影响

地热开采层位在深层地下水之下,因此地热井成井要穿过深层地下水含水层。由于地热开采层位埋深大,地层压力大,且水质较差,有一定的腐蚀性,普通钢管的强度、连接方式、抗腐蚀性均不能满足要求,因此地热井一般采用抗压强度高、耐腐蚀性强的石油套管作为井管,管与管之间采用丝扣连接。同时,为防止上部地层低温水通过钻孔和井管之间的间隙进入地热开采层,影响开采温度,必须采用黏土球或胶皮伞等方式在地热开采层位上部进行止水(图 5-29),相关钻探技术工艺已非常成熟,施工质量有保障。另外,由于地热井钻探施工费用较高,因此地热开发企业对成井质量比较重视,自 20 世纪 90 年代至今,在包括德州在内的鲁北平原区施工的地热开采井、回灌井累计已有千余眼,目前未发现有因为地热井施工工艺问题对上部各含水层水位和水质产生影响的现象,即目前地热井成井工艺完全可以保障不发生串层影响深层地下水的问题。

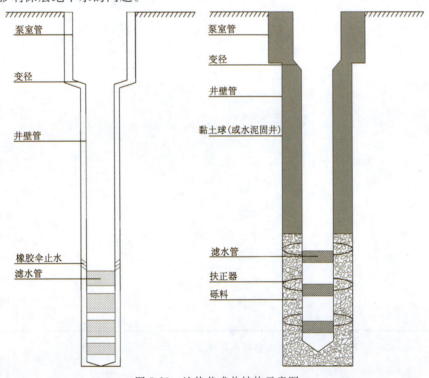

图 5-29　地热井成井结构示意图

(二)地热资源开发与地面沉降的相关性分析

本书结合地热资源开发利用特征、热储层岩土力学性质、沉降监测数据等资料,通过定性分析和理论计算多种方法来分析地热资源开发与地面沉降的相关性。

1. 基于水位和沉降特征的地热资源开发与地面沉降的相关性分析

德州市以往地面沉降相关研究表明,深层地下水降落漏斗中心与地面沉降中心位置基本一致,漏斗中心和沉降中心均位于德州市德城区西北部,且漏斗形状和展布范围与地面沉降范围也基本相似(图 5-23,图 5-30),发展形态都由中心向东南方向展布。而对比地热水水位和地面沉降展布特征可发现(图 5-24,图 5-30),地热水位有 3 个明显的漏斗,分布在德城区、禹城市、夏津县 3 个城区,漏斗形态和展布与地面沉降差别较大。

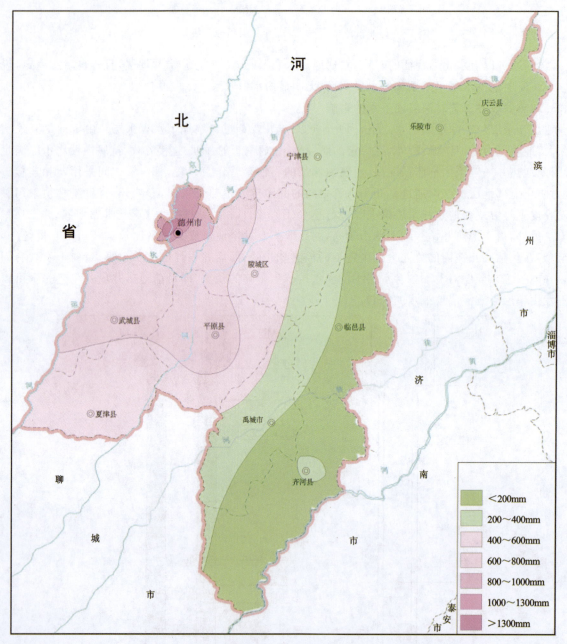

图 5-30 德州市地面累积沉降量分区图(1991—2017 年)

另外,通过对比德城区地面沉降中心 D62 和 D110 两点地面高程与深层地下水、地热水水位的多年动态变化特征(图 5-31),可以发现,两点地面高程与深层地下水水位动态变化趋势特征较为一致,基本上是随深层地下水水位的不断下降,地面标高逐渐降低,而与地热水水位一致性较差,尤其是在 2006 年地热资源大规模开发之前,地热水位较为平稳,但地面标高在逐年下降,即地面沉降在持续发展。

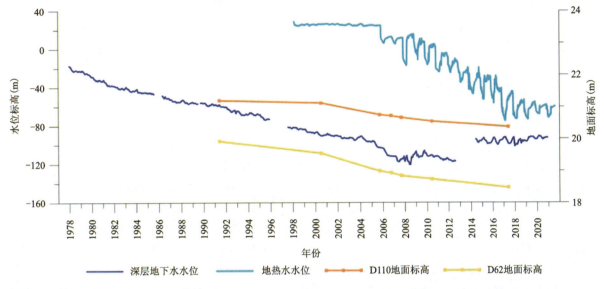

图 5-31　德州市德城区沉降中心水位与地面高程动态变化对比图

此外,在鲁北平原一些地区,如东营市东营区、河口区等,其地热开发也有多年历史,而由于深层地下水为咸水未进行开发,其地面沉降发育不明显;而在东营市广饶县,其地热开采活动较少,但深层地下水开采较多,地面沉降发育明显。

以上都说明本区地面沉降的发生和发展主要受深层地下水开采的影响,而与地热资源开采关系不密切。

2. 基于岩土力学特征的地热开发引起地面沉降量的理论计算

本次采用 Terzaghi 一维固结模型对地热开发引起的地面沉降量进行计算,计算公式为

$$S_\infty = a_v \cdot \Delta P \cdot H / (1 + e_0)$$

$$\Delta P = \Delta h \cdot r_w$$

式中:S_∞——土层最终变形量,单位 mm;

a_v——压缩系数,单位 kPa^{-1};

e_0——初始孔隙比;

ΔP——水位变化施加于土层的附加荷载,单位 kPa;

H——计算土层厚度,单位 mm;

Δh——t_1 至 t_2 时刻含水层的水位变幅,单位 m;

r_w——水的重度,单位 kN/m^3。

由于本区热储层的埋藏深度大,以往尚未有过取芯进行力学测试的研究,本次的计算参数主要通过鲁北地区已有土力学实测资料推算得到。以往测试结果表明,地层埋深越大,岩(土)层压缩性越小。本次计算压缩系数根据已有 200~800m 压缩层实测数据拟合推算(图 5-32),主要热储层平均埋深 1350m 处压缩系数为 $1.244 \times 10^{-3} MPa^{-1}$,即 $1.244 \times 10^{-6} kPa^{-1}$。

同样,根据德州市 0~800m 地层压缩层孔隙比分布规律可以发现,埋深越深,孔隙比越小。根据压缩层初始孔隙比散点图进行拟合推算(图 5-33),热储层平均埋深 1350m 处初始孔隙比为 0.457 6。

计算土层厚度 H 为热储层内压缩层,热储层内压缩层在水头下降后容易发生压密释水,根据钻孔

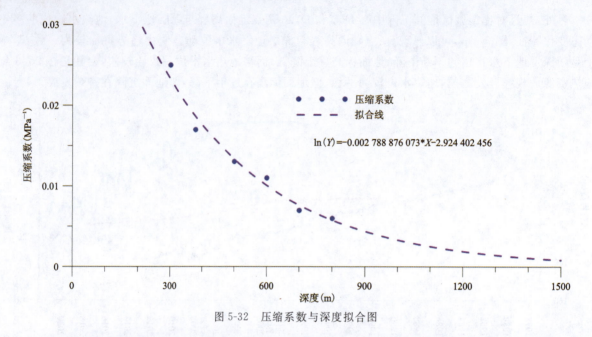

图 5-32 压缩系数与深度拟合图

资料所利用馆陶组热储内部压缩层厚度取 50m，Δh 选择每年热储层的水位变幅，热水头年均下降速率 5.35m/a，水的重度 r_w 取 10kN/m³，根据上述公式计算得热储层土体最终变形量为 2.28mm。

自德州市地热开发以来，德城区地热水水位从地上+7m 下降到埋深 75m，下降了 82m，取此值作为水位变幅 Δh，计算得到地热开发引起热储层最终变形量为 34.99mm。德州市地面沉降中心累计沉降量已超过 1.3m，相对于总沉降量而言，地热开发引起的地面沉降量仅占总沉降量的 2.7%。

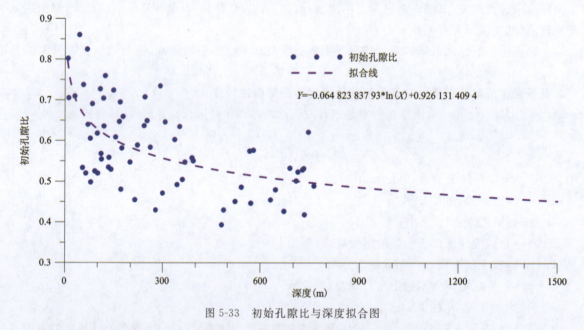

图 5-33 初始孔隙比与深度拟合图

3. 基于分层标监测的地热开发引起地面沉降量的理论估算

2013 年，山东省地勘局第二水文地质工程地质大队在德州市德城区建立了一组地面沉降监测分层标，共有 4 个层位，深度分别为 500m、60m、30m、2m（地面标），并于 2015 年起按照平均一月一次的监测频率对该组分层标相对沉降量进行监测。通过监测数据可计算得出相应深度区间的累计沉降量和沉降速率，根据计算结果，自 2015 年 1 月至 2017 年 11 月，500m 以浅地层累计沉降量为 118mm，其中 60m 以浅地层沉降量 5mm，60～300m 地层沉降量 59mm，300～500m 地层沉降量 54mm；对应的沉降速率，

500m以浅地层为37.9mm/a,其中60m以浅地层为1.6mm/a,60~300m地层为19.4mm/a,300~500m地层为16.9mm/a(图5-34)。

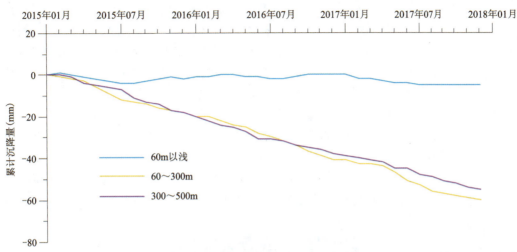

图5-34 分层标各层累计沉降量曲线图

结合同期对德州市进行的地面沉降水准测量数据分析,水准测量结果显示该组分层标所在场地在此期间地面沉降量为138mm,年均沉降速率为46mm/a。根据相关研究资料,华北地区由于地质构造因素也会产生一定的垂直形变,德州市城区由该因素造成的地面沉降速率大约为1.8mm/a。扣除因构造因素产生的地面沉降速率1.8mm/a和由分层标实测的500m以浅地层年均沉降速率37.9mm/a,可计算得500m以深地层沉降速率为6.3mm/a。

由一维固结理论的土层最终变形量计算公式可知,土层最终变形量与水位变幅、土层厚度、压缩系数呈正比,与"1+初始孔隙比"呈反比。由图5-41、图5-42可以分别推算得到300~500m、500~800m两个层位平均压缩系数、初始孔隙比。根据分层沉降标场地附近钻孔地层资料,两个层位压缩性土层厚度分别为109.6m、149.2m。同时结合水位降幅以及300~500m地层沉降速率,通过类比进一步推算得500~800m沉降速率为5.19mm/a。500m以深地层沉降速率为6.3mm/a,扣除500~800m深层地下水开采引起的地面沉降量,得到1200m以深热储层地面沉降量为1.11mm/a。这与前文按一维固结模型的理论计算结果基本相当。

4. 地热尾水采灌开发模式下对地面沉降的影响分析

地热开采初期采用只采不灌的粗放型开发利用模式,造成了水资源的严重浪费,使得地热水位急剧下降,并造成了一定程度的热污染和水化学污染,这在全国范围内都是普遍存在的问题。随着对地热资源和环境的保护意识的增强,各地相继出台政策实行"采灌均衡、取热不耗水"的可持续开发利用模式,如山东省自然资源厅、山东省水利厅联合印发了《关于切实加强地热资源保护和开发利用管理的通知》,要求"开采孔隙热储型地热资源的回灌率不低于80%",德州市也出台了《德州市地热资源管理办法》等。

位于德州市德城区的砂岩热储地热回灌示范工程是本区最早进行地热尾水回灌的地热开发工程,至2021年初已运行了5个供暖季,实现了供暖尾水100%回灌,总回灌量90余万立方米,说明地热回灌在本区是完全可行的。根据对该工程的多年动态监测数据分析,自2016年实行地热回灌后,其多年水位持续剧烈下降趋势得到明显控制,尤其是在2018年以后,各年度集中开采期(每年11月至次年3月)动水位基本持平,非开采期静水位持续回升,至下一个开采期到来之前也基本能够恢复至上一开采期前水位,这也说明实施地热回灌能够有效遏制水位的持续下降。

当前,在主管部门的严格监管下,德州市所有地热供暖项目都已陆续配套了回灌工程设施,按照"以灌定采、采灌均衡、同层回灌、取热不耗水"的地热采灌开发利用模式进行开发,区域地热水位持续下降

趋势得以有效遏制,从而能够保持孔隙水压力基本稳定,地层有效应力不会继续增大,也就不会再引起地面沉降。

综上所述,地热水同深层地下水开采层位之间存在数百米厚的以黏性土为主的非开采层,该层位为阻断两层位间的水力联系提供了物质基础。通过水位和水化学多年动态监测数据的对比分析,发现地热水和深层地下水水位平面分布特征有较大差异,年内和多年动态特征迥异,水质差异显著,水化学动态各自稳定,说明两者为独立的地下水系统,无明显的水力联系,地热资源开发对深层地下水环境的影响微乎其微。另外,地热井成井工艺成熟可靠,地热井施工也完全可以保障不发生串层影响深层地下水的问题。通过对比水位和地面沉降的特征,发现地面沉降与深层地下水位在平面上的展布特征和多年动态特征较为一致,而与地热水位特征有所差异,说明本区地面沉降的发生和发展主要受深层地下水开采的影响,而与地热资源开采关系不密切。通过多种方法估算,地热资源开发引起的地面沉降速率在 $1.11\sim2.28\ mm/a$ 之间,与本区自然构造沉降量 $1.8\ mm/a$ 基本相当,说明地热开发对地面沉降的影响非常微弱。而在地热采灌开发利用模式下,地热开发对地面沉降的影响将更为轻微,可以忽略不计。

第三节 开发利用保护

保护与开发利用是一个相互对立的难题,但我们不能为了保护地热资源而不去开发,保护的目的是更好地开发,做到"在保护中开发,在开发中保护,资源开发和节约并举",以实现资源的开发与保护并重,促进地热产业、地热资源、环境的协调发展。

本区开发利用的新近系馆陶组热储、古近系东营组热储和寒武系—奥陶系热储埋藏深,补给极其微弱,基本上属于消耗型资源,地热资源的保护措施可以从政策鼓励、宣传推广、规划引领、优化布局、梯级利用地热资源等多角度考虑。

一、建立机制、政策扶持

德州市人民政府于2017年12月印发了《德州市地热资源管理办法》,从勘查施工、开发利用、资源保护、政策扶持、法律责任等方面,对地热资源管理作出明确规定,进一步明确地热资源开发利用必须进行尾水回灌,政府在水资源费、排污费及用电费用等方面予以政策扶持。

二、宣传推广、营造氛围

德州市自然资源主管部门和山东省地质矿产勘查开发局第二水文地质工程地质大队充分利用"矿产资源法宣传日""世界地球日""法制宣传日",在报刊、电视、网络等新闻媒体,广泛宣传矿产资源法律法规,宣传依法科学开采地热资源的重要意义,进一步提高各级政府、各有关部门,以及矿业权人依法管理、勘查开采、合理利用和有效保护地热资源的法律意识。

三、规划引领、优化布局

优化开采井布局一方面要严把地热井钻探的前期论证工作,确保满足所规定的井距条件,在不满足条件的情况下,应优先考虑分层开采;另一方面应采用定向井钻进等先进钻探技术,以保证不对周边已有地热井地热水量造成较大的影响。如果已有地热井距超过规定的合理井距,则必须控制地热水开采量,以满足允许开采量要求。德州市人民政府2017年第7次常务会议明确要求,今后德州市地热清洁能源重点在集中供暖管网覆盖不到的区域实施,实施"城市逐步退出,农村发展壮大"的地热资源供暖战略。

根据《德州市矿产资源总体规划(2021—2025年)》,结合现有矿产资源的开发利用现状,德州市共设置有地热禁止开采区3个,禁止在各级自然保护区内所有区域进行矿产资源开采;禁止在自然保护区核心区、缓冲区内勘查,原则上只在实验区安排中央财政出资的公益性、基础性地质调查和战略性矿产资源勘查。

四、规范开采、梯级利用

地热资源的开采量应以地热水的允许开采量为限制条件,原则上一个地区地热水的开采量不允许超过该开采区允许的可采资源量。在经济条件较好的城区,考虑到地热水的流体性质,一个地区进行地热资源开采时,周边地区的地热水可以通过侧向径流补给开采区,因此,可以适当增大开采量,但应严格控制地热井之间的距离,防止地热水水位降速过快和较早地产生热突破,做到采灌均衡、水热均衡、以灌定采。

在地热资源开发利用中应充分利用其热资源与水资源,最大限度地开发地热资源的潜能,做到高效节约地利用地热资源。地热资源的梯级开发、综合利用就是根据不同地热开发利用项目对水温的不同要求,采用一定工艺多级次地从地热水中提取、利用热能,充分利用宝贵的地热资源。采用板换、热泵、地板辐射采暖等工艺与技术,梯级开发、综合利用,提高利用率,减少开采量;推进地热利用系统节能措施的实施,降低系统能耗,节约资源,减少开采量;提高尾水重复利用率,减少尾水排放量。

五、动态监测、科技管矿

地热资源在开采—回灌过程中,开发利用的单位或个人应采用自动监测与人工监测相结合的方法加强水位、水质、水温、水量的长期动态监测,逐步提高监测工具的数字化和自动化水平,按年度将监测资料和实际开采量、回灌量报所在地自然资源和水行政主管部门备案。回灌水应进行处理,严禁将受污染的尾水回灌入热储层。

目前,德州市已经建设了市县两级地热资源科技管矿平台,实现了全市保留地热项目开采量、回灌量和水温的远程监测。根据监测数据,及时调整采灌方案(如减小开采量与回灌量、提高回灌温度等),防止产生热突破和水位持续下降,保证可持续开发利用。

六、科技支撑、创新驱动

本区地热开发利用以供暖为主,地热尾水的水化学性质基本没有发生变化,可以作为回灌水源。目前除砂、粗过滤、精过滤、排气、自然(或加压)回灌、回扬的工艺流程已日趋成熟,山东省地质矿产勘查开发局第二水文地质工程地质大队充分发挥专业技术支撑单位优势,集中力量研究突破制约德州市地热资源回灌的重大技术瓶颈,开展砂岩热储回灌工艺研究,在地热规划、依法监管、开发利用等方面提供了多方位的技术服务和支撑,相关成果陆续转化落地,编制的《砂岩热储地热尾水回灌技术规程》(DZ/T 0330—2019)、《地热尾水回灌技术规程》(DB37/T 4310—2021)等行业标准和山东省地方标准已发布实施,全方面保障支撑德州市地热资源可持续开发利用相关技术研究。

第四节　地热资源开发利用效益分析

地热能是一种清洁低碳、分布广泛、资源丰富、安全优质的可再生新型能源,其开发利用具有供能持续稳定、循环利用高效等特点。地热资源的开发和利用可有效减少温室气体排放,改善生态环境,推进绿色发展,在未来清洁能源发展中占重要地位,对于实现能源结构转型及"双碳"目标具有重要意义。多年实践表明,地热资源的综合开发利用,经济、环境效益均很显著,在发展国民经济中已显示出越来越重要的作用。

一、经济效益

目前,德州市地热资源年开采量约 4000 万 m^3,其中供暖用地热开采量约 3800 万 m^3,供暖面积 1300 万 m^2。地热供暖不同于锅炉供暖,它属于开口系统,即地热水供暖降温后便排放或回灌,使得地热排水中的热量未被充分利用。因此,地热水供暖利用率的高低,直接与地热水供暖排水温度有关,排水温度愈低则地热利用率就愈高,可供暖面积愈大,经济效益愈高。

(一)地热流体可利用热值及功率

1. 地热井可提供热功率计算

地热井可供热量与地热井涌水量、出水温度、排放温度有关。可提供热负荷为

$$Q = 1.163 G(t_g - t_h)$$

式中:Q——地热井可供热负荷,单位 kW;

G——用于供热的地热流体流量,单位 m^3/h;

t_g——地热井出水温度,单位 ℃;

t_h——地热流体换热后的尾水温度,单位 ℃。

2. 可供暖面积

采暖建筑总供暖热负荷计算公式为

$$Q_h = q_h A \times 10^{-3}$$

式中:Q_h——采暖设计热负荷,单位 kW;

q_h——采暖热指标;

A——采暖建筑物建筑面积,单位 m^2。

当供暖系统的设计热负荷全部由地热负担时,那么地热井可供暖面积计算为

$$A = \frac{1000Q}{q_h}$$

式中:A——供暖面积,单位 m^2;

Q——地热井可供热负荷,单位 kW;

q_h——建筑物采暖热指标,单位 W/m^2。

3. 德州市热储层供暖面积

德州地区地热水矿化度较高,热水具有一定的腐蚀性。地热供暖工程普遍采用间接供暖的方式,采用换热器将地热水与供暖系统循环水隔开,地热水通过换热器把热量传递给洁净的循环水后回灌,循环

水通过末端散热设备供暖后再返回换热器被加热后再循环使用。

根据德州市地热资源勘查、开发利用情况,主要开采层为馆陶组热储。馆陶组热储地热井深度1500m左右,单井涌水量60~100m³/h,地热水的井口温度平均值为58℃。本次计算取$G=80\text{m}^3/\text{h}$,地热井井口出水温度58℃,地热尾水温度30℃,采暖建筑物选取节能住宅建筑设计热负荷指标42.5W/m²。通过计算可得德州馆陶组热储单井供热负荷2 600.89kW,对井采灌工程可供热面积为6.12万m²。

(二)地热供暖工程投资估算

地热供暖项目基建期为1年,初始投资主要包括4个部分,即地热采灌井施工、报告编制、泵房土建、采灌设备及安装(本次计算不包括建筑物终端散热器费用及热水管道费用)。采灌井施工、报告编制及泵房土建费用具体投资数额见表5-12,采灌设备及安装费用具体投资数额见表5-13。

表5-12 地热井施工、泵房土建及报告编制费用概算表

项目	计量单位	工作量	预算		备注
			单位预算(元)	总预算(万元)	
甲	乙	1	2	3=1×2	
一、地热井施工	m	3000	1000	300	市场价
二、报告编制				80.00	
1.储量报告	份	1	200 000	20.00	
2.开发利用方案	份	1	200 000	20.00	
3.水资源论证	份	1	200 000	20.00	
4.矿山地质环境保护与土地复垦方案	份	1	200 000	20.00	
三、泵房土建	m²	200	1000	20.00	
合计				400	

表5-13 泵房采灌设备及安装费用概算表

序号	名称	单位	数量	单价(元)	总价(万元)	备注
1	井口装置	套	2	10 000	2	
2	热水潜水泵	台	2	15 000	3	
3	电缆	米	500	50	2.5	
4	地下水位监测装置	套	2	8000	1.6	
5	地热流体流量监测装置	套	2	15 000	3	
6	采暖循环泵	台	4	15 000	6	
7	加压泵	台	2	6000	1.2	
8	旋流除砂器	台	2	7000	1.4	
9	板式换热器	台	1	100 000	10	
10	软化水装置	套	1	50 000	5	
11	粗过滤器	套	4	15 000	6	
12	精过滤器	套	4	15 000	6	
13	排气罐	套	1	12 000	1.2	

续表 5-13

序号	名称	单位	数量	单价(元)	总价(万元)	备注
14	变频柜配电柜	套	2	25 000	5	
15	其他辅助设备及管件				5	
16	机房管路、阀门、保温及安装调试				16	
17	小计				74.9	

(三)经济效益评价

1. 生产成本费用

供暖生产运行成本主要包括地热矿权价款收益费、水电费、人员工资、回灌井养护费、折旧费、维修费、管理费等(表5-14),供暖时间为 120 天。其中矿权价款收益费 0.7 元/m³;电价按 0.718 5 元/(kW·h);管理人员 3 人,供暖期 4 个月,前后各 1 个月供暖准备,共 6 个月,人均工资 3000 元/月,总人员工资 5.40 万元/年;维修费按设备购置费的 5% 计算;固定资产按直线法折旧,建、构筑物折旧年限取 20 年;工器具折旧年限取 10 年,残值率为 5%;管理费按 2.5% 计算。则对井地热采灌系统年运行成本 70.56 万元,经营成本 49.01 万元,单位面积运行费用 11.53 元/m²,单位面积经营成本 8.01 元/m²。各项费用计算如表 5-21 所示。

表 5-14 地热供暖运行费用概算表(万元)

成本	矿权价款收益费	水电费	人员工资	回灌井养护费	维修费	折旧费	管理费	运行成本	经营成本
费用	16.13	20.28	5.40	3.00	2.95	21.55	1.25	70.56	49.01

2. 经济指标

德州市采暖收费实际为 22 元/m²,假设入住率为 100%,则对井地热采灌供暖工程年收入为 134.64 万元,息税前利润为 85.63 万元,静态投资回收期为 7.39 年,总投资收益率为 18.03%,经济效益良好。

二、环境效益

地热供暖特别是水热型地热供暖属于直接利用,真正实现零污染、零排放,可以从根本上缓解目前北方地区供暖季大气污染问题。地热供暖是低品位热源的低品位应用,能源利用效率高,顺应能源消费趋势。过去经济的发展往往以牺牲优越的自然环境为代价,而发展以地热资源为基础的开发利用,则可避免污染,既节约了能源,又减少了环境污染问题,且利于开发利用。地热资源的开发利用不仅节约了常规能源,还为实现节能减排做出了一定的贡献。根据《地热资源地质勘查规范》(GB/T 11615—2010)第 10.2 条对地热利用的节能减排效果进行计算。

(一)供暖季供热量计算

根据德州地区地热地质条件,馆陶组热储地热井深度 1500m 左右,单井涌水量 60~90m³/h,本次计算取 $G=80m³/h$,地热井出水温度 58℃,排水温度 30℃,取暖天数 120 天,则通过计算可得德州市馆陶组热储单个对井地热开发利用工程年供热量为

$$Q=1.163G(t_g-t_h) \times t = 27\,009.88\,GJ$$

(二)节约煤炭量计算

根据地热水开采一年所获得热量与之相当煤量计算表(表5-15),德州市单个对井地热开发利用工程年节煤量为 921.60t/a。

第五章 地热资源开发利用与保护

表 5-15 地热水开采一年所获热量与之相当的节煤量

考虑效率折算后的热能(10^9J)	节煤量(M)(t/a)
Q	$M=Q\div 4.186\ 8\div 7$

(三)减排量计算

根据地热水开采一年相当的减排量计算表(表 5-16),德州市单个对井地热开发利用工程年减排二氧化碳 2 201.70t/a,二氧化硫 15.67t/a,氮氧化物 5.53t/a,悬浮质粉尘 7.37t/a,煤灰渣 0.92t/a。

表 5-16 地热水开采一年相当的减排量计算表

项目	二氧化碳(CO_2)	二氧化硫(SO_2)	氮氧化物(NO_x)	悬浮质粉尘	煤灰渣
单位	t/a	t/a	t/a	t/a	t/a
计算式	2.386M	1.7%M	0.6%M	0.8%M	0.1%M
减排量	2 201.70	15.67	5.53	7.37	0.92

(四)节省治理费用计算

根据地热水开采一年节煤量节省治理费用计算(表 5-17),地热供暖节省治理费用如表 5-18 所示,单个对井地热开发利用工程每年节省二氧化碳治理费用 22.02 万元,二氧化硫 1.72 万元,氮氧化物 1.33 万元,悬浮质粉尘 0.59 万元,合计 25.66 万元,环境效益良好。

表 5-17 节省治理费用依据

二氧化碳(CO_2)	二氧化硫(SO_2)	氮氧化物(NO_x)	悬浮质粉尘	煤灰渣
0.1元/kg	1.1元/kg	2.4元/kg	0.8元/kg	运输费
清洁开发机制 CDM 国际碳汇市场略低于此价				

表 5-18 节省治理费用

项目	二氧化碳(万元)	二氧化硫(万元)	氮氧化物(万元)	悬浮质粉尘(万元)	合计(万元)
地热供暖	22.02	1.72	1.33	0.59	25.66

三、社会效益

地热供暖比"煤改气""煤改电"更加洁净环保,真正实现了零污染、零排放,是一种现实可行且具有竞争力的清洁能源,是北方供暖的最佳替代能源,可以从根本上缓解目前北方地区供暖季大气污染问题。且不同于天然气"受制于人"的情况,地热作为地球内部的馈赠,在确保回灌的条件下,可稳定持续的提供供暖热源,同时缓解"煤改气"保供压力,保证清洁取暖顺利进行。科学利用地热资源,采用地热供暖代替燃煤供暖,可大幅降低污染物排放,优化能源结构,缓解能源压力,能使温室气体排放得到有效控制,扎实推动"碳达峰、碳中和"政策。目前,德州市地热资源年开采量约 4000 万 m^3,其中供暖用地热开采量约 3800 万 m^3,回灌量约 3380 万 m^3,清洁供暖面积 1300 万 m^2,节约标准煤约 23.23 万 t/a,减排 CO_2 约 50.65 万 t/a,每年可节约环境治理经费超过 0.59 亿元,地热能为节能减排与环境污染治理做出积极贡献,产生了良好的社会效益。

第六章　地热回灌关键技术

第一节　地热回灌研究历程

1997年，山东省地质矿产勘查开发局第二水文地质工程地质大队（山东省鲁北地质工程勘察院）首次将地热应用于住宅供暖，填补了新建社区地热供暖的空缺。随着房地产市场行业的不断发展，地热供暖规模逐年加大，遍布德州市所辖的市、县城区，2010年后逐渐向乡镇及城市周边的农村社区扩展。然而，随着德州市地热井数不断增多、地热水开采量逐渐增大，地热供暖大量开采导致地热水位的持续下降和地热资源枯竭，同时，地热尾水直接排放对地表水、土壤造成了一定的污染。因此，山东省地质矿产勘查开发局第二水文地质工程地质大队（山东省鲁北地质工程勘察院）自2006年开始至今，开展了10多年的地热回灌研究工作，在回灌井成井工艺、回灌工艺及回灌技术方法等方面进行了研究，大致可以分为实验性回灌、生产性回灌和标准化回灌3个阶段，并于2016年在德城区建立了集供暖、洗浴、换热、梯级利用、回灌、热泵技术为一体的山东省首个"砂岩热储地热回灌示范工程"。该工程以"以灌定采、取热不耗水"为理念，采用"一采一灌、换热间供"模式，实现了用热不耗水的地热供暖模式，有效缓解了地热水位持续下降以及尾水排放引发的水土污染等环境地质问题，被国家能源行业地热能专业标准化技术委员会授予"地热能开发利用标准化示范项目"认证铜牌，为山东省乃至全国地热资源持续开发利用起到了示范和引领作用。借鉴该工程的成功经验，2017年7月，德州市国土资源主管部门出台《关于加强地热资源尾水回灌工作的通知》（德国土资字〔2017〕131号），在全市范围内大力推广地热尾水回灌，督促辖区内所有地热开发企业必须对地热供暖工程实行回灌改造，至2020年底全市保留地热井均已全部配套建设了回灌井。

一、试验性回灌阶段

2006年山东省鲁北地质工程勘察院（简称鲁北院）在德州市德城区针对馆陶组砂岩孔隙热储进行了地热回灌试验，探索了地热回灌的可行性；2010年在德州城区和经济开发区进行了2组回灌试验，试验时增加了除砂设备和除污器，回灌量有一定幅度的提高；2012年在德州市平原县魏庄社区施工了山东省首眼填砾地热井，改进了地热回灌井的成井工艺，成井后较传统地热井回灌效果显著提升。

（一）首次回灌试验

鲁北院于2006年在德州市城区实施了首例地热水人工回灌试验，探索地热水经开发利用后，回灌至热储层中的可行性，保证地热资源可持续开发利用。本次回灌试验开采井与回灌井相距65m，开采及回灌热储层均为新近系馆陶组热储层,回灌热储层在 1 408.00～1 548.00m 之间,回灌水源为开采井地热原水,温度为 51～53℃。回灌试验工程设施主要包括回灌井、开采井、回灌管路及机械设备等,并未设置除砂器、过滤器等过滤装置。回灌试验按由小到大的顺序采用 0.1MPa、0.34MPa、0.45MPa、0.60MPa 共 4 个压力进行回灌,对应平均回灌量分别为 7.1m³/h、8.3m³/h、10.2m³/h、11.6m³/h,累计回灌时间 4710min,累计回灌量 662.01m³。通过本次试验发现:回灌量随回灌压力的增大而增加,但二者非线性相关,且增大回灌压力,回灌量增加不明显。同时,回灌试验中密封性不严,缺乏必要的除砂器和过滤器等设备,回灌管道及回灌井口易发生物理、化学和生物堵塞,形成沉淀物淤积堵塞回灌管路及地层空隙,从而影响回灌效果。

(二)改进回灌工艺

2010 年鲁北院实施了"山东省德州市城区地热资源回灌勘查"项目,在德州城区水文地质二队院内和经济开发区东建花园小区院内进行了 2 组同层对井加压回灌试验。水文地质二队院内以德热 1-1 井为开采井,以德热 1 井为回灌井,井距 65m。试验时间为 2010 年 10 月 19—29 日,静水位埋深 26.30m,试验层位为馆陶组热储含水层,抽水试验段为 1 317.19～1 460.57m。试验前回灌井(德热 1 井)静水位埋深 26.0m。本组试验于 2010 年 10 月 19 日 9 点 30 分开始,至 10 月 29 日 7 点 30 分结束。试验分无压和有压两种,试验压力分别为 0MPa、0.05MPa、0.12MPa、0.20MPa,对应的稳定回灌量分别为 16.0m³/h、49.80m³/h、60.40m³/h、72.6m³/h,回灌延续时间 10 577min,回灌水温 50～56℃,累计回灌量 3225m³。本次回灌试验增设了除砂设备、除污器等装置,改进了回灌工艺,并通过加压泵对回灌井进行加压回灌,显著提高了地热井的回灌量。

(三)填砾地热井

为提高回灌效果,探索新的成井工艺,2012 年在德州市平原县魏庄社区施工地热井 2 眼,开采井、回灌井各 1 眼,探索大口径填砾成井工艺对回灌效果的影响。本次工作在相同的地质条件下采用普通成井工艺施工开采井(未填砾)1 眼,回灌井采用大口径填砾井工艺施工,这也是山东省第 1 眼大口径填砾地热井(图 6-1),取水层位均为新近系馆陶组热储,并开展抽水试验对比了不同成井工艺对开采量的影响(表 6-1)。

开采井、回灌井成井后,分别进行了非稳定流抽水试验,二者互为观测孔,并利用 AquiferTest 软件,泰斯配线法计算水文地质参数,将抽水数据绘制 lgs-lgt,得出填砾井导水系数($T_{回灌井}$)为 $9.72×10^2$ m²/d,渗透系数($K_{回灌井}$)为 6.53m/d,弹性释水系数($s_{回灌井}$)为 $3.19×10^{-4}$。未填砾井导水系数($T_{开采井}$)为 $6.94×10^2$ m²/d,渗透系数($K_{开采井}$)为 5.02m/d,弹性释水系数($s_{开采井}$)为 $3.18×10^{-4}$。因此,大口径填砾井在同样开采量条件下,降深较小,渗透性明显增强,有利于回灌工作的开展。

同时,本次也进行了回灌试验,试验于 2012 年 10 月 15 日开始,至 2012 年 12 月 22 日结束。试验采用自回灌方式,改进了回灌工艺,增加了除砂器和过滤精度分别为 50μm、5μm 的粗、精过滤器,回灌水源为地热原水,回灌水温 50～52℃,累计回灌量 41 625.62m³,回灌持续时间 33 360min 以上,试验在 29m 水位升幅条件下,回灌量达 70m³/h,较以往有显著提高。通过本次回灌试验研究,可以得出如下成果:大口径填砾地热井和成井工艺与区内以往传统成井工艺相比,钻孔直径增大,采用抽水填砾的方法,使得所填砾料密实,增大了地热井的渗透能力和开采能力,成井后较传统地热井回灌效果显著提升。

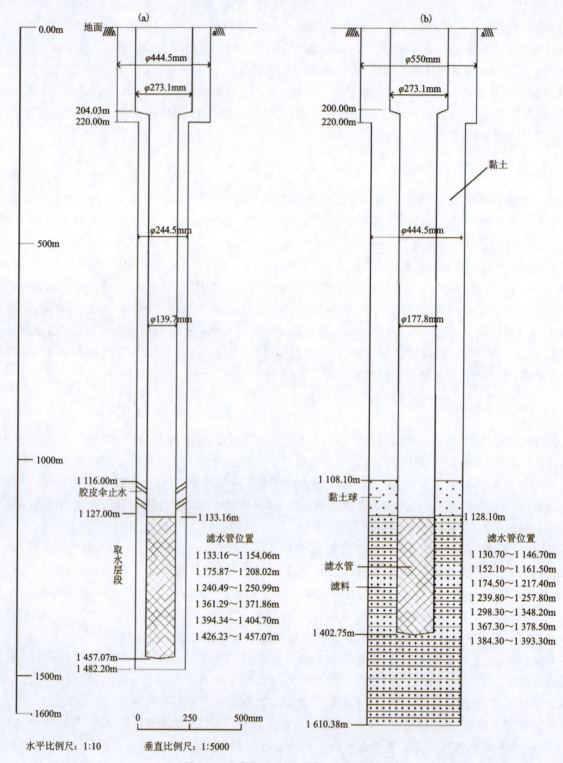

图 6-1　开采井(a)和回灌井(b)井结构图

表 6-1　平原县地热回灌试验井抽水试验概况

地热井类别	井深(m)	取水段孔径、滤水管管径(mm)	取水段(m)	开采量(m^3/h)	主孔降深(m)	观测孔降深(m)	抽水井渗透系数(m/d)	水温(℃)
开采井（未填砾）	1 457.57	2 41.3、139	1 127.00～1 460.00	72	15.38	0.98	5.02	57.0
回灌井（填砾）	1 402.75	445、178	1 130.70～1 393.30	88	4.38	1.01	6.53	56.0

二、生产性回灌阶段

（一）尾水回灌试验

2014年鲁北院在商河开展了地热尾水回灌试验,根据试验所求得的水文地质参数进行分析,结果表明渗透系数为成井时降压试验所求得的渗透系数的67.8%左右,馆陶组热储含水层的回灌性能要远弱于涌水性能,说明回灌试验会削弱回灌井周围热储层的渗透性。

2015年鲁北院在其院内施工了1眼大口径填砾地热井,该井的渗透系数有较大提高。回灌工艺方面增设地面净化设施,采用除砂、储水、两级过滤、排气等工艺流程,回灌操作流程更加规范,保证了回灌的顺利进行。试验在50m水位升幅条件下,不考虑区域水位降以及回灌水温对井筒水柱影响,最大单位水头升幅回灌量可达$2.49m^3/h·m$,推算最大回灌量可达$124.5m^3/h$;整个供暖期平均单位水头升幅回灌量$1.83m^3$。同时对比了泵管进行回灌和环状间隙进行回灌两种方法,结果证明从泵管回灌优于环状间隙回灌。

（二）回灌示踪试验

2016年鲁北院实施了"鲁北砂岩热储地热尾水回灌钻探及回灌工艺研究"项目,在德州市经济开发区鲁北院内进行了一组地热回灌示踪试验。通过本项目的开展,总结发现以下几点结论:①制约砂岩热储回灌率的要素为热储岩性特征、回灌井类型、回灌方法及回灌设备等。②砂岩热储层结构、孔隙度、颗粒直径和渗透率等与回灌量呈正相关关系;增大滤水管管径,可增大回灌量,在滤水管管径固定条件下,提高回灌井取水段孔径增大回灌量;填砾采用磨圆度好分选好的石英砂可增大出水量(回灌量),填砾厚度与回灌量呈正相关关系;采用合理的过滤精度、过滤方法和过滤器连接方式可提高回灌量。③提出了适于鲁北砂岩热储回灌井的钻探成井工艺及回灌方法。

三、标准化回灌阶段

2016年,鲁北院建立了砂岩热储钻探—成井—回灌工艺等回灌技术体系,起草了《砂岩热储地热尾水回灌技术规程》,解决了砂岩热储层易堵塞、回灌量衰减快等关键技术难题,实现了大规模生产性回灌。在德城区建立了集供暖、洗浴、换热、梯级利用、回灌、热泵技术为一体的山东省首个"砂岩热储地热回灌示范工程"。该示范工程建于水文队老办公区院内,小区建筑面积$5.7万m^2$,采用暖气片采暖和地板辐射两种方式进行取暖,并少量洗浴用水,其中$3.6万m^2$为暖气片采暖,$2.1万m^2$为地板辐射采暖。该工程以"以灌定采、取热不耗水"为理念,采用"一采一灌、换热间供"模式,实现了用热不耗水的地热供暖模式。目前,该工程已经连续6个供暖季,实现地热供暖尾水回灌率100%,累计回灌量108.84万m³,相当于节约标准煤6690t,减少二氧化碳排放量15 966t,有效缓解了地热水位持续下降以及尾水排放引发的水土污染等环境地质问题。

在砂岩热储地热回灌示范工程获得巨大成功的基础上,鲁北院积极对接德州市人民政府及自然资源、生态环境等部门,大力宣传地热能源开发利用对区域能源结构调整、生态环境保护等方面的重要意义,得到地方高度关注和认可。2017年,德州市人民政府与山东省地质矿产勘查开发局签订《地热资源开发利用与保护战略合作协议》。鲁北院以此为契机,密切联系德州市自然资源、水利等相关单位,编制完成《德州市地热资源开发利用专项规划(2018—2022年)》,协助制定《德州市地热资源管理办法》《地热尾水回灌工程建设验收办法》等10余项制度,配合开展地热井调查摸底和专项督导整治行动,助力德州市地热资源开发秩序不断规范。在服务政府同时,鲁北院主动为各县区地热开发企业无偿提供技术指导,并在禹城、陵城、平原、夏津、武城等地成功实施10余项地热采灌工程。目前,德州市303眼地热开采井,已经全部完成回灌配套建设,供暖总建筑面积约1300万m³,年减少煤炭消耗约23.23万t、减少碳排放约50.65万t,地热资源开发利用水平位居山东省前列,"填砾射孔科学钻探、清洁经济高效供暖、采灌均衡持续开发、以灌定采智慧利用"的地热清洁供暖"德州模式"已全面建立并初见成效。

第二节 回灌关键技术

山东省德州市地热井取水层位多为砂岩孔隙热储,主要为新近系明化镇组(N_2m)、馆陶组(N_1g)、古近系东营组(E_3d)、沙河街组($E_{2-3}\hat{s}$)。根据已有地热井资料,以下从钻探工艺和成井工艺两方面分别对地热回灌井进行分析总结。

一、回灌井钻探工艺

(一)钻探工艺

砂岩热储地热井钻探工艺方法主要有4种,分别为泡沫泥浆、清水正循环钻进、气举反循环钻探和发展泡沫增压钻探。这4种钻探工艺的特点分别为:

(1)采用泡沫泥浆。一般泡沫泥浆的比重小于1,对深井孔底的压持作用减弱,使泥浆对回灌目的层的淤塞作用减弱。

(2)采用清水正循环钻进方法。清水正循环钻进比泥浆正循环钻进对回灌目的层的淤塞作用小,但在清水正循环钻进过程中,有大量岩屑充填在回灌目的层裂隙中,对回灌量产生影响。

(3)采用气举反循环钻探工艺。该工艺对回灌目的层没有淤塞作用。选用大型空压机,Φ127双壁钻具,并对气水混合器进行改进,能使气举反循环钻探工艺钻进能力达到2000~4000m。

(4)发展泡沫增压钻探工艺。该工艺在钻进过程中,能于孔底形成较大负压,此时,对目的层产生抽吸作用,不会淤塞回灌目的层。该工艺需配备小型空压机及泡沫增压装置,目前正处于应用推广阶段。

对于成井后回灌量不足的情况,采取的措施有:①酸洗。采取岩芯,将不同浓度的酸与岩样发生反应,选取最佳的酸浓度。采用盐酸、二氧化碳、空压机及水泵联合洗井。②采用水力压裂或射孔等方法增加地层裂隙。

20世纪70年代以来,地矿部门相继在区内开展了不同规模、不同用途的地下水资源调查评价及地热资源的普查和研究工作。鲁北院在地热井勘探施工方面已有十多年的工作经验,在对鲁北地区砂岩热储层的钻探施工中发现,该区域热储层岩性多为细砂岩、中—细砂岩,结构松散,泥质胶结,孔隙较窄,易吸水膨胀及缩径等,与清水正循环钻进方法相比,采用高黏稠度泥浆正循环钻进,能较好地减缓井孔缩径的问题,避免塌孔事故的发生。

(二)钻进参数

牙轮钻头主要以牙齿对岩石的冲击、压碎和剪力作用来破碎岩石。硬和极硬地层主要靠牙齿对岩石的冲击、压碎作用来破碎;极软和软地层主要靠牙齿对岩石的剪切作用来破碎;中软、中硬地层靠这两种作用同时发力破碎地层。因而,对于鲁北地区砂岩热储层采用低压高速,钻压 50~70kN;转速为小于 85r/min,如遇憋钻、跳钻时换低速;泵量应保证孔底干净,无残留岩屑。孔内岩屑过多,不但会出事故,而且影响效率。一般常配的泥浆泵排量由小到大为 3NB-350 或 BW-1200、石油 3NB-500、3NB-1300 泵。泵量越大携带岩屑效果越好。泵量 1200L/min;泵压通过调节三牙轮钻头喷嘴,将泵压控制在4~6MPa 之间。

(三)钻井液

为保证施工质量,加快钻井进度,一开采用预水化膨润土泥浆,钻进中根据井下实际情况,不断补充提黏剂,保持钻井液具有较强的携带和悬浮能力,可有效抑制第四纪地层造浆的效果。二开采用细分散化学泥浆,对不同地层及时调整泥浆性能,可将一开钻井液用清水和胶液冲稀至膨润土含量小于 40g/L 左右,钻进中及时补充配制浓度为 1% 的高分子聚合物胶液,尽量不单独加清水,增强钻井液的抑制性。

(四)井斜控制

(1)钻进过程中合理加压,均匀送钻,岩性由软变硬时采取减压钻进扶正打窝,岩性由硬变软时,要平稳减压。坚持投测,全井井斜应控制在规定范围内,确保井身质量。

(2)设备安装按规定要求达到平、正、稳、固、牢。校正天车中心、转盘中心及井口中心三者处于同一铅垂线上,最大允许偏差不超过 10mm。井斜要求小于 2°,井斜过大时,必须进行纠斜。

(3)在检修保养设备或处理钻井液时,应保持大幅度活动钻具并循环钻井液。但不可大排量长时间停在一处转动循环,避免冲大井眼造成井斜。

(4)换用新钻头时,不可一次下钻到底。在接近井底时,小排量开泵,一档启动转盘,慢慢下到井底,再用 30~50KN 的钻压磨合钻头约半小时后,逐渐加压至正常钻压钻进。

井斜过大的影响:井斜过大会造成填砾位置不对,影响成井质量。

(五)技术措施

(1)为防止钻孔缩径,钻孔钻具连续钻进时间应≥50h。
(2)为防止黏附卡钻,泥浆密度≥1.1kg/L,失水量≥15mL/30min,漏斗黏度≥25s,泥皮厚度≥1mm。孔深超过 800m,钻具在孔内静止时间不得超过 3min。

二、回灌井成井工艺

(一)选用条件和工艺要求

1. 选用条件

地热井成井工艺的选择因素主要包括:砂岩热储层的岩性结构、胶结程度、粒径分选、渗透率、孔隙孔喉的大小以及成井深度等。在总结分析砂岩热储地热回灌井成井工艺效果基础上,进行技术改进,确定适宜的回灌井成井工艺、过滤器结构、成井工艺与地质特性相结合,填砾成井、射孔成井和定向成井一般遵循的原则是:

(1)在孔深较浅的地热回灌井(一般<1500m),目的层埋深较浅的地热井中,储层胶结程度一般较差,岩性较为松散,考虑选用大口径填砾过滤器成井工艺。

(2)对于深度较大的地热回灌井(一般1500～2000m),若砂岩热储赋水性好、渗透率大且胶结性较好的储层,选用射孔成井工艺,实施过程中要有足够的穿透深度,射透泥皮层,形成稳定回灌流体运移通道,该工艺虽然在平面上比过滤器方式的过水断面小,但纵向增加了透水面积,增大了回灌能力;对于胶结性较差的松散地层,采用大口径填砾成井工艺。

(3)对于深度更大的地热回灌井(一般>2000m),填砾难度较大,会出现填砾不到位等问题,多采用射孔成井工艺。为减小施工风险,多采用二开成井方式,可以减小因填砾产生桥堵事故的问题。

(4)定向成井工艺是使井身沿着预先设计的井斜和方位钻达目的层的钻井方法,其主要的优点是可以增加产量,提高采收率,多应用于石油勘探。近年来,在非石油勘探开发领域,煤层气、卤水、地热、天然气水合物、固体矿产等的勘探和开采中,定向成井工艺也有着非常广泛的应用。但是,在地热回灌井方面尚未开展过较多的试验和应用。

(5)无论大口径填砾成井、射孔成井还是定向成井,均应充分利用物探测井结果查明含水层位置,精确对应深度下入过滤器或确定射孔段,才能取得较好结果。

2. 工艺要求

1)大口径填砾成井工艺

该成井工艺一般钻孔口径较大,即完井后选择扩孔。井管和井壁之间要有一定的空间,在过滤器和井壁之间充填一定厚度的砾料,且砾料高度必须超出滤水管,以起到滤水、挡砂的作用;砾料上部填黏土球止水。该工艺应用于孔深较浅(一般<1500m)的砂岩热储中,经过技术改进,保证砾料填充到位,能有效提高回灌效果。

填砾工艺的优点是由于口径较大,井身结构简单,洗井方法简便,可保证成井后的回灌能力。同时施工成本低。其技术要点:

(1)施工过程中对钻井液的要求。砂岩热储地层施工时采用优质钻井液,避免对热储层造成伤害堵塞。

(2)破壁换浆。下管前做到"破壁"去除泥皮,下管后填砾前"正循环管外循环换浆",破坏井壁泥饼。

(3)物探测井。确保过滤器的位置对应下至目的热储层。

(4)逐级扩孔。此处的扩孔是指只增大井的孔径而没有改变钻探的深度。可根据钻井设计要求,进行多次扩孔,扩孔时不宜更换泥浆类型,泥浆的选取原则根据设计的最大的孔径而定。

(5)填砾。一般要求砾料顶面超过过滤器顶部30～50m。

2)射孔成井工艺

射孔技术是指将射孔器用专用仪器设备输送到井下预定深度,对准目的层引爆射孔器,穿透套管及水泥环,构成目的层至套管内连通孔道的一项工艺技术。该技术是石油钻井领域比较成熟的技术,在油气层成井中广泛使用,在地热井施工中最为常用的是电缆输送聚能式射孔技术。

射孔技术一般应用在较深地热井中(一般>1500m)。该成井工艺结合测井曲线解释成果分析热储层的渗透率、孔隙度、含水层厚度及井温等参数,通过射孔作业方式,建立渗水通道成井。该工艺应用于赋水性好、渗透率大、地层成岩性好,胶结较致密的热储层中。

该种工艺成井质量较高,工艺成熟。射孔枪和射孔弹的种类多,能使用大直径射孔枪和大药量射孔弹,满足高孔密、深穿透、大孔径的射孔要求;射孔定位快速、准确;电雷管引爆可靠性强;作业简便快捷,能连续进行多层射孔。既能隔绝上部冷水层,保证取水段的温度和出水量,也能做到保护热储层不被污染,增加回灌量。其主要技术要点:

第六章 地热回灌关键技术

(1)由于井孔较深,要根据钻井地层的特点控制钻井液的性能,要求钻井液有较好的携砂能力,具有润滑性,能防坍塌、防缩径,保证套管能下入到位。

(2)固井作业:二开固井施工中第一级固井要确保水泥浆上返高度超过射孔井段150~200m,保证射孔段管外有完整的水泥环封固。

(3)射孔作业:根据测井解释成果和地层情况选择合适的射孔枪型和弹型。

(4)完井作业:完井后彻底洗井。

山东省德州地区砂岩热储岩性松散、胶结程度低,砂岩热储层多与泥岩互层,孔隙较窄,易吸水膨胀及缩径等,砂岩热储区埋藏深度一般不超过2000m,地热井多采用大口径包网缠丝填砾成井工艺。

(二)井身结构

根据收集的德州市部分砂岩热储地热回灌井资料,统计出其井身结构和成井类型(表6-2)。结合填砾成井特点,为满足砾料充填到位,保证填砾质量,其钻孔孔径一般较大,且滤水管多为绕丝滤水管。填砾过滤器的井身结构可参考图6-2,应当满足以下条件:

(1)泵室段,孔径不小于550mm,管径不小于273mm,长度不小于300m。

(2)井壁段,孔径不小于400mm,管径不小于177.8mm,长度根据实际情况确定。

(3)滤水段,孔径不小于400mm,管径不小于177.8mm,长度应根据回灌目的层条件确定。

(4)若存在套管(井管)重叠,重叠段应大于30m。

表6-2 地热回灌井井身结构表

地区	回灌井编号	泵室段(mm)		井壁段(mm)		滤水段(mm)		回灌量 (m³/h)	成井类型
		孔径	管径	孔径	管径	孔径	管径		
山东德州	德州德热2井	350	273	244.5	177.8	244.5	177.8	11.6	桥水滤水管
	平原魏庄回灌井	550	273	444.5	177.8	444.5	177.8	69.2	填砾
	德州DZ31回灌井	550	273.1	444.5	177.8	444.5	177.8	43.68	填砾
	武城二中回灌井	500	273	450	177.8	450	177.8	40.87	填砾
	武城畅和名居回灌井	450	273.1	241.3	177.8	241.3	177.8	63.44	射孔
	水文队家属院	610	339.7	450	177.8	450	177.8	56	填砾

(三)滤水管类型

砂岩热储层地热回灌井实际钻探成井过程中,滤水管选择主要根据砂岩热储的砂岩岩性、胶结度、颗粒大小、渗透性等因素来确定,实际应用的类型主要有贯眼滤水管、割缝滤水管和绕丝滤水管3种,其具体特征见表6-3。

表6-3 滤水管分类表

序号	分类	特征
1	贯眼滤水管	按一定的布孔参数在管材上钻孔,交错布孔
2	割缝滤水管	用多种方式切割出多条一定规格的纵向或螺旋直排、交错式缝隙
3	绕丝滤水管	是由绕丝形成的一种连续缝隙

1.形状特点

过滤器的几何形状主要指的是过滤器外绕丝的几何形状,主要有圆形、矩形和梯形3种。通过实际工程对不同形状绕丝进行比较:

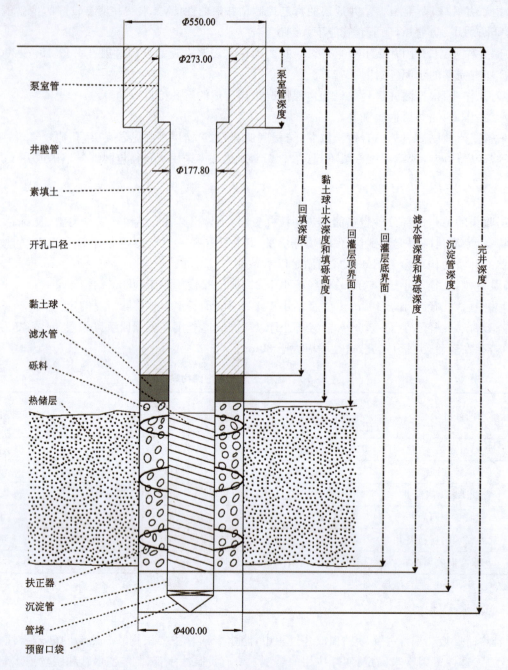

图 6-2　钻孔结构图

（1）圆形断面过滤器绕丝断面两圆相切近似为点而形成窄的通道，易形成砂砾堵塞，进水效果不好。

（2）矩形过滤器绕丝断面为矩形，空间呈面状，其挡砂效果和砂砾排列效果要比圆形断面的绕丝好，但由于是矩形断面，当水流通过过滤器时增加了水流的阻力。

（3）梯形过滤器绕丝断面呈梯形，梯形短边向内，长边向外缠于管外，梯形丝比圆形丝和矩形丝更能减少砂砾的堵塞，且进水效果好。

2．选用条件

采用绕丝过滤器，热储层的大颗粒聚集在过滤器的外面，使细颗粒通过大颗粒的间隙而被冲走，因而在过滤器的周围形成给水度很大的天然滤层，被冲走的细颗粒越多，（洗井时暂时出砂）该滤层的范围也就越大。由于多次的洗井，滤管外砾料已排列有序，能较好地阻止细颗粒再进入井管之内，从而减小了管外紊流及进入过滤器时的摩阻损失,所以金属筛网的绕丝间距和环空直径应根据含水层颗粒组成来确定。以下对上述3种滤水管的特点进行分析。

1)贯眼滤水管

一般用于成岩性较好、出砂量较少、裂隙发育的砂岩热储层,但砂岩地层不如碳酸盐地层稳定,长期裸露取水有可能坍塌。其孔参数一般为:孔密20～24孔/m,孔眼直径4～10mm,各眼位置角度为60°～90°,交错布孔。

2)割缝滤水管

一般用于成岩性一般、出砂量较少、裂隙较为发育的砂岩热储层,具有以下优点:

(1)割缝管滤孔均匀,渗透性及防堵性能高。

(2)多层防砂过滤套具高效防砂性能,能更好地阻挡地层砂粒,满足井下防砂需要。

(3)过滤面积大,流动阻力小,单位面积出水量高。

(4)多层结构焊接一体,可使滤孔稳定,抗变形能力极强。

(5)割缝滤水管的割缝宽度一般在0.25～0.5mm,割缝可以为平行、交错、螺旋,缝数任意,轴表缝距任意,适宜用于中粗砂热储层。

3)绕丝滤水管

一般用于成岩性较差、出砂量较大、裂隙较不发育的砂岩热储层。绕丝滤水管由楔型绕丝和楔形筋条(或圆形筋条)在每个交叉点处焊接而成。滤水管材质主要有不锈钢、碳钢镀锌、碳钢喷塑或其他客户要求的材质。适用于直井、斜井、定向井等绝大多数井的管内砾石充填防砂工作。连接形式坡口连接或螺纹连接。

其优点为:

(1)绕丝滤水管结构坚固、孔隙率高、缝隙尺寸精确,特别适用于细砂和粉砂地层。

(2)绕丝滤水管的开口面积大,过滤面积比例高,最大可达到60%。

(3)楔形结构设计能有效防止筛管堵塞且容易反冲洗。

(4)较大的过滤面积可以相对减小水流渗入时的压力,避免沙粒在较大水压下进入井管,从而减少沙粒与设备的摩擦,降低磨损,提高了设备的使用寿命。

(5)筛管缝隙大小一般在0.1～6mm之间,缝隙应小于砾石填充层中最小的砾石尺寸,宜选用最小砾石尺寸的1/2～2/3,以满足不同的施工条件。

3. 下管工艺

要求如下:

(1)钻孔成井沉渣孔段至少留5m,并校正孔深后方可下管。

(2)井管连接采用丝扣焊接,丝扣余扣大于3扣时,要电焊加固。焊接要求焊缝无夹渣、缺焊、漏焊、砂眼等缺陷、焊接牢固、不渗水。

(3)为保证筛管下井质量,筛管在下入井口前必须经人工检查其损坏程度,受损伤或变形的筛管不得下井。

(4)适当控制下管速度,注意观察管内管外液面,及时往管内补充清水。

(5)井管必须按照排管设计方案连接顺序连接,底段必须安设冲孔托盘。

(四)填砾工艺

1. 填砾机理

在地热回灌井施工中,大口径填砾成井工艺采用填砾过滤器成井。

自然界中的地下水较少有悬浮物,当井(或孔)抽水时,含水层中的砂粒即随水流向井(或孔)流动,填砾过滤器滤料的功能即在于挡砂。因此,填砾过滤器滤料的过滤机理与水处理过滤池去除水中悬浮物的过滤机理有所不同,前者过滤机理主要是"隔滤作用",即水中较大颗粒不能穿过滤料的孔隙,或是虽能嵌入滤料孔隙,但不能通过滤层而被隔滤于滤层之外。以上便是填砾过滤器滤料挡砂的过滤机理。

2. 砾料质量

砾料应该选择石英含量在60%以上,质地坚硬,密度大,分选和磨圆度较好的砂砾石,这样能增加填入砾料的孔隙度。因为圆砾比扁砾下降速度快,所以砾料的均匀和浑圆能保证颗粒在砾料下放过程中不被分选。同时,砾料的溶酸度,在标准土酸(3%HF+12%HCl)中,砾石的溶解重量百分数不应超过1%。

3. 砾料选择依据

1)含水层通过粒径规定的理论依据

从填砾过滤器滤料的过滤机理可以看出,含水层通过的粒径其实就是均匀滤料形成孔隙的直径。滤料下入井内之后,含水层中小于通过粒径的颗粒能通过滤料层而被抽出井外,大于通过粒径的颗粒则被隔滤于滤料层之外,达到稳定含水层的作用,使井水含砂量降低至规定的标准之下。

规定含水层通过粒径实质就是规定均匀滤料形成的孔隙直径,这类似于规定筛网的筛孔尺寸。

2)影响滤料规格的因素

影响滤料规格的因素,也即是制定滤料规格时应考虑的因素,主要如下:

(1)井水含砂量标准。填砾过滤器滤料挡砂并非井水砂净,而是降至规定的井水含砂量标准之下,显然,井水含砂量标准规定的高低,直接影响到制定滤料规格标准的高低。如苏联国家规范《室外给水设计规范》滤料规格为

$$D_{50} = (8 \sim 12)/d_{50} \tag{6-1}$$

美国自来水协会《水井标准》滤料规格为

$$D_{50} = (4 \sim 6)/d_{50} \tag{6-2}$$

式中:D_{50}——滤料筛分样过筛重量累计为50%时的最大颗粒直径,单位mm;

d_{50}——砂土类含水层筛分样中过筛重量累计为50%时的最大颗粒直径,单位mm。

两个规定差异悬殊,原因为各自依据的井水含砂量标准差异悬殊,苏联国家规范规定井水含砂量标准为万分之一(重量比),美国的标准为20万分之一(重量比)。因此,制定滤料规格规定时,应考虑井水含砂量标准的高低。

(2)允许井壁进水流速的规定。井壁进水流速是管井抽水时含水层与滤料界面处的地下水渗透流速,当滤料规格不变而此流速过大时,将导致井水含砂量增高和滤料堵塞。因此,国内外有关规范对"允许井壁进水流速"大多做出了规定,但规定的计算公式不同,计算结果差异很大,显然,在制定滤料规格规定时应予以考虑。

(3)滤料厚度的规定。滤料过厚或过薄都将影响到滤料规格,因此,也应考虑"管井规范"对滤料厚度的规定。一般情况下,填砾厚度主要是根据地热井取水层的孔径和管径的差值而定,为保证填砾效果其井身结构上已述及。

3)滤料规格的确定

(1)滤料规格的室内试验和野外实验。前述的滤料规格的理论依据是建立在一系列假定条件得出的,这在实践中是不可能或难以做到的,因此,需要室内试验和野外实验修正理论值。

滤料规格的试验和实验依据无疑是十分重要的,但试验和实验结果多有不同甚至差异很大,如我国住房和城乡建设部(原建工部)给水排水设计院室内试验结果填砾比不能超过10,而我国农田灌溉研究所室内试验结果填砾比数值超过20。试验和实验结果的差异,直接导致了制定或提出的滤料规格的差异。

试验和实验结果还导致了滤料规格形式的变异。如我国国标《供水管井工程施工及验收规范》(GBJ 13—1966)填砾过滤器滤料规格,是在大量现场实验的基础上制定的表格形式的滤料规格,是另外一种规定形式。虽然有的学者将表格归纳为公式形式,即

$$D_{50} = n_f/d_b \tag{6-3}$$

其中，$n_f=8\sim10$ 或 $n_f=6\sim8$ 或 $n_f=5\sim10$，$d_b=d_{40}\sim d_{90}$。但从式(6-3)中可以看出，由于 n_f 和 d_b 都是变化的，所以工程实践仍需按表格执行，改为公式形式即显牵强。

(2)砂岩热储含水层填砾规格。对于均匀的砂土类含水层，国内外滤料规格绝大多数以含水层的粒度中值 d_{50} 作为通过粒径，理论和实践也均证明是合适的。

由于国内外滤料规格在填砾比数值上差异较大，因而填砾比的数值规定成为争议的焦点。实际上，问题并不复杂，填砾比简而言之就是均匀滤料的粒径与其形成的孔隙直径的比值。填砾比的理论平均值 $n=4.4385$，实际值自然可以有所放大，从国内外制定或提出的滤料规格看，填砾比数值大多在 $n=4\sim10$ 之间，我国管井国标规定 $n=6\sim8$，理论和实践均证明是合适的。

因此，通过上述研究，找到砾料直径与含水层砂粒直径间的关系为

$$D_{50}=(6\sim8)/d_{50} \tag{6-4}$$

4. 填砾厚度及高度

通过对德州地区多年来填砾成井的地热回灌井研究发现，填砾厚度控制在 111.1~136.1mm 之间（表6-4）。同时，填砾高度应高于滤水管顶界面 30~50m。

表6-4 依据含水层筛分资料确定缠丝间距、填砾规格和厚度

地区	回灌井井号	热储层孔径(mm)	滤水管孔径(mm)	填砾厚度(mm)	填砾高于滤水管顶界面(m)
山东平原县	魏庄社区	444.5	177.8	133.35	40.00
山东德州市	DZ31	444.5	177.8	133.35	35.00
山东庆云县	东方社区	360.0	139.7	110.15	19.64
山东武城县	二中	444.5	177.8	133.35	20.32
山东德州市	水文队家属院	450	177.8	136.1	42.54

5. 砾料用量

填砾的厚度由钻孔与井壁管直径决定，砾料要求采用质地坚硬、密度大、浑圆度好，具有一定级配的石英砾为宜。填砾应从井四周均匀填入，控制填砾速度，定时探测孔内填砾面位置，防止堵塞。滤料的用量为

$$V=0.785(D^2-d^2)\cdot L\cdot K \tag{6-5}$$

式中：V——填砾所需滤料体积，单位 m^3；

D——钻孔直径，单位 m；

d——过滤器外径，单位 m；

L——填砾高度，单位 m；

K——超径系数，取 1.2~1.5。

综上所述，砾料的粒径、级配应根据回灌目的热储层的粒径、填充厚度及滤水管缠丝间距而定，根据理论及实践发现，其选用参数可参考表6-5。

表6-5 依据含水层筛分资料确定缠丝间距、填砾规格和厚度

含水层分类	粒径	填砾规格(mm)	填砾厚度(mm)	缠丝间距(mm)
卵石	粒径>3mm，占80%~90%	12~25	75~100	3
砾石	粒径>2.5mm，占80%~90%	8~20	75~100	3
砾石	粒径>1.25mm，占80%~90%	5~12	75~100	3
砾石	粒径>1mm，占80%~90%	4~10	75~100	3
粗砂	粒径>0.75mm，占60%	3~8	100	2

续表 6-5

含水层分类	粒径	填砾规格(mm)	填砾厚度(mm)	缠丝间距(mm)
粗砂	粒径>0.6mm,占60%	2.5~6	100	2
粗砂	粒径>0.5mm,占60%	2~5	100	1.5
中砂	粒径>0.4mm,占60%	1.5~4	100~200	1
中砂	粒径>0.3mm,占60%	1~3	100~200	1
中砂	粒径>0.25mm,占60%	1~3	100~200	1
细砂	粒径>0.2mm,占60%	0.75~2	100~200	1
细砂	粒径>0.15mm,占60%	0.5~1.5	100~200	0.75
粉砂	粒径>0.1mm,占60%	0.5~1	100~200	0.75

6. 填砾方法

砾料从地面沿环空投送到目的层，随井深的加大，砾料的投送工作就越加困难，会出现填砾不均匀、架桥等现象，严重时甚至出现填砾不到位，造成填砾失败的后果，因此必须控制填砾数量及填砾速度。填砾前首先要进行二次换浆，换浆将钻井液黏度不大于18s，遇孔壁不稳定地层时，钻井液黏度可适当提高。

目前，填砾地热井的填砾方法可分为以下3种：

(1)静水填砾。填砾前，先进行彻底换浆。开始向井管四周进行填砾时速度不宜太快，一般控制在10~15m³/h 之间，待井内出现返水后再加快。返水随过滤管四周被砾料堆积程度，由大变小。当管口返水突然变小时，说明过滤管已被埋没，用测绳测量填砾高度，达到要求即可。

(2)动水填砾。井管底、井管口密封后，冲洗液从井管翻到环空，从环空返到地面，冲洗液黏度达到18s、相对密度达到1.05左右时，把砾料从井口周围均匀填入，填入速度控制在3~6m³/h 之间。填砾过程中注意返水量、泵压及冲洗液黏度的变化。当砾料超过最上部滤水管时，压力达到最大值，应注意调整冲洗液黏度，见图6-3。

(3)抽水填砾。抽水填砾是利用空压机抽水，将水管下至滤水管底部0.5m处，进行反循环抽水，同时在井管外部进行投砾，砾料随反循环水流而高速下降，沉落在滤水管周围，一般控制在15~20m³/h 之间。这种方法充填的砾石比较密实，当水量突然变小时，说明砾料已完全埋没了滤水管。通过测量砾石高度和砾料量的对比，证明填砾完好无误时，填砾工序即为结束。

(五)止水

止水的目的是隔离钻孔所贯穿的透水层或漏水带、封闭有害的和不用的含水层、进行分层观测和抽水试验，取得不同含水层(组)的水文地质资料。根据区内地质条件，隔水层一般较厚，含水层为松散岩层，一般选择黏土止水。建议选用优质黏土搓成的直径2~3cm 的黏土球，阴干后投入管外的环状间隙中。投黏土球的速度不宜过快，以免中途堵塞。采用止水器压缩止水时，可将黏土包裹于套管外，下至止水部位。当钻孔水头压力较大时，黏土球中应选用掺入少量的棉纱或麻刀，以免黏土球中途崩解。止水井段为滤水管以上，止水长度不小于100m，上部井间环状空间采用黏性土止水。

(六)洗井

成井后，首先下入 Φ89mm 钻杆进行冲洗，然后采用电潜水泵抽洗，累计洗井时间大于48h，洗至水清砂净。

综上所述，山东省德州地区地热回灌井大口径填砾成井钻孔结构可参考图6-2。

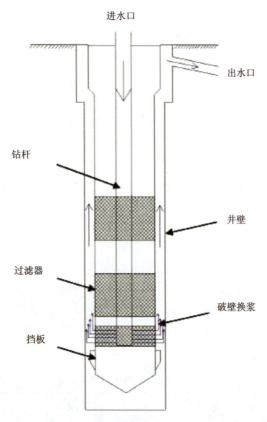

图 6-3　填砾前正循环管外循环洗井示意图

三、回灌工艺流程及设备

(一)回灌工艺流程

1. 回灌的一般要求

为避免回灌水体与空气过多接触,使得回灌水携带气体进入热储层中,对热储层造成气体堵塞,回灌水源应通过回灌管回灌,回灌管道的入水口应在回灌井静水位以下 5m。同时,应在回灌前对开采井和回灌井分别进行抽水,抽水过程中按照《供水水文地质勘察规范》(GB 50027—2001)记录水温、水量及水位等数据,并求取回灌前的回灌井水文地质参数,以与回灌后的抽水所求得的参数进行对比,分析回灌井的回灌能力是否出现衰减,若出现应当制订相应的解决措施。

2. 回灌方式

1)对井回灌

考虑到地热回灌工程建设的施工成本较高,风险较大,在建设回灌系统中建议采用对井回灌。对井回灌指一口井进行开采的同时,对与之具有水力联系的另一口井进行回灌,见图 6-4。由于开采井与回灌井具有水力联系,因此,由于漏斗效应,开采井抽水使回灌井的水头降低,更有利于回灌的进行。

2)回灌水入井方式

地热水进入回灌井的类型可分为回灌管回灌和环状间隙回灌两种。

回灌管回灌是指回灌水通过泵管流入回灌井,因泵管在回灌井静水位液面以下,避免了回灌水体与气体接触,减缓了热储层气体堵塞。环状间隙回灌是指回灌水通过泵管和井管之间的间隙进入到回灌

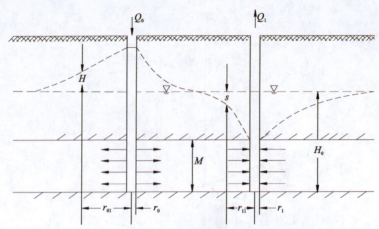

图 6-4 对井回灌渗透理论模型

井中,不可避免地携带气体进入热储层,引起气体堵塞,使得回灌效率降低。

山东省德州市德州 DZ31 回灌井于 2014 年 11 月 12 日开始,至 2015 年 3 月 12 日结束。回灌试验前水位埋深约 50m,采用地热尾水自然无压回灌方式,分别进行了环状间隙回灌和回灌管回灌,见表 6-6。通过对比发现,回灌管回灌最大回灌量可达 43.68m³/h,而环状间隙回灌最大回灌量仅为 14.96m³/h,说明回灌管回灌优于环状间隙回灌。

表 6-6　开发区鲁北院内地热回灌试验基本情况一览表

回灌方式	回灌平均温度(℃)	延续时间(min)	稳定回灌量(m³/h)
环状间隙回灌	37	10 024	4.47
环状间隙回灌	38	4312	11.06
环状间隙回灌	35	14 408	14.96
回灌管回灌	48	5082	43.68

3. 回灌方法

1)自然回灌

在具有密闭装置的回灌井中,利用真空虹吸作用,水可以迅速地进入泵管,破坏原有的压力平衡,产生水头差,在井的周围形成水利坡度,从而使回灌水克服阻力向含水层中渗透。其适用条件:地下水位埋藏较深(静水位埋藏深度大于 10m),渗透性良好的含水层;滤网结构耐压和耐冲强度较差,凿井年代较老的管井;对回灌量要求不大的管井。

2)加压回灌

当区域地下水埋藏较浅,或者原来埋藏较深,但在自然回灌过程中不断上升,随着回灌水位与静水位之间的水头差值的不断减少,渗透压力就减小,回灌量相应也就减小。此时,可把井管密封起来,使水不能从井口流出,并增加灌水的水头压力,以较大的水头差进行回灌。

(1)自然回灌适用于地下水位较低,透水性能好,渗透系数较大的含水层。未进行人工加压,利用回灌中的地热尾水的管网压力(0.1~0.2MPa)产生水头差进行回灌。

(2)加压回灌可用于地下水位较高和透水性差的含水层以及滤网强度强大的深井,可根据井的结构强度、回灌设备强度和回灌量确定回灌压力。在回灌井水位较高,无法进行自然回灌时,使用加压泵加压,产生更大的水头差进行回灌。

4. 技术要求

1)自然回灌的技术要求

自然回灌为自然压力下的回灌,在启动回灌系统之前,记录开采井的流量表、供暖后尾水流量表和回灌井流量表的读数;记录开采井、回灌井的水位埋深及地热水的温度、尾水温度。认真检查开采井、回灌井的井口和回灌管网的密闭程度。回灌时,应慢慢打开回灌阀,让地热尾水从回灌管内流入回灌井中。仔细观察回灌管网中的压力表,适当的调节回灌量,使回灌量的大小由小到大梯度增加,期间按照要求定时观测抽水量、回灌量、水温、水位的变化情况。直到确定回灌流畅,回灌井水位上升变缓,地热水没有从溢出口流出。

2)加压回灌的技术要求

当回灌井水位上升较快(井口压力过高)而回灌困难,无法进行自然回灌时,启动加压离心泵进行加压回灌。加压回灌前的准备工作与自然回灌一样,做好回灌前的流量表、温度表及水位的观测记录,做好井口及回灌管网的密封。回灌量与压力要由小到大逐步调节,同时了解回灌系统的最大承载压力,不能盲目加压,致使系统压力过大而损坏地热井井管。在压力调节过程中,做到及时排除回灌系统内的气体,记录回灌量、水温、管道压力等数值,保证加压工作安全稳定地进行。

5. 回灌流程

回灌流程主要为抽水—除砂—换热—粗效过滤—精效过滤—排气—回灌(图6-5),即地热水通过潜水泵从开采井抽出后,首先经过除砂器进行除砂;然后进入板式换热器进行热交换;最后经粗效过滤器、精效过滤器与排气装置进行过滤与排气,过滤与排气后的低温地热水通过加压泵灌入回灌井热储中。

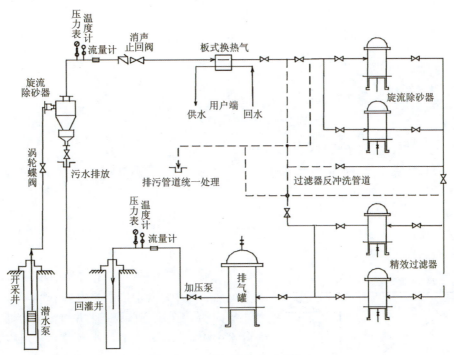

图6-5 地热回灌流程示意图

(二)回灌设备

1. 回灌井口装置

目前,天津市、山东省等地热回灌井主要采用多功能地热井井口装置,建议采用填料涵这种基本结构形式(图6-6)。

填料涵用于地热井口装置具有结构简单、方便施工、造价低、有利于系列化生产的优点。采用填料涵能保证井管正常伸缩的自由度,并不产生漏水。其功能主要有:井口装置应具有防止井管伸缩而造成的泵座破坏或拉裂的强度;井口预留相关设备的安装接口,如温度、流量、水位和压力等装置。压力根据压差法原理测量,水位通过光感原理监测;用抗腐蚀性阀门,对接触地热流体的零部件采取防腐措施;安

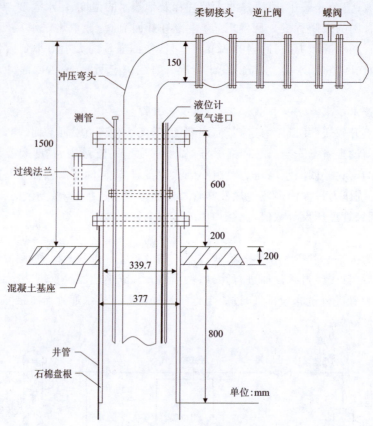

图 6-6 地热井井口装置示意图

装有临时地热流体排放孔,便于回灌井井口排气。

回灌井的井口装置部分应严格进行密闭处理,回灌水管、水位测管、阀门等所有接口的连接方式均应采用法兰式严格密封连接方式。

2. 除砂器

孔隙型地热流体中大多都夹杂岩屑、细砂等固体颗粒,因此大多地热水井都要求安装除砂器。除砂器的主要目的是除掉较大颗粒的固体杂质,以减小过滤器的负担。

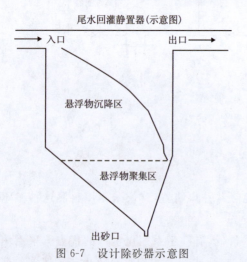

图 6-7 设计除砂器示意图

目前,地热流体中悬浮物和细小颗粒物居多,为避免地热管道中砂粒的淤积堵塞,除砂器的整体效率应不小于90%。在地热水从开采井口流出后,利用除砂器去除水中相对密度较大的细小颗粒和悬浮物,减少过滤器的过滤压力及过滤成本,提高回灌速度。

综上所述,设计除砂器进水口直径宜大于出水口直径,最高使用压力不大于1MPa,最低使用温度不低于100℃,外露金属面喷涂防锈底漆和面漆,内衬玻璃钢厚不小于1.5mm或静电喷涂环氧树脂厚度大于0.2mm,见图6-7。

3. 过滤器

为有效减少各种堵塞,提高砂岩热储回灌率,在回灌水源进入回灌井前设置过滤器非常重要。过滤器的设计对顺利回灌具有重要作用,过滤器的设计应考虑3个方面:一是过滤精度,受地层构造、砂岩及地层腐生菌、系统运行方式等影响;二是滤料材质,受运行成本制约;三是单机过滤量,受回灌量多少的影响。

通常,为了保证过滤质量,在回灌中可考虑安装粗过滤器和精过滤器两级过滤器,以延长滤料的使用寿命。过滤器的类型根据过滤精度分为粗过滤器和精过滤器,两级过滤器采用并联的方式连接(图6-8),根据过滤器内滤芯材料分为过滤棒和过滤袋。

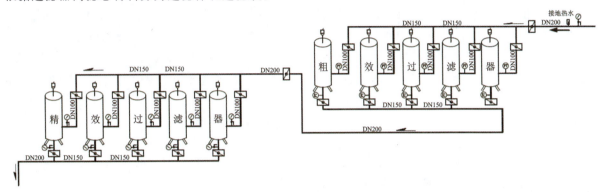

图6-8 多组过滤器并联示意图

1) 粗过滤器

粗过滤精度一般为30~50μm,粗过滤系统由一个或多个过滤器并联组成,实际中通常采用多个过滤器,以防止某个过滤器需要清理或维修时,影响回灌工作的进行。

粗过滤器的主要任务是将管道及系统残留的相对直径较大的颗粒过滤掉,减轻精过滤器的工作负担,减少反冲洗的次数,提高滤料的寿命。

2) 精过滤器

精过滤器由一个或多个过滤器组成,在选择过滤器内滤料精度时,应主要考虑地层最小砂岩粒径大小和水中或管道中滋生的微生物种类和直径,保证滤除后水中的细小颗粒物可通过热储层的孔隙(孔喉),使其不在热储层的孔隙中淤积堵塞,精过滤器精度一般为1~3μm。

精过滤器不仅可以过滤回灌流体中的悬浮物,还可以将部分微生物滤掉,有效地防止井内回灌时物理堵塞和生物堵塞。在安装过程中,过滤器进出口两端需安装压力监测仪器(精度为0.01MPa)。

过滤器应可以更换滤芯,如PP棉滤芯,过滤精度较高,不仅过滤效果好,还可以将部分微生物滤掉,有效地防止井内回灌时物理堵塞。

4. 其他设备

1) 排气罐

排气罐主要作用是在回灌前排出尾水中的不凝气体,防止压力发生变化生成气泡,产生气堵。

根据现有排气设备安装规定及综合实际运行情况,有条件的企业宜安装排气罐,容积不小于$1m^3$;也可选用管道最高点、粗精过滤器上部及回灌井井口安装自动排气阀,将水气分离,经德州市水文家园示范工程检验,这种排气方法最直接、经济,起到了很好的排气效果。排气阀实物照片见图6-9。

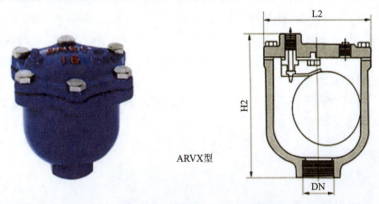

图6-9 自动排气阀实物照及工作原理剖面图

2)加压泵

当回灌井水位到达井口时,为保证回灌的继续进行需要采用加压回灌方案。

3)除铁装置

在天津市武清区某供热站,地热回灌井(WR7)的采样实验分析表明,该地层地热水中不含铁细菌,总铁含量也较低(0.09×10^{-6}),可避免氢氧化铁沉淀现象。但由于采用金属管道和直供方式,在WR7号井末端取样,发现总铁含量达1.12×10^{-6},铁嗜菌达2.5×10^{4}个/mL。其次由于SO_4^{2-}离子的存在,促进了铁的氧化,加速了铁在循环水中的沉淀,生成氧化铁,铁氧化物为铁嗜菌的大量繁殖提供了营养物。针对回灌水的质量要求,铁离子含量需小于0.2mg/L。

因此,除铁装置需满足除铁离子含量小于0.2mg/L的能力,效率需大于90%。

4)监测设备

地热水矿化度较高,具有腐蚀性,在以往试验中须多次对流量表更换,且水位的人工监测不但耗费一定的人力资源,且加大了时间和数据上的误差,因此,建议采用电磁流量、温度传感器和压力式液位计(图6-10),形成自动化监测系统,另外应配备相应电缆线、配电器等设施。

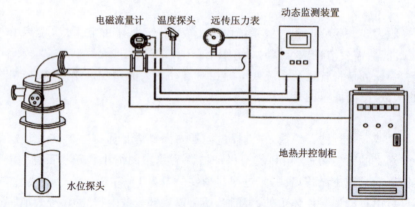

图6-10 自动化监测工艺简图

四、回灌技术方法

(一)回灌操作方法

1. 回灌试验启动时的操作要求

回灌开始前,应记录开采井、回灌井水位埋深及对应液面温度;检查回灌系统的密封效果,保证系统严格密封;回灌启动时应遵循回灌量由小到大逐渐调节的原则。在回灌开始之后,可取样进行流体质量分析。

具体操作为:慢慢打开回灌阀,让地热尾水从回灌水管内流入回灌井中。仔细观察回灌管网中的压力表,适当的调节回灌量,使回灌量的大小由小到大梯度增加,期间按照要求定时观测抽水量、回灌量、水温、水位的变化情况。直到确定回灌流畅,回灌井水位上升变缓,地热水没有从溢出口流出。

2. 回灌试验结束后的要求

在回灌试验结束后,应当进行回扬洗井,直至水清砂净。其目的主要在于避免回灌试验过程中,因前期的调试工作对回灌井造成堵塞。

(二)回灌监测要求

1. 通用要求

地热回灌工程中,为保证回灌正常顺利长期稳定地进行,需对以下几方面进行监测,包括水位、水量、水温、水质、温度场、流场、回扬,并对相应的数据进行分析和计算,一般而言为在回灌过程中主要记录的数据。

2. 水位监测

对开采井、回灌井的水位进行监测,具体要求如下:

(1)在回灌前确定回灌井、开采井和观测井的初始水位。

(2)对回灌井、开采井和观测井动水位进行同步监测,监测频率为30min/次,监测记录精确到1cm。

(3)应在定压条件下测量。

3. 水量监测

对开采量、回灌量、回扬量和排放量进行监测,具体要求如下:

(1)监测记录频率为30min/次,监测记录精确到$0.1m^3$。

(2)回灌时应采用电磁流量计、声波流量计或水表等流量计进行计量。

(3)流量计进水前端直管长度不小于70cm,后端直管长度不小于30cm。

4. 水温监测

对开采井井口水温、尾水温度和回灌井的液面水温进行监测,具体要求如下:

(1)在开采井口、回灌井口、除砂器前端分别安装温度计。

(2)监测记录的频率为30min/次,监测记录精确到0.1℃。

(3)应采用电磁温度计、机械温度计或分布式光纤测温系统,不宜采用液体温度计。

5. 水质监测

对开采井水质、地热尾水水质、回扬水质进行定期监测,具体要求如下:

(1)地热开采井水质、地热尾水水质需每两个月监测一次;回扬水质每个回灌期监测不少于两次。

(2)水质监测应进行水质全分析,分析项目按GB/T 11615—2010执行和悬浮物分析,发生堵塞时进行细菌分析。

6. 回扬监测

进行回扬监测时,具体要求如下:

(1)对单次回扬的持续时间进行监测记录。

(2)对回扬的间隔、周期进行监测记录。

7. 压力监测

进行压力监测时,具体要求如下:

(1)在开采井口、回灌井口、过滤器前端和末端、排气灌顶端分别安装压力计。

(2)观测记录的频率为30min/次,监测记录精确到0.01MPa。

(3)压力计宜安装在该部位的最高点。

(三)回灌堵塞防治措施

地下水人工回灌堵塞问题的产生与回灌水质、入渗介质的矿物成分及颗粒组成特征等多种因素有关,砂岩热储根据成因将堵塞分为物理堵塞、化学沉淀堵塞、气体阻塞、化学反应产生的黏粒膨胀和扩散堵塞以及含水层砂粒重组造成的热储层孔隙变小堵塞等。

对回灌井进行周期性的再生处理是保持其回灌能力的基本要求,一旦发生堵塞,通常是比较棘手的问题。因此,除了研究解决堵塞的方法外,更重要的是设计防止堵塞的措施。解决堵塞的措施应分析现场地质条件、回灌水质和可能造成堵塞的原因和类型,制订相应的对策。目前解决堵塞主要采用物理法和化学法,物理法即采用定期或不定期反抽(回扬),或可采用射入高压空气和水进行分段冲洗;化学方法包括加酸、消毒以及加入氧化剂等改变回灌的水质。这些方法都是在堵塞发生后采用的补救方法,但由于地层构造特点,尤其是砂岩的胶结程度不同,频繁的回扬可能会造成地层中砂岩构造重组,而产生不可逆的负面效果。所以,回灌井在进行回扬前,一定要对发生堵塞的原因给予充分的分析,制定合理的回扬方案。针对以上几种回灌堵塞,提出以下防治措施。

1. 悬浮物堵塞

通过预处理控制回灌水中悬浮物的含量是防止回灌井堵塞的首要措施,特别是针对系统中物理颗粒和化学析出的颗粒等,这些颗粒肉眼可见,粒径通常较大,因此,可采用增设水质处理的过滤设备,设计不同的过滤工艺和过滤精度($30\sim50\mu m$),即称为粗过滤或第一级过滤。当回灌水流经过滤装置时,可有效拦截地热回灌水中的粒径较大的悬浮物。

2. 微生物堵塞

微生物通常以生物膜的方式出现,单体粒径肉眼很难观测到,同时还具有极易聚集的习性。因此,当回灌水被细菌污染后,可采用化学法去除水中的有机质或进行预消毒杀死微生物。常规水处理灭菌的方法是向水中加入消毒杀菌的药剂,或采用超滤膜过滤除掉细菌。但前者在回灌过程中适用性差,如过量加入消毒药剂会改变地热水质,污染该层的地热水,不符合可持续开发的原则;采用超滤方式过滤($1\sim5\mu m$),有效拦截粒径在$1\mu m$以上的各种微生物,在某种程度上可以防止堵塞的发生。

3. 化学沉淀堵塞

化学原因引起的水质问题应视具体情况进行具体分析。矿物质在溶剂过程中饱和度的表达式为

$$SI = \log_K IAP \tag{6-6}$$

式中:SI——饱和状态指数;

IAP——离子活性值;

K——溶解性值。

在到达过饱和状态($SI>0$)时,矿物质可能析出也可能不会析出,这就要看达到过饱和状态溶液的稳定性如何。另外,通常地热利用系统中希望能源利用效率最大化,因此排水温度较低。所以,可能会在温度降低和压力变化的过程中产生化学析出物。

4. 气体阻塞

采用排气改变流体外界条件(压力、流速等),使得大部分随流体裹挟的气泡破裂,并将气体释放出来。可在地面回灌系统中加入排气罐(阀)等装置进行排气,避免气体阻塞。

综上所述,回灌中悬浮细小颗粒(物理)及化学变化、气体等是产生堵塞的主要原因。因此,在回灌过程中出现回灌井堵塞后,可采用以下3点措施进行处理:首先,经常检查回灌的密封效果,发现漏气及时处理;其次,及时掌握回灌量、回扬量及地下水的动态变化;最后,停灌回扬,增加回扬次数,缩短回扬间隔进行处理。

对堵塞较轻且滤网强度小的深井,采用连续回扬进行处理效果好。堵塞较重或滤网强度大的深井,可用真空回扬及间隔回扬进行处理,若井下沉淀物已胶结,用回扬法不能处理,可加酸处理。

五、回灌系统的维护

(一)回灌前的维护工作

1. 装置检查

回灌运行前要对系统装置严格检查,确保回灌系统中(包括开采井、回灌井)电源、各设备和阀门的开关状态良好,各种仪表、仪器的运转正常。开采井、回灌井的井口均须按规定安装专用的动态(水位、水温、流量、压力等)监测仪器仪表,回灌运行前应仔细检查各仪表仪器的精确度并保证其正常运行。

2. 回灌管网

回灌管网应保证严格的密闭,以减少空气在地热流体输送中的混入;生活热水或其他被污染的地热流体必须同回灌水分离,不允许生活热水的尾水或二次污染水混入回灌水中;保证排气设备运行良好;

如有充氮装置,应检查氮气保护装置,充氮瓶内压力应高于大气压;确保除砂器、除污器的工作精度和正常运行;如考虑采用压力回灌方式时,应检查加压离心泵的工作状态。

3. 管路冲洗

回灌生产运行前,要对整个系统管路进行冲洗,包括开采井、回灌井管路、输水管网等。冲洗时间视其排出的尾水清洁程度而定,至水清无杂质后方可进行回灌。

(二)回灌中的维护工作

回灌运行时,整个回灌系统是一个完整的密闭系统,回灌管网应保证密闭,对管网中的接口部分进行密封处理;开采井、回灌井的井口应密封,杜绝出现包括测管、充气孔等与外界连通的孔口敞开的现象。

水位测管只有在进行动态监测时才能开启,其他时候均应做好密封处理。

回灌运行时,应密切监测回灌流体的水质变化情况,确保过滤系统稳定运行,保证回灌流体符合相关标准。

确保开采井、回灌井井口的监测仪表正常工作,观测人员要细心观测记录保证观测到的数据真实可靠,一旦发现仪表损坏或回灌管道淤积堵塞要及时更换处理,以保证回灌工作的顺利进行。

(三)停灌后设备的养护

回灌井在停止回灌使用后,为保证下次回灌井的回灌能力和使用寿命,其后期的维护保养工作尤为重要。因此,停灌后做到如下维护保养工作。

1. 回灌井的维护与保养

(1)停灌后,从回灌井中提出回灌水管,除去管内外污渍、锈斑,做好防腐、防锈等保养措施,堆放整齐,妥善保管。

(2)封闭开采井、回灌井井口,对系统各部分进行密封处理。把井口用能达承压厚度的钢板或水泥石板封盖,防止杂物落入回灌井中。

(3)在停灌期间,有条件的企业可利用自动控制的氮气保护充气装置,将停用的地热井(开采井、回灌井)水位液面以上的井管部分充满惰性气体,隔绝空气与地热水的直接接触,防止空气渗入井管,造成氧化腐蚀。

(4)停灌期间每15天监测一次水位、认真填写记录表。注意保证开采井、回灌井井口监测系统(远程或专用的人工监测仪器仪表)的正常运转,观测到的数据客观真实、正确无误,尤其是人工监测的水位测管的通畅性,一旦发现已堵塞或测线下入困难,应及时更换、维修。只有在进行动态监测时测管才能开启,其他任何时候都应做好密封处理。

(5)供暖季回灌前一周应首先彻底回扬、大压差洗井;如果涌水量明显减小,应对回灌井进行酸洗。

2. 回灌辅助设施维护与保养

1)阀门

阀门是回灌设备的重要组成部分,阀门的日常维护工作应该从以下几方面入手,对管内部进行定期清洗,定期拆卸检查。用仪器仪表等检查设备进行校准。清洗阀门顶盖及表面的泥垢,对阀门进行定期喷防锈漆。对阀门的部件要经常检查其是否具有活动性,可适当添加润滑及密封脂。

2)深井泵

(1)深井泵的使用。深井泵运行中要经常观察电流、电压表和水的流量,力求电泵在额定工况下运行;应用阀门调节流量、扬程不得超载运行;要经常不断的观察仪表,检查电器设备每半个月测一次点击绝缘电阻,电阻值不低于 0.5MΩ;每个供暖期之前进行一次检修保护,更换易损件。有下列情况之一应立即停止运行:①额定电压下电流超过额定值时;②额定扬程下,流量较正常情况下降低较大时;③绝缘电阻低于 0.5MΩ 时;④动水位降至泵吸入口时;⑤电气设备及电路不合规定时;⑥电泵有突然声响或较大的震动时;⑦保护开关频率跳闸时。

(2)深井泵的起吊与装卸。①拆开电缆,断离电源;②用安装工具逐步拆卸出水管、闸阀、弯管,并用夹管板紧下一节输水管,这样依次、逐节拆卸将泵吊出井外(在吊拆过程发现有卡住不能强行起吊,应上下左右活动克服卡点安全吊卸);③拆下护线板、滤水网并从引线和三芯电缆或扁电缆接头处剪断电缆;④取出联轴器上锁圈,拧下固定螺钉,拆下连接螺栓,使电机、水泵分离;⑤放出电机内充水;⑥深水泵的拆卸,用拆卸扳手,左旋卸下进水节,用拆卸筒在泵下部冲击锥形套,叶轮松动后,取出叶轮、锥形套、卸下导流壳,这样依次卸完叶轮、导流壳、上导流壳、止回阀等;⑦电机拆卸,依次拆下底座、止推轴承、推力盘、下导轴承座连接座、甩水器,取出转子,拆下上到轴承座、定子等。

(3)深井泵的装配。①电机的装配次序,定子组装→下导轴承组装→转子组装→推力盘→左扣螺母→止推轴承组装→底座组装→上导轴承座组装→骨架油封→连接座,调整螺柱,使电机轴伸符合规定的要求,然后上好调压膜、调压弹簧及盖;②水泵的装配,将轴和进水节固定在装座上,用拆装筒将叶轮、锥形套固定在轴上,再装上导流壳、叶轮,依次装完上流壳、止回阀等。

3. 井管及管道

每次提下泵时,检查井管腐蚀情况,防止井管泄漏影响正常的生产。它的腐蚀情况主要受地热水水质的影响。一般来说,井管腐蚀速率在0.45～0.51mm/a之间,目前市场大多使用石油套管,直径177.8mm井管管壁厚8.05～10.36mm,建议井管使用3～8年后进行更换。

第七章 地热资源开发利用示范

德州市地热资源最早发现于1980年,勘查开发始于1996年。1997年3月,在市区施工了一眼探采结合井,首次发现了鲁西北最具开采潜力的馆陶组砂岩热储,填补了山东省砂岩储地热开发利用的空白,为山东省地热供暖第一井。随着地热资源勘查工作的深入,地热资源开发利用规模不断提升,开发利用规模居全省首位。目前全市各县(市、区)共有地热井300余眼,主要用于供暖,少量用于游泳、洗浴、娱乐休闲和种(养)植。

第一节 清洁供暖示范工程

一、基本情况

由山东省"地热清洁能源开发利用重点实验室"与山东省"地热清洁能源探测开发与回灌工程技术研究中心"开展的"砂岩热储地热尾水回灌示范工程"位于山东省德城区水文家园小区,为一采一灌的地热供暖利用模式,平均回灌量55m³/h,总供暖面积5.7万 m²,实现了供暖尾水100%回灌。来自冰岛等国的专家及国内各地高校、科研院所、行政管理、企事业单位共计数千人次对基地参观考察,对孔隙型层状热储地热资源可持续利用具有重要的示范意义。

该示范基地所处场地平坦,区位优越、交通便捷(图7-1)。

该基地自1997年3月开始投入运行,主要用于供暖和洗浴;2016年8月施工回灌井,组成对井采灌工程,形成一采一灌的地热供暖利用模式,总供暖面积5.7万 m²(约500户),其中暖气片采暖3.6万 m²,地板辐射采暖2.1万 m²。鲁北院于2001年12月首次取得山东省国土资源厅颁发的采矿许可证,经多次变更延续,生产规模25万 m³/a。矿区由6个拐点坐标圈定,面积0.824 8km²。开采深度标高:-1500~-1300m。德热1井成井深度1 491.37m,实际开采量78m³/h。主要开采热储层为新近系馆陶组砂岩裂隙孔隙层状热储,顶板埋深1050~1160m,底板埋深1350~1650m,与下伏东营组呈不整合接触。地层厚度350~475m,热储含水层厚度160~180m,占地层总厚度的35%~45%。单层厚度大,平均单层厚度10m,最大单层厚度19.2m。在降深20m以内单井涌水量80~120m³/h,水温54~58℃,水化学类型为Cl-Na型水,pH值为7.6,矿化度4.9g/L。该热储埋深大,地热水补给微弱,主要为古封存水和成岩过程中的压密释水,地热田成矿模式属于封闭—传导—层状型。

回灌工程中回灌装置包括除砂器、除铁罐、曝气装置、板式换热器、管道循环泵、热泵机组、粗过滤器、精过滤器等。

通过对工程运行中一系列参数指标的观测,对地热回灌工艺、回灌参数及影响因素进行了研究。示范工程的建设,引起了山东省自然资源厅、山东省地质矿产勘查开发局及地方主管部门的高度重视,累计接待各地组织的参观考察超1000人次。此在基础上,编制了自然资源部行业标准《砂岩热储地热尾

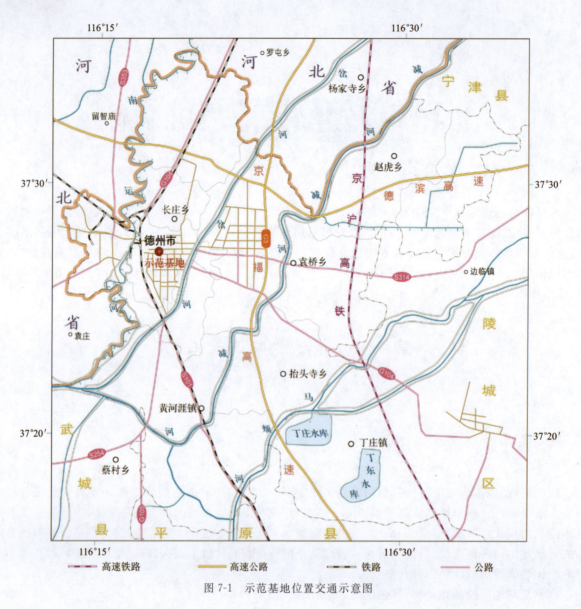

图 7-1 示范基地位置交通示意图

水回灌技术规程》(DZ/T 0330—2019)。

二、设备及工艺流程

(一)示范工程机房

1. 示范基地地热泵房建设

地热尾水回灌示范工程建设地点位于德州市德城区水文二队;建筑层数局部二层,檐口标高 6.5m;建筑面积 422m²,占地面积 345m²,墙体工程基础部分平面设计图见图 7-2 和图 7-3。

标高 1.2m 以下墙体为 240mm 厚混凝土普通砖墙,标高 1.2m 以上墙体为双层压型钢板内夹 100mm 厚玻璃丝绵;门窗采用安全玻璃,外墙装修、室外工程和室内装修采用防火设计,火灾危险性分类为戊类,机房部分设置一个卷帘门,保证卷帘门处于开启状态,另有一个平开门通往走廊,局部二层部分为设备平台,设置安全楼梯通至一楼。

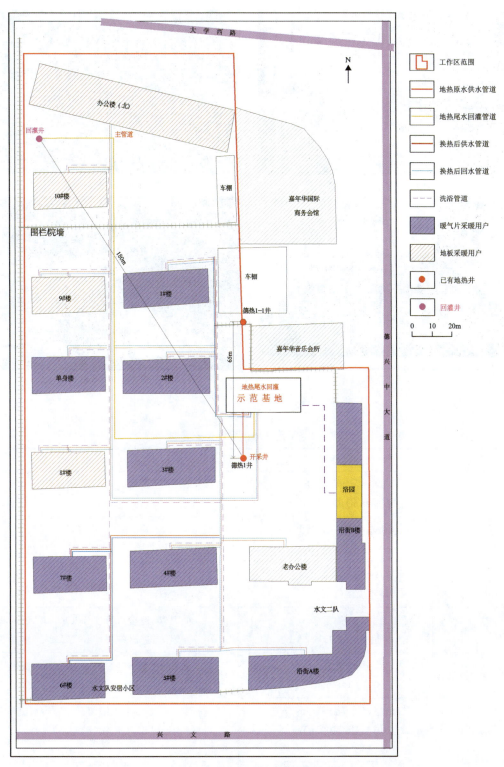

图 7-2 示范工程机房位置平面图

2. 回灌设施

回灌设施包括井口装置（JKZ-350/15 型井口装置）、除砂器（TSXL-100 型旋流除砂器）、气水分离器、阀门与仪表及其他电气设备（包括电源、潜水井泵控制柜及系统循环控制柜、补水泵组控制柜），考虑到回灌水质对孔隙热储回灌效果的影响，回灌水源灌入热储层前进行净化处理，防止物理、化学堵塞，示范基地主要设备一览表见表 7-1。

砂岩热储采灌工程内部设备

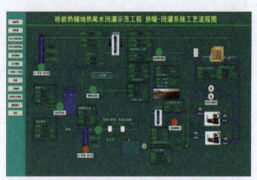
示范工程自动化监测界面

示范工程展厅

示范工程井下测温

图 7-3　示范工程现场

表 7-1　示范基地主要设备一览表

编号	名称	规格型号性能	单位	数量	备注
1	除砂器	DXH＝500×2000 尺寸规格(mm) Q＝55m³/h	台	2	原系统已有设备
2	曝气装置 （退水罐）	风机功率：N＝5kW 型号规格：DN100	个	1	
3	除铁罐	DXH＝2000×3000 尺寸规格(mm)	个	1	原系统已有设备
4	一级板式换热器	钛板，耐腐蚀 换热量：1280kW	台	1	低温侧：进出口温度 39℃/52℃，流量 90m³/h 高温侧：进出口温度 55℃/42℃，流量 90m³/h
5	二级板式换热器	钛板，耐腐蚀 换热量：1400kW	台	1	低温侧：进出口温度 12℃/27℃，流量 70m³/h 高温侧：进出口温度 30℃/15℃，流量 70m³/h
6	螺杆式水源 热泵机组 （高温型）	机组运转重量：3570kg 制热用电量：140.1kW 制热量：686kW	台	1	蒸发器进出口温度 27℃/20℃，水流量 74m³/h 冷凝器进出口水温 48℃/55℃，水流量 85m³/h 制热时
7	螺杆式水源 热泵机组 （高温型）	机组运转重量：3570kg 制热用电量：140.1kW 制热量：686kW	台	1	蒸发器进出口温度 20℃/12℃，水流量 74m³/h 冷凝器进出口水温 48℃/55℃，制热时
8	地板辐射 供暖循环泵	N＝13kW H＝30mH$_2$O Q＝70m³/h	台	2	安装详见：L13S2－159～164 一用一备

续表 7-1

编号	名称	规格型号性能	单位	数量	备注
9	散热器供暖循环泵	$N=22kW$ $H=25mH_2O$ $Q=100m^3/h$	台	2	安装详见：L13S2-159～164 一用一备 原系统已有设备
10	洗浴管道泵	$N=13kW$ $H=30mH_2O$ $Q=50m^3/h$	台	2	安装详见：L13S2-159～164 一用一备 原系统已有设备
11	水源热泵板换侧循环泵	$N=11kW$ $H=20mH_2O$ $Q=74m^3/h$	台	2	安装详见：L13S2-159～164 一用一备
12	冷凝器循环泵	$N=13kW$ $H=25mH_2O$ $Q=95m^3/h$	台	3	安装详见：L13S2-159～164 两用一备 设计温差按照7摄氏度计算
13	全程水处理器	处理水量 $Q=160m^3/h$ 型号 DN:150	台	2	分别用于用户侧和蒸发器侧的循环水处理
14	全程水处理器	$N=0.3kW$ 处理水量 $Q=160m^3/h$ 型号 DN:200	台	1	用于冷凝器侧的循环水处理
15	地热水分水器	$D\times L=273\times2236$ 尺寸（mm）	台	1	
16	全自动软化水器（双床）	处理软化水量：$4m^3/h$ RM2-4	台	1	$L\times B\times H=1350\times1350\times1950$ 尺寸（mm）
17	软化水箱	$L\times B\times H=1800\times1800\times1500$ 8# 矩形水箱 $V=4m^3$	台	1	详见山东省标：L13S2-95～124 不锈钢板制作
18	储水罐	$D\times H=3000\times4500$ 圆形水箱 尺寸（mm）	台	1	原系统已有设备
19	定压补水装置	$N=0.37kW$ 泵扬程：$25mH_2O$ 正常补水量：$3.6m^3/h$	台	1	补水泵一用一备
20	粗过滤器	处理水量：$100m^3/h$ 滤网规格：$50\mu m$	台	1	原系统已有设备
21	精过滤器	处理水量：$100m^3/h$ 滤网规格：$10\mu m$	台	1	原系统已有设备
22	回灌加压泵	$N=37kW$	台	2	安装详见：L13S2-159～164 一用一备
23	潜水泵	$N=37kW$ 除砂器后留 $15mH_2O$ 扬程	台	1	变频抽取地热水 一用，购置备用泵

(二)工艺流程

地热水从深井泵采出经过旋流除砂器除砂净化后,经过二级换热器与热泵技术提取热量,温度降至25℃后进入回灌井回灌至同层热储中;二级换热器二次侧作为热泵蒸发器循环水,提取低温地热流体中的热量,利用热泵提高热能品位,加热热泵冷凝器循环水,并与一级换热器的二次侧循环水汇合,为地板辐射采暖系统供热。示范工程现场如图7-3所示。

开采井为1997年"德州市地热资源勘查"项目所施工的探采结合孔,该井深1 479.72m,取水段1332～1464m,为馆陶组热储,水温55.5℃,开采量65m³/h(20万 m³/a)。该井首次采用了胶皮伞止水成井工艺,并被作为地热井的标准成井工艺进行推广应用。回灌井为2016年在水文家园小区西北角施工的大口填砾地热井,回灌井距开采井178m,井深1 544.5m,取水段1319～1525m,为馆陶组热储,水温57℃。图7-4为德州砂岩热储采灌井井身结构对比图。

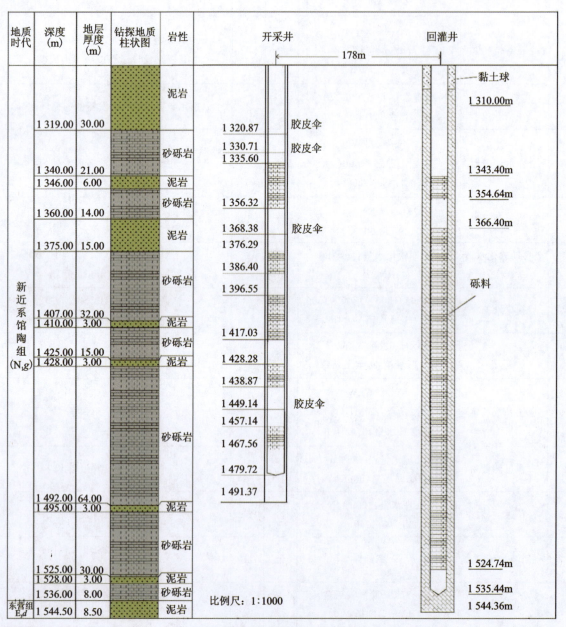

图7-4　德州砂岩热储示范工程采、灌井井身结构对比示意图

回灌工艺流程及技术特点：地热水首先自开采井中抽取，经除砂、排气后，由加压泵提供压力对住户进行供暖，住户室内温度在18～24℃。供暖尾水回流至泵房后，经过除污及粗效（50μm×5个×20m³/h）、精效（5μm×5个×20m³/h）两级过滤器进行过滤后，自然回灌至回灌井中，回灌方式为泵管回灌，其供暖—回灌工艺及流程如图7-5所示。

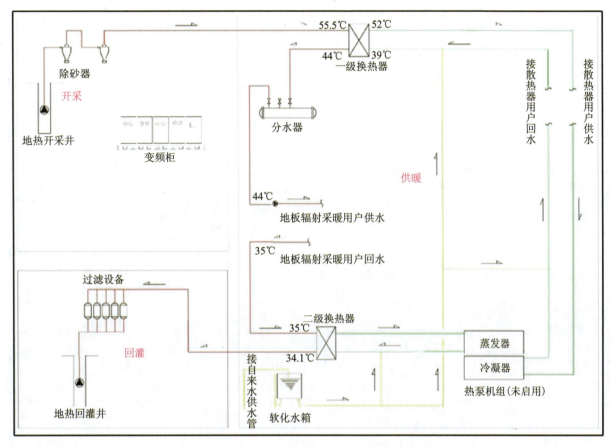

图7-5　地热水供暖—回灌工艺流程图（2018修改）

三、运行效果及推广应用

（一）运行效果

由第五章示范工程历年运行情况，根据示范工程5个供暖季的运行监测数据，以及采灌流量、水位、水温历时曲线。该工程自2016年11月15日至2020年4月2日，开采平均水温54.23℃，平均回灌水温34.12℃；开采井稳定水位埋深75.12～88.06m，回灌井稳定水位埋深19.4～24.7m；平均开采量61.41m³/h，平均回灌量60.69m³/h；灌采比为98.65%，供暖尾水全部回灌。

截至目前，供暖工程运行平稳，回灌曲线稍有波动；仅极寒天气，开启二级换热和热泵提温系统，住户室温在18～26℃，满足小区供暖需求，供暖、回灌效果良好，形成地热清洁供暖示范工程情况见表7-2和供暖示范工程效益分析见表7-3。

表 7-2 地热清洁供暖示范工程调查表

示范工程供暖小区名称	德州市德城区水文家园		供暖方式	直供☐ 地板采暖☑ 风机盘管☐	住户数	折合500户
建筑面积	57 693m²		拟供暖面积	56 550m²	实际供暖面积	50 000m²
开采井数量	1眼		回灌井数量	1眼	实际运行井数	1采1灌
换热器	类型		板式	工作压力	10MP	
	换热量		1.4MW	工作温度	90℃	
	流程组合		2/2	设计温度	150℃	
过滤器	类型		滤袋式	过滤精度	粗效50μm,精效1~5μm	
	组数		粗效5组,精效5组	滤网更换间隔	1~3月	
热泵机组	2台(一用一备)		COP	4.9	运行天数	13天(晚间用)
制热量	686kW		制热消耗功率	140.1kW	热水流量	65m³/h
泵房面积	422m²		有无洗浴	无	洗浴水量	0m³/采暖季
开采水量	65m³/h		开采水温	55℃	供暖水温	暖气52℃ 地板42℃
回灌水量	65m³/h		回灌水温	30~34℃(用热泵时20℃)	回灌方式	无压☑ 加压☐
回灌压力	0MP		无压回灌上余水头高度		40m	

示范工程地热井基本情况(开采井填写开采内容,回灌井填写回灌内容)

井号	井深(m)	热储层(m)	水温(℃)	水位(m)	TDS	开采量(m³/d)	回灌量(m³/d)	回灌温度(℃)	回灌压力	是否运行
开采井	1480	1332~1464	55	80	4988	1560				是
回灌井	1536	1319~1525	57	81	4980		1560	30~34	0	是

表 7-3 清洁供暖示范工程经济、环境效益分析表

项目			地板采暖(单位:万元)	备注
初始建设投资	开采井建设费用		118.4	钻井工作量1480m,单价800元/m
	回灌井建设费用		154.4	钻井工作量1544m,单价1000元/m
	供热泵站建设费用		50	主要建筑费用,不含设备费用
	设备购置及安装费	采灌设备	40	地热井口装置、水泵、至泵站管道等费用
		供暖设备	88.5	泵站内除砂器、换热器、过滤器、热泵、管道泵、加压泵等
	各类补贴*		0	煤改电、煤改气补贴,配套费等
	扣除补贴后初始投资合计		451.3	
	单位面积建设费用		90.3元/m²	地板和普通暖气片两种供暖方式

续表 7-3

项目		地板采暖（单位：万元）	备注
年运行费用	管理及资源税费*	0	水资源费元/m³、排污费元/m³
	运行电费	27.5	执行电价1.1元/°
	供热站人员费用	2.4	标准：3000元/月·人*4月*2人
	设备维修费	2	
	设备折旧费	25.7	按5年计算
	地热井折旧费	13.64	按20年计算
	年运行费用合计	71.24	
	单位面积年运行费用	14.2元/m²	地板和普通暖气片两种供暖方式
收入	地热取暖费	9元/m²	当地集中供暖取暖费22元/m²
投资回收期		—	科研项目兼顾职工供热，不考虑营利
环境效益分析			
节约标煤		0.121万t	减排氮氧化物	7t
减排二氧化碳		0.2887万t	减排悬浮质粉尘	10t
减排二氧化硫		21t		

注：* 表示其他收入，指国家、政府等政策补贴。

1. 2016—2017年供暖季监测数据情况

示范工程自2016年12月14日至2017年4月25日，总运行132d，回灌运行132d，平均开采水温55.67℃，平均回灌水温40℃；开采井静水位埋深70.20m，最大动水位埋深94.67m，回灌井稳定动水位埋深－51m；总开采量22.46万m³，总回灌量16.76万m³，平均开采量70.78m³/h，平均回灌量52.82m³/h；回灌共分为两个阶段，其水温、水位埋深、水位变幅、水量历时曲线见图7-6。

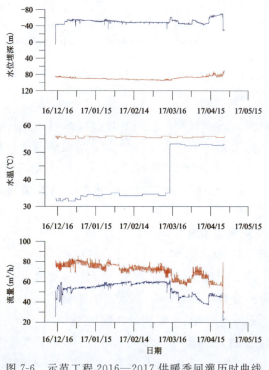

图7-6 示范工程2016—2017供暖季回灌历时曲线

第一阶段,2016年12月14日至2017年3月13日,为生产性回灌阶段。开采水温55.5℃保持不变,回灌水温31～35℃;加压0.45MPa回灌后;平均开采量75.03m³/h,平均回灌量56.54m³/h。

第二阶段,2017年3月14日至2017年4月25日,为补充试验阶段。尾水温度的升高导致回灌压力增大,稳定后,回灌量随着回灌压力上下波动。平均开采量61.60m³/h,平均回灌量44.95m³/h。

2. 2017—2018年供暖季监测数据情况

示范工程自2017年11月22日至2018年3月17日,总运行115d,回灌运行115d,平均开采水温54.9℃,平均回灌水温34.1℃;开采井静水位73.43m,最大动水位埋深93.63m,回灌井稳定动水位在2～10m之间;总开采量17.71万m³,总回灌量15.14万m³;平均开采量64.15m³/h,平均回灌量54.84m³/h;其采灌井水温、水位埋深、水位升幅、水量历时曲线见图7-7。

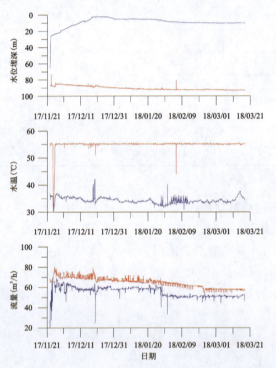

图7-7 示范工程2017—2018年供暖季地热回灌历时曲线

3. 2018—2019年供暖季监测数据情况

示范工程自2018年11月15日至2019年3月26日,总运行130d,开采井井口平均水温54.3℃,回灌井平均回灌水温34.1℃;开采井静水位73.0m,最大动水位埋深94.1m,回灌井稳定动水位埋深48.5～64.9m;平均开采量63.33m³/h,平均回灌量62.47m³/h,平均灌采比98.63%;试点运行过程中无尾水排放,尾水全部回灌入回灌井中,尾水回灌能力达到100%,其采灌井水温、水位埋深、水位升幅、水量历时曲线见图7-8。

4. 2019—2020年供暖季监测数据情况

示范工程自2019年11月8日至2020年4月2日,总运行145d,开采井井口平均水温54.23℃,回灌井平均回灌水温为34.12℃;开采井静水位75.14m,最大动水位埋深88.06m,回灌井稳定动水位埋深在19.4～24.7m之间;平均开采量61.41m³/h,平均回灌量60.69m³/h,灌采比98.65%,尾水回灌率100%,其采灌井水温、水位埋深、水位升幅、水量历时曲线见图7-9。

5. 2020—2021年供暖季监测数据情况

示范工程自2020年11月6日至2021年3月26日,总运行140d,开采井井口平均水温54.70℃,回灌井平均回灌水温34.30℃;开采井静水位81.42m,最大动水位埋深92.97m,回灌井稳定动水位埋深

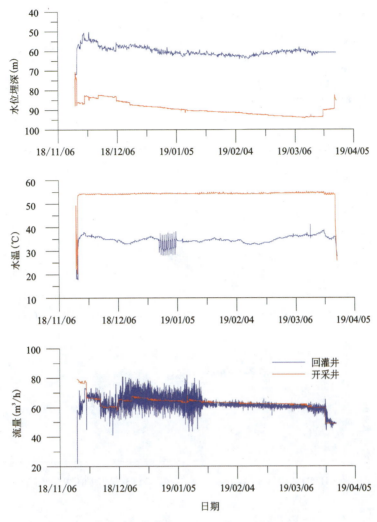

图 7-8　示范工程 2018—2019 年供暖季地热回灌历时曲线

在 37.6~69.33m 之间;平均开采量 61.75m³/h,平均回灌量 61.74m³/h;灌采比 98.65%,尾水回灌率 100%,其采灌井水温、水位埋深、水位升幅、水量历时曲线见图 7-10。

从多年观测曲线中可以看出,当地热井开采时水位陡降,停采时水位又陡升,但总体变化趋势是水位逐年下降,反映了地热流体补给微弱或无补给的特点。水文队示范工程地热井 1998 年 20℃ 校正的静水位埋深为 9.92m,2020 年下降为 89.60m,多年平均下降速率为 3.46m/a。

2016—2023 年度采灌运行情况见表 7-4。

表 7-4　清洁供暖示范工程 2016—2023 年度采灌量统计表

年度	2016—2017	2017—2018	2018—2019	2019—2020	2020—2021	2021—2022	2022—2023	合计
开采量(万 m³)	22.46	17.71	19.76	21.46	20.77	20.84	20.26	143.26
回灌量(万 m³)	16.76	15.14	19.49	21.17	20.50	20.77	20.16	133.99

示范工程累计节约标准煤资源量约 7 623.28t,减排 CO_2 量 18 189.15t,减排 SO_2 量 129.6t,减排氮氧化物 45.74t,减排悬浮质粉尘 60.99t,减排煤灰渣 7.62t(见表 7-5),为我国 2060 年达成碳中和目标,做出相应贡献。

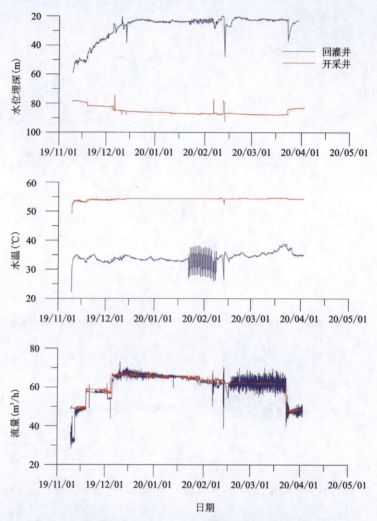

图 7-9 示范工程 2019—2020 年供暖季地热回灌历时曲线

表 7-5 示范工程 2016—2021 年度节能减排统计表

年度	2016—2017	2017—2018	2018—2019	2019—2020	2020—2021	合计
折合标准煤(t)	1 229.95	969.83	1 082.09	1 175.19	1 137.41	5 594.47
减排 CO_2(t)	2 934.66	2 314.02	2 581.87	2 804.00	2 713.86	13 348.41
减排 SO_2(t)	20.91	16.49	18.40	19.98	19.34	95.11
氮氧化物(t)	7.38	5.82	6.49	7.05	6.82	33.57
悬浮质粉尘(t)	9.84	7.76	8.66	9.40	9.10	44.76
煤灰渣(t)	123.00	96.98	108.21	117.52	113.74	559.45

自 2016 年 11 月建成以来,已运行 5 个供暖季,回灌曲线稍有波动,极寒天气开启二次换热和热泵提温系统,确保住宅室温控制在 20～28℃之间,满足了小区供暖需求,供暖、回灌效果良好。

(二)推广应用

该工程是山东省第一座砂岩热储地热尾水回灌示范工程,为指导山东省地热资源的可持续开发利用提供了试点。示范工程建成后,已接待全国各地高校、科研院所、企事业单位参观考察数千人次,为加快全省乃至全国地热资源可持续利用进程起到了良好的推广和示范作用,也奠定了山东省地矿局在砂

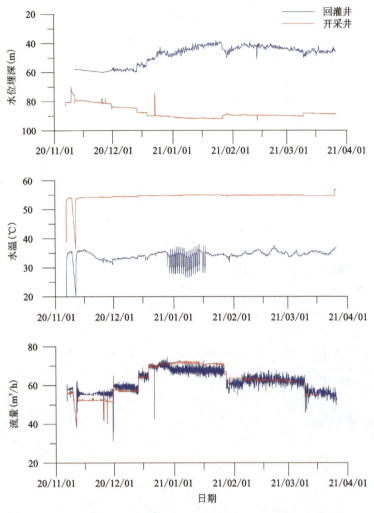

图 7-10　示范工程 2020—2021 年供暖季地热回灌历时曲线

岩热储地热尾水回灌研究领域的领跑者地位。地热清洁供暖示范工程经验总结提炼形成的调查表见表 7-2，清洁供暖效益分析见表 7-3。

据了解，除冰岛国家能源局局长约翰内松外，来自冰岛的 3 名专家先后来到示范工程基地考察，将该队建立的砂岩热储地热回灌"德州模式"称为"砂岩热储地热水可持续开发的伟大贡献者"。

截至目前，山东省地质矿产勘查开发局鲁北院已在德州推广应用地热供暖总面积达 1330 万 m^2，地热开采总量每年约为 4000 万 m^2，为德州 13.3 万居民提供清洁地热供暖，进一步改善当地冬季供暖期大气质量、持续推进能源结构调整优化。

第二节　洗浴理疗典型工程

一、基本情况

夏津县隶属于德州市，位于济南都市圈范围，地理位置优越，随着区内社会经济的发展，高档小区、酒店、旅游等建设项目日益增多。为积极响应国家节能减排号召，提高项目品质，给建设项目创造更多的经济增长点,高档小区、酒店大都选择无污染的绿色能源(如太阳能、地热资源)或新兴技术(如热泵系统)进行供暖、洗浴。地热资源的应用越来越多地走进人们的日常生活,地热资源优势逐渐显现,对地热资源的需求量也越来越大。按夏津县新增住房 20 万 m^2/a 估算,今后地热水需求量将超过 400 万 m^3/a,因此预测将来夏津县地热水需求量会很大。

夏津德百温泉度假村现有地热井 1 眼(DBR1),于 2013 年 8 月成井,由鲁北院 208 井队施工,钻机类型 TSJ-6/660,完钻井深 1 593.00m,成井 1 582.98m,滤水管位置为 1 476.17~1 541.85m,1 553.33~1 573.89m,滤水管累计长度 86.24m。利用新近系馆陶组热储,含水层位 1 470.00~1 540.00m,1 550.00~1 570.00m,热储砂层厚度 90m。

根据 2013 年 8 月 DBR1 地热井完井试验结果可知,静水位埋深 42m,降深 12.30m 时,涌水量为 92.00m^3/h,水温 60℃;根据 2016 年 2 月 DBR1 井产能测试结果,其初始水位埋深 52.40m,水温 60.0℃,最大降深 15.25m 时涌水量为 80.00m^3/h。对比 2013 年 8 月成井时,水温均为 60℃,两次试验单位降深涌水量分别为 7.480m^3/(h·m)和 5.246m^3/(h·m),水量有下降趋势。根据本井水位变化情况计算,本井静水位年平均下降速率为 4.2m。

夏津德百温泉度假村地热水综合利用情况。DBR1 井 2013 年成井至今,主要用于供暖和洗浴。其中供暖面积 3 万 m^2,楼层最高为 14m,采暖方式为地板辐射采暖;洗浴蓄水池 500m^3,预计平均每日洗浴 200 人次。通过循环泵循环给水,给水库存总容量为 1458m^3,其中包含 56 个温泉泡池 430m^3;室内游泳池 434m^3;冲浪、气泡、按摩池 171m^3;儿童池 50m^3;落水池 43m^3;住宅区温泉泡池 330m^3(459 户×0.72m^3)。每年热水总开采量为 23.0 万 m^3,开采水温 60℃,静水位年降速 4.2m,洗浴废水经尾水处理装置处理达标后排放。

二、设备及工艺流程

(一)主要设备及型号

1. 热水泵

深井潜水泵用型号为 250QJR63-100/5,流量 60m^3/h,扬程 100m,电机功率 30kW,外径 184mm,出水口径 100mm,材质为不锈钢。井口设施包括井口装置(TY-JK 型井口装置)、除砂器(TSXL-100 型旋流除砂器)、气水分离器、阀门与仪表及其他电气设备(包括电源、潜水井泵控制柜及系统循环控制柜、补水泵组控制柜)。

2. 循环泵

地面热水循环泵包括:系统采暖循环泵、补水泵、预处理泵和热水输出泵。

(1)系统采暖循环泵设计号为 ISG125-160A/2/18.5,其流量 150m^3/h,扬程 28m,电机功率 18.5kW,2 台(1 用 1 备)。

(2)补水泵流量一般为系统循环水量的 3%~5%,补水压力比补水点的工作压力高 0.03~0.05MPa,故系统补水泵型号为 ISG50-160/2/3,其流量 12.5m^3/h,扬程 32m,电机功率 3kW,2 台(1 用 1 备)。

(3)预处理泵设计型号为 ISG80-125/2/5.5,流量为 50m^3/h,扬程为 20m,电机功率 5.5kW,共 3 台(2 用 1 备);水处理的锰砂除铁罐直径 2000mm,处理能力为 40T/h 3 个,反洗泵设计型号为 ISG150-125/2/15,流量 160m^3/h,扬程 20m,电机功率为 15kW 的泵 1 台。

(4)热水输出泵分为住宅区和温泉区,住宅区热水输出泵设计型号为 ISG100-200A/2/18.5,流量 88m^3/h,扬程为 44m,电机功率为 18.5kW 的泵 1 台;ISG65-200A/2/5.5,流量 22m^3/h,扬程 44.2m,电机功率为 5.5kW 的泵 2 台,用水量大时用 100~200A 的泵,平时用 65~200A 的泵。温泉区热水输出泵设计型号为ISG150-160A/2/18.5,流量150m³/h,扬程28m,电机功率为18.5kW的泵1台;ISG80-200B/2/7.5,流量40m³/h,扬程38m,电机功率为7.5kW的泵2台,用水量大时用150～160A的泵,平时用80～200A的泵。

3. 水源热泵选型

根据用热工程所需热量,二级板式换热+热泵技术共提供850.622 9kW,其中水源热泵需提供不少于180.98kW,故可选用SGHP300AⅡ型超高能效水源热泵机组,节能效果比国家标准高出30%。名义制冷量294kW,输入功率为54kW;名义制热量330kW,输入功率为73kW。

4. 回灌设备选型

回灌设备包括:粗过滤器、精过滤器、加压泵等。

(1)粗过滤器选用流量20～60m³/h,过滤精度为50μm。

(2)精过滤器选用流量20～60m³/h,过滤精度为5μm。

(3)加压泵选用FLG80-160型,其流量61m³/h,扬程28m,电机功率7.5kW,2台(1用1备)。

(二)辅助设备及井室

1. 辅助设备

(1)井口装置。选用JKZ400/150型井口装置,该设备为密闭式,可隔绝空气进入地热水中,防止加剧腐蚀,可防止井管伸缩造成的泵座破坏,并留有监测线缆接口。

(2)除砂器。除砂器是从气、水或废水水流中分离出杂粒的装置,根据离心沉降和密度差的原理,当水流在一定的压力从除砂器进口以切向进入设备,会产生强烈的旋转运动,由于砂水密度不同,在离心力、向心浮力、流体拽力作用下,密度小的清水上升,由溢流口排出,密度大的砂沉降到底部并由排砂口排出,从而达到除砂的目的。设置除砂器可保护机械设备免遭磨损,减少重物在管线、沟槽内沉积,并减少由于杂粒大量积累在消化池内所需的清理次数。

根据已有地热井水质分析检测报告中可见泥沙,除砂作业选用TSXL-100型旋流除砂器,其技术参数如下。

处理水量:<80m³/h。

进出水口:DN100。

排污水口:DN125。

外形尺寸:425mm×1450mm×1200mm。

除砂率:≥94%。

(3)阀门与仪表。供水管路应设置微阻缓闭止回阀、对夹式电动蝶阀、排气阀等阀门,并设置压力计、流量计和水位计。

(4)换热器。换热器的作用是将具有一定腐蚀作用的地热流体通过换热器隔开,防止末端设备的腐蚀,增加维护成本。在间接供暖系统中,要求换热设备效率高,寿命长,维修管理方便。板式换热器较管壳式换热器具有传热系数高、结构紧凑,实用,拆洗方便,节省材料,价格便宜的优点。因此本次选用板式换热器,换热器面积必须满足计算的换热量要求,即必须满足1200kW负荷要求,换热器转换温度高温侧48～60℃,低温侧25～48℃。

工程板式换热器面积为38m²。

2. 供配电情况

(1)电源。电源采用三相五线制(380V/50Hz/3F+T+N)配电,由用户配送至机房内配电柜上端。

(2)供电负荷。供电负荷为228kW(水源热泵73kW,热水潜水泵30kW,采暖循环泵2台共60kW,热泵循环泵18.5kW,补水泵2台6kW,预处理热水泵2台共11kW,洗浴热水输出泵3台共29.5kW)。

(3)供电系统。包括潜水井泵控制柜、系统循环控制柜、补水泵组控制柜。在办公区安装专门配电箱用于供暖系统供电。

主要设备配置见表7-6。

表7-6 地热供热站主要设备及数量

序号	设备名称	单位	数量	规格	备注
1	井口装置	套	2	JKZ400/150	
2	地下水位监测装置	套	2	CHR.WYZ-1	
3	地热流体流量监测装置	套	2	—	
4	耐热潜水泵	台	1	250QJR63-100/5	
5	板式换热器1	台	1	高温侧:60～48℃ 低温侧:48～25℃	钛板
6	板式换热器2	台	1	高温侧:48～25℃ 低温侧:18～25℃	钛板
7	水源热泵机组	台	1		
8	采暖循环泵	台	3	$N=30\text{kW}$	2用1备
9	热泵循环泵	台	2	$N=18.5\text{kW}$	1用1备
10	补水泵	台	2	$N=3\text{kW}$	两台变频
11	预处理热水泵	台	3	$N=5.5\text{kW}$	2用1备
12	洗浴热水输出泵1	台	2	$N=18.5\text{kW}$	1备1用
13	洗浴热水输出泵2	台	3	$N=5.5\text{kW}$	2用1备
14	锰砂除铁罐	个	3	40T/h	
15	地热回灌装置	套	1	$50\text{m}^3/\text{h}$	
16	电控柜	台	1		
17	深井泵控制柜	台	1		
18	旋流除砂器	台	1	TSXL-100	
19	标准件、附件	套	1	螺丝、胶垫等	

（三）工艺流程

采用直接与间接、井对井采灌相结合的开发利用模式，即地热水抽出后，一部分经过换热器两次换热，板式换热器一次侧供回水温度为60℃、48℃，二次侧供回水温度设为48℃、25℃；热量不足部分由水源热泵提供，供暖提取热量之后，再通过温度控制阀排出，尾水经过粗过滤、精过滤同层对井回灌至回灌井中；另一部分地热水首先经过电动开关阀和气水混合器对地热水进行曝气，然后进入锰砂除铁罐，经过净化器除铁，进入热水水箱与一定量的自来水混合，最后由热水输出泵送至住宅热水用水点直接用于洗浴和理疗，尾水经处理装置处理达标后排入城市下水管道。

三、运行效果

德州夏津德百温泉度假村，是鲁西北地区规模最大、泡池最多、功能最全的大型室外温泉，是游客四季旅游选择的理想境地。德百温泉出水温度65℃，水质清澈透明，富含B、Si、Sr、Li、I、F等多种对人体健康有益的微量元素，不少微量元素含量极高，具有较高的医疗价值，可作为洗浴、医疗保健用水。除了冬季温泉游外，夏季冲浪及水上娱乐游也非常精彩，一年四季提供给游客不一样的享受（图7-11）。建成多年来运行良好,取得了较好的社会、经济和环境效益。

图7-11　德百温泉度假村

第三节　种植、养殖典型工程

一、基本情况

浅层地热能位于200m以内,温度15℃左右的恒温地带,可以采用地源热泵系统开发利用浅层地热能,用于地热种植。中深层地热温泉一般在45~60℃之间,通过调节适合水温,也可直接用于地热种植项目。

不像太阳能或风能那样有间歇性,地热能全年源源不绝。这种能源可以直接使用,而且完全可以复制。利用地热资源,只要及时浇浇水,就可以等着收菜了。在德州庆云水发农业就能看到利用地热给大棚供暖。

地热种植温室是一个封闭的温室系统,尽可能做到零消耗——这意味着整个过程几乎不消耗水资源,大部分的水都会流回地下,而且温室内能保持稳定的温度,寒冬晚上约14℃,酷热夏天约32℃。当然,池塘、风扇、喷雾系统和窗户也有助于调节温度。这意味温室在任何季节都能种植农作物,对于加快优质育苗培育来说十分有利。

尤其重要的是农作物种植,需要控制以下环境因素。

(1)光照:取决于棚外太阳辐射强度、覆盖材料的光学特点和污染程度。配合人工光照,以保证植物所需光照强度和时间。

(2)温度:采用地源热泵系统,自动调控棚内温度,根据植物不同生长阶段对温度的需求进行调控。

(3)湿度:采用地源热泵系统,自动调控棚内空气湿度,提供植物生长最佳空气湿度。

(4)土壤:人工培育最适合植物生长所需的土壤,湿度,盐分,理化性质。

种菜的装置由几截塑料管组成,塑料管的小孔中,生长着茂盛的蔬菜,蔬菜根浸在水里。主要是利用了无土栽培技术,营养液是循环流动的,可以保证植物根系的呼吸作用,蔬菜不需要土壤,只需要浇水,并且定期放入一些特定的肥料就可以了。

庆云县水发农业产业园,该地热回灌工程包含3眼开采井、3眼回灌井、3套相同的回灌设施(实际投入使用两套回灌设备,其中采灌3井位备用井,当采灌1井或采灌2井出现问题时作为替补备用井),每套回灌设备包含除砂器、过滤罐、排气阀、增压泵及管道等;监测设备包括电磁流量计、温度计等,实现温度、流量变化的自动监测和记录,并实时上传至县科技矿管部门。开采回灌层位均为新近纪馆陶组;供暖面积约 10.28 万 m²(其中智慧温室大棚 7 万 m²、草莓大棚 2.4 万 m²、花卉大棚 0.88 万 m²),采暖系统采用换热设备,采灌井位置及外管网铺设见图 7-12。

图 7-12　采灌井位置及外管网铺设图

二、设备及工艺流程

(一)开采井情况

开采 1 井 2017 年 2 月施工完成,成井深度为 1 105.00m,利用热储为新近系馆陶组,水温 49℃,水化学类型为 Cl-Na 型;2020—2021 年开采量为 46.97 万 m³。

开采 2 井 2017 年 3 月施工完成,成井深度为 1 101.60m,利用热储为新近系馆陶组,水温 49℃,水化学类型为 Cl-Na 型;2020—2021 年开采量为 47.2 万 m³。

开采 3 井(备用井)2017 年 4 月施工完成,成井深度为 1 102.00m,利用热储为新近系馆陶组,水温 49℃,水化学类型为 Cl-Na 型。

项目开采井(1、2、3 井)均采用胶皮伞止水,止水位置约 900.00m,采用黏土封井,封井位置 0~900.00m,开采方法为地下开采。成井工艺良好,井身结构合理,止水效果良好,无涌沙现象发生(图 7-13)。

(二)回灌井情况

回灌 1 井 2017 年 4 月施工完成,成井深度为 1 101.00m,利用热储为新近系馆陶组,水温 49℃,水化学类型为 Cl-Na 型;年回灌量为 45.37 万 m³。

回灌 2 井 2017 年 4 月施工完成,成井深度为 1 100.00m,利用热储为新近系馆陶组,水温 49℃,水化学类型为 Cl-Na 型;年回灌量为 44.95 万 m³。

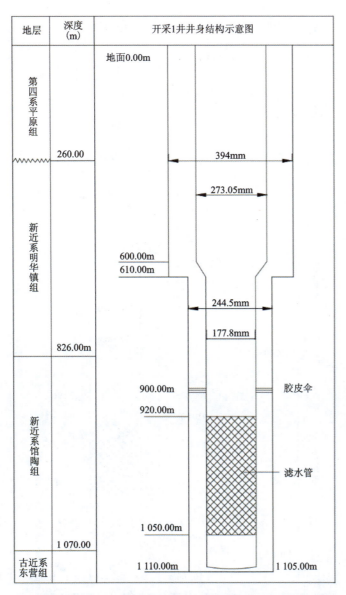

图 7-13 开采井采井井结构示意图

回灌 3 井(备用井)2017 年 4 月施工完成,成井深度为 1 103.00m,利用热储为新近系馆陶组,水温 49℃,水化学类型为 Cl-Na 型。

回灌井采用 Φ273.05mm 泵室管与 Φ177.8mm 井壁管采用长度为 0.3m 的变径管丝扣链接。滤水管规格 Φ177.8m、壁厚 8.05mm、钢级 J55 的石油套管,滤水管筛孔孔径为 20mm,孔心纵距 50mm,横距 46.71mm,孔隙率为 16%,采用缠丝铜网式滤水管,耐腐性好,透水能力强(图 7-14)。

(三)尾水处理设备

项目尾水处理设备主要有旋流除砂器、粗过滤器、精过滤器、排气灌和井口装置。

1. 旋流除砂器

型号为 CX-150/150,共计 1 台,单台处理流量为 150m³/h,安装于地热井上水管路与粗过滤器之间。

作用:除去地热回水中沙粒物及大质量的杂质。

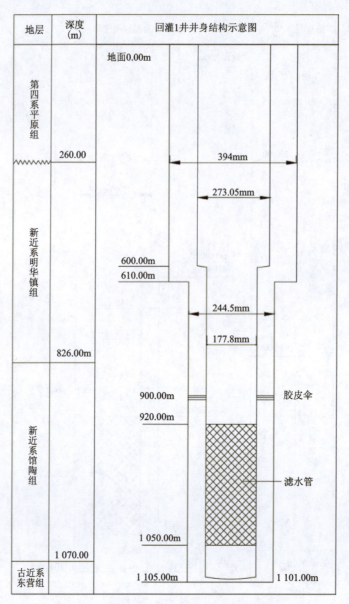

图 7-14　回灌井结构示意图（新近系馆陶组）

2. 粗过滤器

型号为 DN600，共计 2 台，单台过滤流量为 $60m^3/h$，安装于加压泵器与精过滤器之间。

作用：过滤去除地热水中 $\geq 50\mu m$ 的结晶。

3. 精过滤器

型号为 DN600，共计 2 台，单台过滤流量为 $60m^3/h$，安装于粗过滤器与排气灌之间。

作用：过滤去除地热水中 $\geq 3\mu m$ 的结晶。

回灌设备实物如图 7-15 所示。

4. 排气罐

型号为 DN600，规格 $400mm \times 400mm \times 600mm$，共计 2 台，分别安装于粗过滤器与精过滤器之后。

作用：排掉地热回水中多余的气体，减少地热水中离子的持续氧化，减少管道内壁堵塞。

5. 井口装置

型号为 JKZ-350/15，共计 1 套，安装于回灌井井口。

第七章 地热资源开发利用示范

图 7-15 回灌设备实物图

采灌日期为每年 10 月 20 日至次年 5 月 1 日。回灌设备主要包括旋流除砂器、粗过滤器、精过滤器、排气罐、加压设备、井口装置。采用同层对井自然回灌,即 3 套独立的"一采一灌"回灌模式(2 用 1 备)。其工艺为地热水经除砂、两级过滤及排气后由井口装置灌至回灌井中。该项目监测仪器设备主要包括电磁流量计、温度表、压力表。供暖期对开采井的开采量、出水温度进行监测;对回灌井的回灌量、回灌水温进行监测。

该项目供暖工艺示意图如图 7-16 所示。

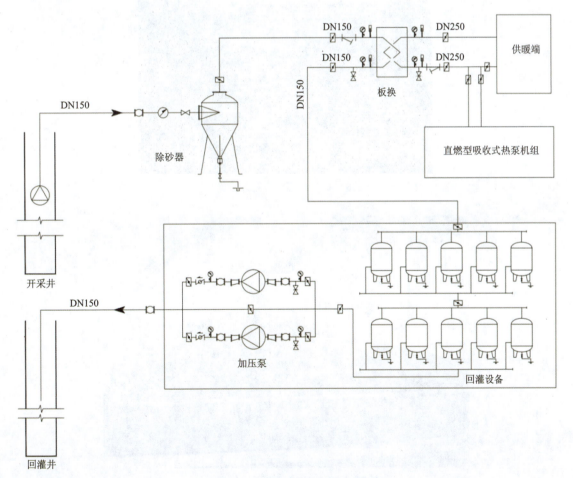

图 7-16 供暖回灌工艺示意图

三、运行效果

庆云水发现代农业产业园智慧大棚,于 2018 年 12 月投入运行。室内的湿度、温度、补光、补气,都可以通过控制器进行操作,既可以通过手动控制,又可以通过主动控制,所有的设备都和主控室相连。通过这套设备可以减少大棚内使用的劳动力,极大地提高了工作效率。温室大棚效果见图 7-17～图 7-19。

图 7-17　智慧温室超级大棚

图 7-18　温室大棚地温保温管网铺设

第七章　地热资源开发利用示范

图 7-19　温室大棚种植的蔬菜示意图

据山东水发现代农业产业园地热矿区回灌方案和回灌总结报告,庆云县水发现代农业产业园采用自然回灌,回灌过程中,回灌井水位埋深未上升至井口,尚有一定的回灌空间,且回灌过程中管道压力小于 0.02MPa,为管道自身压力。2020—2021 年供暖季,实际采集数据完整天数 194d,期间采灌 1 井开采总量 46.97 万 m³,总回灌量 45.37 万 m³,回灌温度在 27±0.5℃左右,回灌阶段总回灌率为 96.59%;采灌 2 井开采总量 47.20 万 m³,总回灌量 44.95 万 m³,回灌温度在 27±0.5℃左右,回灌阶段总回灌率为 95.24%。

专家建议:形成两组"一采两灌"的回灌模式,即开采 1 井与回灌 1 井和回灌 3 井组成采灌井组;开采 2 井与回灌 2 井和开采 3 井组成采灌井组。在提高建筑节能、保温效果,提高地热资源利用效率,降低地热开采量的同时,提高吸收式热泵的使用频率。

连栋塑料大棚占地 150 亩,建设面积 5 万 m² 的 10 个连栋塑料大棚,主要生产小番茄(图 7-20)。

图 7-20　温室大棚种植番茄示意图

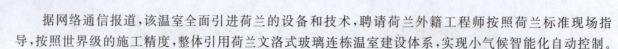

据网络通信报道,该温室全面引进荷兰的设备和技术,聘请荷兰外籍工程师按照荷兰标准现场指导,按照世界级的施工精度,整体引用荷兰文洛式玻璃连栋温室建设体系,实现小气候智能化自动控制。

庆云水发超级智慧大棚建设三栋玻璃温室,一栋作为科技展览用,剩下的两栋进行育苗使用,供在园区内所有的温室使用。项目完成后,水发集团还将进一步完善产业链条,打造"旅游+农业"模式的典范,将项目打造成鲁西北现代农业的样板工程。

综上所述,庆云水发现代农业产业园地热回灌工程作为地热种植典型工程,采用除砂、过滤、排气等工艺,采用自然回灌,能够保障回灌的顺利进行,满足地热尾水不直排、同层回灌的要求,实现了砂岩热储地热供暖尾水生产性回灌。

结束语

　　地热能是一种绿色低碳、可循环利用的可再生能源,具有储量大、分布广、清洁环保、稳定可靠等特点,是一种现实可行且具有竞争力的清洁能源。德州市地热资源丰富,但总体上综合开发利用程度不高。加快地热产业发展,推进地热能综合开发利用,不仅对于优化能源结构、降低煤炭消耗、打赢蓝天保卫战、推进冬季清洁取暖、实现"碳达峰碳中和"具有重要意义,也是促进新型城市化建设、培育壮大新兴产业、促进新旧动能转换的有效途径。为此迫切需要加强地热清洁能源勘查与开发利用。

　　德州地处中国华东地区、山东西北部、黄河下游冲积平原,是山东省的西北大门,是国务院批复确定的中国冀鲁交界地区交通枢纽和经济中心、山东省新能源产业基地。自山东省地质矿产勘查开发局第二水文地质工程地质大队(山东省鲁北地质工程勘察院)20世纪90年代成功施工第1眼地热井以来,德州市地热资源勘查和开发利用迎来热潮,但由于开发利用方式的简单、粗放,并随着开发利用程度的不断提高,也带来一系列问题,如地热水水位持续下降形成降落漏斗、地热尾水直接排放污染环境等。因此地热地质工作必须探索运用新理念、新技术、新方法,才能高质量服务地热清洁能源的勘查和开发利用,适应现代经济社会发展的需求。

　　按照国家黄河流域生态保护和高质量发展、碳达峰碳中和、绿色低碳高质量先行区建设等国家重大战略的要求,今后相当长的一个时期,地热资源的开发利用将迎来新一轮的高速发展,经济社会的发展对地热地质工作的需求将会更多、要求将会更高,加强新时期德州市乃至山东省的地热地质工作显得十分必要和迫切。

　　多年来山东省地质矿产勘查开发局第二水文地质工程地质大队(山东省鲁北地质工程勘察院)在德州市境内做了大量的地热地质勘查和开发利用方面的工作,积累了丰富的地热地质基础性资料,提交了大量的地热地质勘查技术报告,取得了许多地热资源勘查和开发利用关键核心技术成果,建设了一批地热清洁能源供暖示范工程,为德州市地热资源科学合理开发提供了重要支撑,充分体现了地质工作先行性、基础性、公益性、战略性的作用,为德州市地方经济发展做出巨大贡献。

一、加强地热地质精细化勘查工作、摸清德州市地热资源家底

　　德州市地热资源丰富,20世纪90年代至今虽然做了大量的地热地质勘查工作,但仍存在很多勘查空白区,而且勘查精度、深度也相对滞后,远不能满足市场开发利用需求,制约了地热资源开发利用规划和产业布局。水热型地热资源的"补、径、排"深循环规律认识不透,地热资源成因机理认识不完善,深部岩溶热储勘查工作处于起步阶段,现有勘查工作深度、精度已不能适应规模化、规范化开采的要求;干热岩地热资源调查工作尚未开展,资源赋存基本条件与分布规律掌握不清,不具备开发利用的前提条件。为有力推动德州市地热清洁能源开发利用,应开展以地热田为单元大比例尺的地热资源精细勘查,加强深部岩溶热储地质勘查,探索开展干热岩地热资源调查工作,准确摸清地热资源家底,为政府规划决策和促进地热供暖产业规模化发展提供精准资源依据。

二、加强地热地质勘查与开发利用关键技术研究

"工欲善其事,必先利其器"。多年来在地热资源勘查与开发利用过程中,遇到了一些难点和堵点,如地热水位持续下降、砂岩热储回灌难、地热尾水排放污染环境等,这都需要先进的科学技术提供解决方案。

地热资源勘查与开发利用在传统地热地质工作方法手段的基础上,应加强对促进地热产业发展的新技术、新方法的聚力攻关,如钻探施工工艺、定向井施工技术、砂岩热储回灌技术、采灌井地温场均衡等制约地热产业发展的瓶颈问题。

三、探索创新地热资源开发利用新模式

经过多年的开发,德州市地热资源开发利用具有了一定的规模化,但还远远未形成规模化和集约化,除供热采暖、温室农业、温泉理疗保健等领域有广泛应用外,其他方面应用很少。

我们需要深入思考,用"五位一体"的思维搞好地热资源的开发利用。在资源条件好的地区,应集中资金和技术优势,利用其资源优势,结合地区社会经济发展建设的需要,发展建设温泉小镇或地热集中开发示范区。温泉小镇的建设应以可采地热(温泉)资源为依据,与地区景观建设、生态环境建设、文化建设、新农村建设及社会经济发展建设结合,做好统一规划,将其发展建设成为地热(温泉)知识科普教育的基地,中青年休闲娱乐、康体健身、信息交流的平台,老年康体养老、宜居生活的中心,地区特色文化、名优产品对外交流的窗口。积极打造特色温泉产业,全面提升德州地热资源开发利用整体水平。

四、加强地热资源开发利用的政府监管

地方政府应清楚认识到当地地热资源的优势及其开发利用条件,做好地热资源的统一管理,制定全面开发利用的统一规划及政策引导,推动地区地热资源的全面开发利用与保护。对开采区内的全部开采井、回灌井的采(灌)量统一配置计量装置,对采(灌)量实行统一管理、统一配置,计量收费,超量罚款,回灌减费。严格地热废弃水排放管理,对地热水的开发利用尽可能做到热能的梯级利用和矿水资源的综合利用;对仅用于热能利用的热弃水做到回灌率不低80%;对用于沐浴、理疗、保健有一定污染的热弃水,做到统一回收处理,标准排放。建立统一的动态监测系统,开采伊始,应对采区内全部采(灌)井的采(灌)量、水位、水温、水质动态变化实施监控,设置有代表性监测井对采区内因采、灌引起的水位、水温、水质、水量历史变化过程及其发展趋势进行长期监测。

主要参考文献

陈墨香,黄歌山,张文仁,等,1982.冀中牛驼镇凸起地温场的特点及地下热水的开发利用[J].地质科学(3):239-252.

陈墨香,黄歌山,1987.鲁北平原地温分布的特点及地热资源开发利用的前景[J].地质科学(1):1-13.

陈墨香.1988.华北地热[M].北京:科学出版社.

程万庆,刘九龙,陈海波,2011.地热采灌对井回灌温度场的模拟研究[J].世界地质,30(3):486-492.

方艺蛟,刘卫群,王墨龙,2017.地热开采的裂隙渗透THM耦合模型及模拟研究[J].可再生能源,35(1):119-125.

冯守涛,王成明,杨亚宾,等,2019.砂岩热储回灌对储层影响评价:以鲁西北坳陷地热区为例[J].地质学报,93(S1):158-167.

胡剑,苏正,吴能友,等,2014.增强型地热系统热流耦合水岩温度场分析[J].地球物理学进展,29(3):1391-1398.

姜光政,高堋,饶松,等,2016.中国大陆地区大地热流数据汇编[J].4版.地球物理学报,59(8):2892-2910.

雷宏武,2014.增强型地热系统(EGS)中热能开发力学耦合水热过程分析[D].长春:吉林大学.

刘春华,王威,卫政润,2018.山东省水热型地热资源及其开发利用前景[J].中国地质调查,5(2):51-56.

刘桂宏,2019.城市深层热储热水力多场耦合模拟方法与应用[D].北京:中国矿业大学(北京).

刘泉声,刘学伟,2014.多场耦合作用下岩体裂隙扩展演化关键问题研究[J].岩土力学(2):305-320.

刘帅,刘志涛,冯守涛,等,2021.采暖尾水回灌对砂岩热储地温场的影响:以鲁北地区为例[J].地质论评,67(5):1507-1520.

刘志涛,刘帅,宋伟华,等,2019.鲁北地区砂岩热储地热尾水回灌地温场变化特征分析[J].地质学报,93(S1):149-157.

罗霁,2017.乐陵地热田热储特征、示踪与优化开采研究[D].北京:中国科学院大学.

邱楠生.1998.中国大陆地区沉积盆地热状况剖面[J].地球科学进展,3(5):447-451.

任战利.1998.中国北方沉积盆地构造热演化史恢复及其对比研究[D].西安:西北大学.

孙致学,徐轶,吕抒桓,等,2016.增强型地热系统热流固耦合模型及数值模拟[J].中国石油大学学报(自然科学版),40(6):109-117.

谭志容,高宗军,赵季初,2017.基于Modflow软件的德州市城区馆陶组热储数值模拟研究[J].地下水,39(3):19-21.

陶士振,刘德良,2000.郯庐断裂带及邻区地热场特征、温泉形成因素及气体组成[J].天然气工业(6):42-47.

王良书,李成,刘福田,等,2000.中国东、西部两类盆地岩石圈热-流变学结构[J].中国科学,30(Z1):116-121.

王良书,刘绍文,肖卫勇,等,2002.渤海盆地大地热流分布特征[J].科学通报,47(2):151-155.

王良书.1989.油气盆地地热研究[M].南京:南京大学出版社.

王墨龙,2015.裂隙岩体热流固耦合模型研究及应用[D].北京:中国矿业大学(北京).

肖勇,2017.增强地热系统中干热岩水力剪切压裂THMC耦合研究[D].成都:西南石油大学.

徐军祥,赵书泉,康凤新,等,2010.山东省地质环境问题研究[M].北京:地质出版社.

赵季初,2007.山东省德州市城区馆陶组热储地热资源评价[D].北京:中国地质大学(北京).

赵季初,2013.鲁北砂岩热储地热尾水回灌试验研究[J].山东国土资源(9):23-30.

赵阳升,王瑞凤,胡耀青,等,2002.高温岩体地热开发的块裂介质固流热耦合三维数值模拟[J].岩石力学与工程学报,21(12):1751-1755.

BLOCHER G,CACACE M,REINSCH T,et al.,2015. Evaluation of three exploitation concepts for a deep geothermal system in the North German Basin[J]. Computers & Geosciences,82:120-129.

BUJAKOWSKI W,TOMASZEWSKA B,MIECZNIK M,2016. The Podhale geothermal reservoirs simulation for long-term sustainable production[J]. Renewable Energy,99:420-430.

CROOIJMANS R A,WILLEMS C J L,NICK H M,et al.,2016. The influence of facies heterogeneity on the doublet performance in low-enthalpy geothermal sedimentary reservoirs[J]. Geothermics,64:209-219.

DIA A R,KAYA E,ZARROUK S J,2016. Reinjection in geothermal fields-a worldwide review update[J]. Renewable and Sustainable Enengy Reviews,53:105-162.

FENG G,XU T,GHERARDI F,et al.,2017. Geothermal assessment of the Pisa plain,Italy:coupled thermal and hydraulic modeling[J]. Renewable Energy,111:416-427.

FRIE D E,1969. Thermal conduction contribution to heat transferat contacts[J]. Thermal Conductivity(2):197-199.

HU L,WINTERFELD P H,FAKCHAROENPHOL P,et al.,2013. A novel fully-coupled flow and geomechanics model in enhanced geothermal reservoirs[J]. Journal of Petroleum Science and Engineering,107:1-11.

JEANNE P,RUTQVIST J,VASCO D,et al.,2014. A 3D hydrogeological and geomechanical model of an enhanced geothermal system at The Geysers,California[J]. Geothermics,51:240-252.

JING L,2003. A review of techniques, advances and outstanding issues in numerical modelling for rock mechanics and rock engineering[J]. International Journal of Rock Mechanics and Mining Sciences,40(3):283-353.

JING L,STEPHANSSON O,2007. Fundamentals of discrete element methods for rock engineering:theory and applications[M]. Amsterdam:Elsevier.

KIM S,HOSSEINI S A,2015. Hydro-thermo-mechanical analysis during injection of cold fluid into a geologic formation[J]. International Journal of Rock Mechanics and Mining Sciences,77:220-236.

LAN H,MARTIN C D,ANDERSSON J C,2013. Evolution of in situ rock mass damage induced by mechanical-thermal loading[J]. Rock Mechanics and Rock Engineering,46(1):153-168.

LEI H,XU T,JIN G,2015. $TOUGH_2$ Biot-a simulator for coupled thermal-hydrodynamic-mechanical processes in subsurface flow systems:application to CO_2 geological storage and geothermal development[J]. Computers & Geosciences,77:8-19.

MERCER J W,PINDER G F,1973. Galerkin finite-element simulation of a geothermal reservoirs[J]. Geothermics,2(3-4):81-89.

O'SULLIVAN M J, PRUESS K, LIPPMANN M J, 2001. State of the art of geothermal reservoirs simulation[J]. Geothermics, 30(4):395-429.

POLLACK H N, HURTER S J, JHONSON T R. 1993. Heat flow from the Earth's interior: analysis of the global dataset[J]. Review of Geophysics, 31:267-280.

SAEID S, AI-KHOURY R, BARENDS F, 2013. An efficient computational model for deep low-enthalpy geothermal systems[J]. Computers & Geosciences, 51:400-409.

SAEID S, AL-KHOURY R, NICK H M, et al., 2015. A prototype design model for deep low-enthalpy hydrothermal systems[J]. Renewable Energy, 77:408-422.

SEYEDRAHIMI-NIARAQ M, ARDEJANI F D, NOOROLLAHI Y, et al., 2019. A three-dimensional numerical model to simulate Iranian NW Sabalan geothermal system[J]. Geothermics, 77:42-61.

STEEFEL CI, APPELO CA, ARORA B, et al., 2015. Reactive transport codes for subsurface environmental simulation[J]. Computers and Geosciences, 19:445-478.

VELEZ M I, BLESSENT D, CORDOBA S, et al., 2018. Geothermal potential assessment of the Nevado del Ruiz volcano based on rock thermal conductivity measurements and numerical modeling of heat transfer[J]. Journal of South American Earth Sciences, 81:153-164.

WOLFSBERG A, 1996. Rock fractures and fluid flow: contemporary understanding and applications[M]. Washington D C: National Academies Press.

ZHANG C, JIANG G, JIA X, et al., 2019. Parametric study of the production performance of an enhanced geothermal system: a case study at the Qiabuqia geothermal area, northeast Tibetan plateau [J]. Renewable Energy, 132:959-978.